CEU SAN PABLO -ZHEJIANG UNIVERSITY WORKSHOP

CEU圣帕布洛大学—浙江大学联合毕业设计

2010-2019

[西]爱德华多·德·拉·佩尼亚·帕雷亚 & [中]金方 [主编]

EDUARDO DE LA PEÑA PAREJA & JIN FANG [EDITORS]

CEU | Universidad San Pablo　ZHEJIANG UNIVERSITY PRESS 浙江大学出版社

HANGZHOU MADRID WORKSHOP

© de los textos, sus autores
© de las imágenes autorizadas, sus autores

© Escuela Politécnica Superior
Universidad CEU San Pablo
Urbanización Montepríncipe, s/n
Alcorcón, 28925. Madrid (España)

© Zhejiang University Press
148 Tianmushan Rd,
Hangzhou, Zhejiang, China, 310007

Edición Edition
Eduardo de la Peña Pareja
Jin Fang (金方)

Responsable Office Manager
María Fernández Hernández
Emi Ramírez

Idea gráfica original Original graphic idea
Teresa Beloqui Cortón
Elena de Gruijter Eguíluz

Maquetación y producción Design and production
Jaime Sanz Martínez-Almeida
Alejandra Vernet Hernández
Zhang Yizhuo　(张毅卓)

ISBN
CEU Ediciones
XXXXXXXXXXXXXX
Zhejiang University Press
978-7-308-24168-7

Depósito legal
M-XXXX-2024

Impresión
Estilio Estugraf Impresores

Impreso en España
Printed in Spain

图书在版编目（CIP）数据
：

CEU圣帕布洛大学—浙江大学联合毕业设计. 2010-2019 ：汉文、英文、西班牙文 / (西) 爱德华多·德·拉·佩尼亚·帕雷亚, 金方主编. -杭州：浙江大学出版社, 2024.6.

ISBN 978-7-308-24537-1

Ⅰ. ①C... Ⅱ. ①爱... ②金... Ⅲ. ①建筑设计 - 作品
集 - 西班牙 - 现代②建筑设计 - 作品集 - 中国 - 现代Ⅳ. ①TU206

中国国家版本馆CIP数据核字(2024)第003059号

CEU圣帕布洛大学—浙江大学联合毕业设计 2010-2019

主　编　　（西）爱德华多·德·拉·佩尼亚·帕雷亚　（Eduardo de la Peña Pareja）
　　　　　（中）金　方

责任编辑　　谢　焕
责任校对　　张一弛
装帧设计　　（西）特蕾莎·贝洛基·科尔顿　（Teresa Beloqui Cortón）
　　　　　　（西）埃琳娜·德·格鲁伊特·埃吉卢兹　（Elena de Gruijter Eguíluz）
　　　　　　项梦怡

出版发行　　浙江大学出版社
　　　　　　(杭州市天目山路148号　邮政编码 310007　网址：http://www.zjupress.com)
　　　　　　CEU圣帕布洛大学理工学院
　　　　　　(Urbanización Montepríncipe, s/n Alcorcón, 28925. Madrid España)

排　版　　（西）海梅·桑兹·马丁内斯-阿尔梅达　（Jaime Sanz Martínez-Almeida）
　　　　　（西）亚历杭德拉·韦内特·埃尔南德斯　（Alejandra Vernet Hernández）
　　　　　张毅卓

印　刷　　浙江省邮电印刷股份有限公司
开　本　　650mm*900mm, 1/8
印　张　　17
字　数　　100千
版 印 次　　2024年6月第1版 2024年6月第1次印刷
书　号　　ISBN 978-7-308-24537-1
定　价　　288.00元

版权所有　侵权必究　印装差错　负责调换

浙江大学出版社市场运营中心联系方式：0571-88925591; http://zjdxcbs.tmall.com

CEU | Ediciones

浙江大学出版社
ZHEJIANG UNIVERSITY PRESS

INDEX 目录 INDICE

After a decade-long collaboration, I am very proud to see the publication of the studio work of the joint program between the Department of Architecture of Zhejiang University and the CEU San Pablo University in Spain. Here I would like first to thank Mr. Gerardo Mingo, the editor-in-chief of the Spanish architectural journal *future architectures*, for his initiation of this long term academic joint program, which results in fruitful achievements later on. Also our thanks go to Rafael Sánchez Saus, Juan Carlos Domínguez Nafría of University of San Pablo CEU and Chen Xuefang and Luo Yaozhi, the leaders of the School of Architecture and Engineering of Zhejiang University, who signed the cooperation agreement, for their consistent strong support. The successive leaders from the Departments of Architecture of both university, Félix Hernando, David Santos, Federico de Isidro, Pablo Campos of CEU, and Wang Zhu, Xu Lei, Luo Qingping, Ge Jian, He Yong and myself of ZJU, all continued to support or participate in the project passionately. Needless to say, the key contributions come from teachers of both parties, Eduardo de la Peña Pareja, Aurora Herrera Gómez, Rodrigo Núñez Carrasco of CEU and Jin Fang, Wu Jing, Yu Jian, Li Wenju, Gao Yujiang, Xuan Jianhua, Qiu Zhi, Lin Tao, Chen Lin, Wang Hui, Jin Jianming, Wang Jie, Jiang Xiuying, Lei Qunfang and Ding Yuanxin from ZJU. Internationalization is one of the three major approaches towards comprehensive cultivate education, the goal for the Department of Architecture of Zhejiang University. Hence, this international joint workshop for undergraduates is certainly an important part of it. In 2015, as the head of the department, I had the honor to participate in this project. I visited Spain with professors and students from Zhejiang University, and personally experienced the rich historical culture as well as the excellent architectural practices and education in Spain. Therefore, we started the project of international on-site live learning for architecture and urban design. Later in 2016, I had the opportunity to accompany our Spanish colleagues from CEU to visit the ancient villages in Zhejiang Province, and hosted the on-site presentation of the joint studio work. I witnessed the respect and strong interest of Spanish professors and students in Chinese culture, and the quality work of the students from the two countries, which are shown in this book. More importantly, this joint program also promoted the exchange of Chinese and Spanish cultures among the younger generation, and directly affected their life tracks. Some students from Zhejiang University therefore go to Spain pursuing further studies, while Spanish students choos to join the Design Institute of Zhejiang University after their graduation. Here I would like to wish Zhejiang University and the University of San Pablo CEU to write a new chapter in the future cooperation, and the friendship between Chinese and Spanish people will last through our academic exchanges!

Yue Wu, DDes

Qiushi Distinguished Professor of Zhejiang University
Director, Zhejiang University International Center for Architecture and Urban Developmental Studies

经过十年的合作，我非常自豪地看到浙江大学建筑系和西班牙CEU圣帕布洛大学联合工作坊作品的出版。在此，我首先要感谢西班牙建筑杂志《未来建筑》的主编杰拉尔多·明戈先生，感谢他发起了这个在后来取得了丰硕成果的长期学术合作项目。同时，我们也感谢签署合作协议的CEU圣帕布洛大学的拉斐尔·桑切斯·索斯、胡安·卡洛斯·多明格斯·纳弗里亚以及浙江大学建筑工程学院的领导陈雪芳和罗尧治，感谢他们一贯的大力支持。两校建筑系的历任领导，西班牙CEU圣帕布洛大学的费利克斯·埃尔南多、大卫·桑托斯、费德里科·德·伊西德罗、巴勃罗·坎波斯，浙江大学的王竹、徐雷、罗卿平、葛坚、贺勇和我本人，都持续热情地支持或参与了该项目。毋庸置疑，关键的贡献来自双方的教师：西班CEU牙圣帕布洛大学的爱德华多·德·拉·佩尼亚·帕雷亚、奥罗拉·埃雷拉·戈麦斯、罗德里戈·努涅斯·卡拉斯科和浙大的金方、吴璟、余健、李文驹、高裕江、宣建华、裴知、林涛、陈林、王晖、金建明、王洁、姜秀英、雷群芳、丁元新等老师。国际化是达至浙江大学建筑系全面养成教育目标的三大途径之一，这个本科生国际联合工作坊无疑是其中的重要组成部分。2015年，我有幸作为系主任参与了这个项目。我与浙江大学的教授和学生们一起访问了西班牙，亲身感受到了西班牙丰富的历史文化以及优秀的建筑实践和教育，我们也因此开启了建筑和城市设计的国际现场教学。之后在2016年，我有机会陪同CEU圣帕布洛大学的西班牙同仁参观浙江的古村落，并主持了联合工作室作品的现场展示，因此见证了西班牙教授和学生对中国文化的尊重和浓续兴趣，以及两国学生的高质量作品，正如在本书中展现的那样。更重要的是，这个联合项目还促进了中西文化在年轻一代中的交流，并直接影响了他们的人生轨迹。一些浙江大学的学生因此前往西班牙继续深造，而西班牙学生则在毕业后选择加入浙江大学建筑设计研究院。在此，我谨祝浙江大学与CEU圣帕布洛大学的合作在未来谱写新的篇章，中西人民友谊通过学术桥梁历久弥新！

吴越, 哈佛大学设计学博士

浙江大学求是特聘教授

浙江大学建筑与城市发展国际研究中心主任

Tras una década de colaboración, estoy muy orgulloso de presentar la publicación del taller conjunto entre el Departamento de Arquitectura de la Universidad de Zhejiang y la Universidad CEU San Pablo en España. En primer lugar, me gustaría agradecer a D. Gerardo Mingo, editor y codirector de la revista española de future arquitecturas, por su promoción de este programa académico de largo plazo, que ha ido dando tantos frutos con los años. También agradecemos a D. Rafael Sánchez Saus y D. Juan D. Félix Hernando, D. Carlos Domínguez Nafría, Rectores de la Universidad de San Pablo CEU, y a Chen Xuefang y Luo Yaozhi, líderes de la Escuela de Arquitectura e Ingeniería de la Universidad de Zhejiang, quienes firmaron el Convenio de Colaboración, por su fuerte apoyo constante. Los sucesivos representantes de los Departamentos de Arquitectura de ambas universidades, David Santos, D. Federico de Isidro y D. Pablo Campos del CEU, y Wang Zhu, Xu Lei, Luo Qingping, Ge Jian, He Yong y yo mismo de ZJU, continuaron apoyando o participando en el proyecto apasionadamente. No hace falta decir que las contribuciones clave provienen de los profesores de ambas partes, D. Eduardo de la Peña Pareja, D. Aurora Herrera Gómez y D. Rodrigo Núñez Carrasco del CEU, y Jin Fang, Wu Jing, Yu Jian, Li Wenju, Gao Yujiang, Xuan Jianhua, Qiu Zhi, Lin Tao, Chen Lin, Wang Hui, Jin Jianming, Wang Jie, Jiang Xiuying, Lei Qunfang y Ding Yuanxin de ZJU. La internacionalización es uno de los tres pilares fundamentales para una educación integral cultivada, objetivo del Departamento de Arquitectura de la Universidad de Zhejiang. Por lo tanto, este taller conjunto internacional para estudiantes universitarios es sin duda una parte importante de este objetivo. En 2015, como Director del Departamento, tuve el honor de participar en este proyecto. Visité España con profesores y estudiantes de la Universidad de Zhejiang, y experimenté personalmente la rica cultura histórica así como las excelentes prácticas arquitectónicas y la formación en España. Así, comenzamos este proyecto internacional de aprendizaje de arquitectura y diseño urbano en vivo. Más tarde, en 2016, tuve la oportunidad de acompañar a nuestros colegas españoles del CEU a visitar los antiguos pueblos de la provincia de Zhejiang, y fui anfitrión de la presentación in situ del trabajo conjunto del taller. Fui testigo del respeto y el gran interés de los profesores y estudiantes españoles por la cultura china y el trabajo de calidad de los estudiantes de los dos países, que se muestra en este libro. Más importante aún, este programa conjunto también ha promovido el intercambio de las culturas china y española entre las generaciones más jóvenes, y ha influido directamente en sus trayectorias vitales. De este modo, algunos estudiantes de la Universidad de Zhejiang han ido a España para continuar sus estudios, mientras que varios estudiantes españoles han tenido la oportunidad de unirse al Instituto de Diseño de la Universidad de Zhejiang después de su graduación. Llegados a este punto me gustaría desear a la Universidad de Zhejiang y a la Universidad San Pablo CEU que escriban un nuevo capítulo en la cooperación futura, ¡y que la amistad entre chinos y españoles perdure a través de nuestros intercambios académicos!

Yue Wu, DDes
Qiushi Profesor Distinguido de la Universidad de Zhejiang
Director, Centro Internacional de Estudios de Arquitectura y Desarrollo Urbano de la Universidad de Zhejiang

INTRODUCTION CEU CEU序 INTRODUCCIÓN CEU

OUR COLLABORATION WITH ZHEJIANG UNIVERSITY

Today it is not possible to conceive of a university that does not offer its students a high-end international experience that can enrich them not only in their professional training but also in the cultural and personal communication. In this sense, the Workshop of CEU San Pablo and Zhejiang University has been, for many years and until the interruption caused by COVID-19, one of the most complete and most enriching activities of our university. During this time, more than 500 CEU students have been able to exchange their approaches to architecture with colleagues from another continent and with very diverse training, and they have been able to make friends with them and show them the most relevant aspects of their culture.

The commitment to China, and specifically to the Architecture Department of Zhejiang University, has been revealed over the years as a fortunate meeting from which we have all learned, professors and students, and also the respective institutions. Since the incorporation of our University in the list of universities recognized by the Ministry of Education of the People's Republic of China in 2012, this institutional link has been able to extend, from the first agreement signed in 2010, with a second agreement signed in 2015, and we trust that with successive agreements in the future that will prolong our collaboration.

There are in the memory of this university many projects of the final year and Final Thesis - several of them awarded in national and international competitions - carried out in Chinese locations and around interesting topics related to their culture, including those related to constructive and functional aspects. The professional practices of some of our students in Chinese architectural firms, caused by the interest in this country as a result of the Workshop, have also left their mark. In addition, other exchange activities derived from the Workshop, such as the stay of Professor Jin Fang in our Department in the spring of 2017, the endorsement of Professor He Yong to our Ph.D. program, the participation of Professor Eduardo de la Peña in the Self-Assessment Program of the Department of Architecture of Zhejiang University in 2018, and so many other initiatives, express mutual interest and the desire that this international collaboration continues to be very fruitful for both universities.

Maribel Castilla Heredia
Director of the Architecture Program
CEU San Pablo University

我们与浙江大学的合作

今天，如果一所大学不为它的学生提供高质量的国际交流经历是不可想象的，这种经历不仅在专业训练上，而且在文化交流和个人交往上都给学生提供了丰富的养分。从这个意义上来说，浙江大学建筑系和西班牙CEU圣帕布洛大学联合工作坊的合作多年来已经成为我校最完善和最丰富的交流活动之一，直到它被新冠疫情打断。在这段时间里，有超过500名CEU的学生能够与来自另一个大陆，有着非常不同的学习经历的同辈们交换彼此对于建筑的思考，能够与他们成为朋友，并且向他们展示文化中最相关的方面。

与中国，特别是与浙江大学建筑系的合作，多年来被视为是一次幸运的相遇，从中我们所有人，包括教授和学生，以及各自的机构都学到了很多。2012年我校被列入中华人民共和国教育部认可的大学名单，这一制度性的合作已经能从2010年签署的第一份协议延续到2015年签署的第二份协议，我们相信，随着后续协议的签署，我们的合作将会继续。

在我校的历史上有许多在最后一年和关于最终学位的设计项目——它们中的一些获得了国内或者国际的竞赛奖项——都是基于工作坊在中国基地的题目发展而来，这些题目围绕着与双方文化相关的有意义的主题，包括与建设性和功能性相关的主题。由于这一工作坊所带来的对中国的兴趣，我们的一些学生加入了中国的建筑设计公司，也通过职业实践留下了他们的印记。此外，工作坊还带来了其他的交流活动，如2017年春季金方副教授在我系做访问学者、贺勇教授参与我系博士研究生培养的认证、爱德华多·德·拉·佩尼亚教授2018年参加浙江大学建筑系国际评估等，双方共同的兴趣和愿望，就是希望这项国际合作会继续为两校带来更丰硕的成果。

玛丽贝尔·卡斯蒂尔·埃雷迪亚
建筑学科负责人
CEU圣帕布洛大学

NUESTRA COLABORACIÓN CON LA UNIVERSIDAD DE ZHEJIANG

Hoy día no se puede concebir una universidad que no ofrezca a sus alumnos una experiencia internacional de altura que les pueda enriquecer no solo en su formación profesional, sino también en la cultural y personal. En este sentido, el Workshop CEU-Zhejiang University ha sido, durante muchos años y hasta la interrupción causada por el covid, una de las actividades más completas y más enriquecedoras de nuestra Universidad. Durante este tiempo, más de 500 alumnos CEU han podido intercambiar sus enfoques de la arquitectura con compañeros de otro continente y formación muy diversa, han podido entablar amistad con ellos y mostrarles los aspectos más relevantes de su cultura.

La apuesta por China, y en concreto por la Escuela de Arquitectura de la Zhejiang University, se ha revelado con el paso de los años como un encuentro afortunado del que hemos aprendido todos, profesores y alumnos, y también las respectivas instituciones. Desde la incorporación de nuestra Universidad en el listado de universidades reconocidas por el Ministerio de Educación de la República Popular China en 2012, este vínculo institucional ha podido ampliarse, a partir del primer convenio firmado en 2010, con un segundo convenio suscrito en 2015, y confiamos que con sucesivos acuerdos en el futuro que prolonguen nuestra colaboración.

Quedan en la memoria de esta Escuela tantos proyectos, de último curso y de Fin de Grado —varios de ellos premiados en certámenes nacionales e internacionales— realizados en emplazamientos chinos y en torno a interesantes temas relacionados con su cultura, incluidos los relativos a aspectos constructivos y funcionales. También han dejado huella las prácticas profesionales de algunos alumnos nuestros en estudios chinos, movidos por el interés por este país a raíz del Workshop. Además, otras actividades de intercambio derivadas del Workshop, como la estancia de la profesora Jin Fang en nuestro Departamento en la primavera de 2017, el aval del profesor He Yong a nuestro programa de Doctorado, la participación del profesor Eduardo de la Peña en el Self-Assessment Program del Departamento de Arquitectura de la Zhejiang University en 2018, y tantas otras iniciativas, manifiestan el interés mutuo y el deseo de que esta colaboración internacional siga siendo muy fructífera para ambas universidades.

Maribel Castilla Heredia
Directora del Programa de Arquitectura
Universidad CEU San Pablo

ARTES Y LETRAS SE DAN LA MANO 艺术与人文握手 ARTS AND LETTERS SHAKE HANDS

future has been conceived as a tool to promote critical reflection and useful action toward the development of professional and university pedagogy. *future architectures* magazine for more than fifteen years has been committed to Architecture with the intention of bringing it closer to the reader from its freest, imaginative, and avant-garde creative process such as the Architectural Design Competitions. The inevitable fragility of the written text due to audiovisual progress and the vertiginous development of new technologies, however, must highlight its permanence in this XXI century with the support of educational policies in the university that respond to the objectives of innovation, transformation and expansion.

The city is a place in perpetual transformation and the Architectural Design Competitions are the best way to be present in the continuous architectural debate and to stimulate the free imagination.

Let us remember the metamorphosis of Pablo Picasso in his more than 20,000 drawings in which he created a laboratory of ideas, by distillation of signs and simplification of forms that turned the course of twentieth-century art. This search has been and will continue to be the meaning of the Architectural Design Competitions, "the reference" of crosses and transversal looks that account for the plurality of good works.

The cultural exchange between the CEU San Pablo (Madrid) and Zhejiang (Hangzhou) Universities, developed since 2010, should help create new connections and build interpersonal networks of different architectural cultures and languages. *future* has published the results of this research to disseminate and increase the architectural quality of the works of university students worldwide.

The close link between the university and the business environment that develops academic projects -of arts-, high-quality of innovation and technology, will house options to become business projects -of letters- of commercial value of the scientific university.

The buildings form a set as heterogeneous as the human landscape that we can find in today's cities. The plurality of supports used and the mixture of some artistic disciplines with others contributes give us the impression that we are witnessing a small-scale representation of the world that the urban being faces every day.

What gives hope in this world of market, planned obsolescence, and urban gentrification is that urban trends are increasingly transversal and that they are abandoning the reductionist dichotomy of opposing the industrial to the artisan and the technological to the natural, adhering to the standards that defend an ecological development and low carbon emissions for worrying about the protection of the environment. The diversity of cultures has enriched cities, objectifying the signs of development of society with required heritage maintenance: identification, authenticity, integrity, and meaning.

"The key is to watch, observe, sea, imagine, invent, create."
Le Corbusier

Gerardo Mingo Pinacho
Co-director of *future architectures*, s.l.

《未来建筑》杂志已经成为面向职业和学术教育发展，推动批判性反思和采取有益措施的工具，15年来一直专注于建筑学，通过刊登最自由、最富有想象力和最前卫的建筑创作过程，如建筑设计竞赛，努力使其更接近读者。由于视听技术的进步和新媒体技术的迅速发展，文字写作不可避免地被弱化，然而，它的永久性应该通过21世纪的大学教育政策的支持得到强调，以响应创新、转型和发展的目标。

城市是一个不断变化的地方，建筑设计竞赛是参与持续的建筑思辨并激发自由想象的最佳方式。

让我们记住帕布洛·毕加索在其20000多幅作品中的蜕变，在这些作品中，他创造了一个思想的实验室，其中符号的提炼和形式的精简改变了20世纪艺术的进程。这种探索一直是并将继续是建筑设计竞赛的意义所在，即作为交叉或横向的"参照"反映出优秀作品的多样性。

自2010年以来，CEU圣帕布洛大学（马德里）和浙江大学（杭州）之间不断进行的文化交流活动，必然有助于在不同的建筑文化和语言之间发展出新的联系并且建立人脉网络。《未来建筑》发表了这一探索的成果，在世界范围广泛传播，以此推动来自高校的学生作品的专业质量提升。

大学与产业界的密切联系为将具有高度的艺术性、创新性和高科技的学术型项目，发展为人文的和具有科技大学的经济价值的商业型项目提供了可能。

这些建筑构成了一组丰富多彩的景象，就像我们在今天的城市中可以看到的人造景观一样。其所使用的支撑的多样性以及艺术学科与其他学科的结合给人一种印象，即我们正在目睹城市人每天所面对的世界的小尺度的呈现。

在这个充满了市场化、计划性报废和城市中产阶级化的世界中，给人带来希望的是城市的发展越来越包容，人们越来越摒弃教条主义的二分法，即将工业与手工艺对立，将技术与自然对立，越来越遵守保护生态发展和低碳排放的标准，以此抵抗对环境保护不力的担忧。文化的多样性丰富了城市，并通过遗产保护的要求将社会发展的痕迹所蕴含的身份认同、真实性、完整性和意义进行了物化。

"关键是要去看、观察、洞见、想象、发明、创造。"勒·柯布西耶如是说。

杰拉尔多·明戈·皮纳乔
《未来建筑》杂志联合总监

future ha sido concebido como una herramienta para promover la reflexión crítica y la acción útil hacia el desarrollo de la pedagogía profesional y universitaria. La revista future arquitecturas desde hace más de quince años apuesta por la arquitectura con la intención de acercarla al lector desde su proceso creativo más libre, imaginativo y vanguardista como son los Concursos de Ideas. La inevitable fragilidad del texto escrito por el avance audiovisual y el desarrollo vertiginoso de nuevas tecnologías debe, sin embargo, remarcar su permanencia en este siglo XXI con el apoyo de políticas educativas en la universidad que respondan a los objetivos de innovación, transformación y expansión.

La ciudad es un lugar en perpetua transformación y los concursos de Ideas son la mejor forma de estar presentes en el continuo debate arquitectónico y de estimular la imaginación libre.

Recordemos la metamorfosis del pintor Pablo Picasso en sus más de 20.000 dibujos en los que creó un laboratorio de ideas, destilación de signos y simplificación de formas que hicieron virar el curso del arte del siglo XX. Esa búsqueda ha sido y seguirá siendo el sentido de los Concursos de Ideas de Arquitectura, "la referencia" de cruces y miradas transversales que dan cuenta de la pluralidad del buen hacer.

El intercambio cultural entre las Universidades CEU San Pablo (Madrid) y Zhejiang (Hangzhou), desarrollado desde 2011, debe ayudar a crear nuevas conexiones y construir redes interpersonales de distintas culturas arquitectónicas e idiomas. *future* ha publicado los resultados de esta investigación para difundir y aumentar la calidad arquitectónica del trabajo de los estudiantes universitarios en todo el mundo.

La estrecha vinculación entre el ámbito universitario y el empresarial, que desarrolla proyectos académicos —de artes—, alta calidad de innovación y tecnología, albergará opciones de convertirse en proyectos empresariales -de letras- de valor comercial de la universidad científica.

Los edificios forman un conjunto tan heterogéneo como el paisaje humano que podemos encontrar en las ciudades de hoy. La pluralidad de soportes empleados y la mezcla de unas disciplinas artísticas con otras contribuye a dar la sensación de que estamos asistiendo a una representación a escala reducida del mundo al que se enfrenta cada día el ser urbano.

Lo que da esperanza en este mundo de mercado, obsolescencia planificada y gentrificación urbana es que las tendencias urbanísticas son cada vez más transversales y que van abandonando la dicotomía reduccionista de oponer lo industrial a lo artesano y lo tecnológico a lo natural, adhiriéndose a los estándares que defienden un desarrollo ecológico y bajo en emisiones de carbono preocupándose por la protección del medio ambiente. La diversidad de las culturas ha enriquecido las ciudades, objetivando los signos de desarrollo de la sociedad con un exigible mantenimiento patrimonial: identificación, autenticidad, integridad, y significado.

"The key is to watch, observe, sea, imagine, invent, create."
Le Corbusier

Gerardo Mingo Pinacho
Codirector *future* arquitecturas, s.l.

WORKSHOP TEACHERS 教师寄语 PROFESORES DEL WORKSHOP

For the teachers who have overseen this activity throughout ten editions, it has been an honor to witness the valuable results that have occurred in both Schools. Along these years we have seen students delving into the challenges of a different culture by the hands of their peers, each School adopting and incorporating into their teaching approaches of the other School, teachers and students trying to learn more from the other part. In short, we have seen the effects of an authentic academic exchange that has benefited the direction of the two Schools, has expanded the competences of hundreds of students and has provided them with an intense cultural and personal experience.

And, above all, we have been able to verify the closeness between China and Spain, a closeness that, without a doubt, has been part of the success of this Workshop. Among so many aspects what we share, despite the distance, is the reciprocal interest and the willingness to work learning from each other. The rich cultures of both countries -the main objective of the exercises- have encouraged the study and creativity of each student to think about the most appropriate and respectful architectural responses to culture and place and have taught them to project with other approaches that have opened their horizons.

We want to thank the support of our respective Universities and Departments. To the personalities responsible for signing the two agreements: Luo Yaozhi and Chen Xuefang (ZJU), and Rafael Sánchez Saus and Juan Carlos Domínguez Nafría (CEU). As well as the Deans and Directors who have promoted this activity: Wang Zhu, Luo Qingping, Wu Yue and He Yong (ZJU), Félix Hernando, David Santos, Federico de Isidro and Pablo Campos (CEU). We must also remember all the teachers who have participated with us with great effort and enthusiasm in each edition of this Workshop. And, of course, to the students from both parts of the world, who have been able to break the cultural barrier to enrich themselves with the academic experience that was offered to them and with the points of view, and also with the friendship, of their colleagues.

Finally, we express special thanks to Gerardo Mingo, who put the two universities in contact to raise this activity. Also to the entire team of *Future*, in charge, and especially to Lei Zhao, for the effort to disseminate the results of several editions.

We hope this Workshop will continue in the future producing such good results and bringing even closer, academically, culturally, and personally, to our two Schools of Architecture.

Jin Fang
Associate professor, Zhejiang University

Aurora Herrera Gómez
Responsible for the Architectural Drawing Area,
CEU San Pablo University

Eduardo de la Peña Pareja
Secretary of the Department of Architecture and Design, CEU San Pablo University

作为这十届活动的组织者，我们非常荣幸地见证了这一活动在两个学校中所产生的十分有价值的成果。这些年来我们看到了学生们在对方学校同学的帮助下深入研究，应对不同文化的挑战，双方学校都采用并融入了一部分对方学校的教学方法，老师和学生们都试图从对方那里学到更多。简而言之，我们看到了一场真正的学术交流的效果，这一交流有益于两所学校的发展，提高了数百名学生的能力，并为他们提供了丰富的文化视野和个人体验。

而最为重要的是，我们能够证明中国和西班牙之间的友谊，基于这种友谊的密切合作无疑是我们的工作坊成功的一部分原因。虽然远隔重洋，但我们可以在许多方面进行分享，对彼此的文化有着同样的兴趣和相互学习的意愿。这两个国家丰富的文化——这是课题的主要着眼点——鼓励着每个学生去学习和创新，促使他们思考如何以最恰当和最尊重文化和场所的方式做出建筑学的回应，并教会他们从不同的角度进行思考，从而打开了他们的视野。

我们要感谢我们双方尊敬的大学和院系的大力支持。致负责签署这两份协议的人士：罗尧治院长和陈雪芳书记（浙大），以及拉斐尔·桑切斯·索斯和胡安·卡洛斯·多明格斯·纳弗里亚（CEU）；以及推动这项活动的系主任和院长：王竹、罗卿平、吴越和贺勇（浙大）、费利克斯·埃尔南多、大卫·桑托斯、费德里科·德·伊西德罗和巴勃罗·坎波斯（CEU）。我们还应该记住，在工作坊的每一期中，所有与我们一起付出了巨大努力和热情的老师们。当然，还有来自双方学校的学生，他们能够打破文化藩篱，通过工作坊提供的学术经历，形成的不同观点来丰富自己，并且收获来自同辈的友谊。

最后，我们特别感谢杰拉尔多·明戈，是他架起了我们两所大学之间的桥梁，让这项活动得以开展。也感谢《未来建筑》杂志的整个团队，特别是赵磊，感谢他们对多届活动成果的发表所做的努力。

我们希望这一工作坊未来继续下去，并取得更好的成果，让我们两所建筑学院在学术、文化和个人方面都建立起更加紧密的联系。

奥罗拉·埃雷拉·戈麦斯
CEU圣帕布洛大学教授 负责建筑绘图区

爱德华多·德·拉·佩尼亚·帕雷亚
CEU圣帕布洛大学教授 建筑与设计系秘书

金方
浙江大学 副教授

Para los profesores que hemos estado a cargo de esta actividad a lo largo de diez ediciones ha sido un honor ser testigos de los valiosos resultados que se han producido en ambas Escuelas. En estos años hemos visto alumnos adentrándose en los retos de otra cultura de la mano de sus compañeros, a cada Escuela adoptando e incorporando a su docencia planteamientos de la otra Escuela, a profesores y alumnos intentando aprender más de la otra parte. En definitiva, hemos visto los efectos de un auténtico intercambio académico que ha beneficiado el rumbo de las dos Escuelas, ha ampliado las competencias de varios cientos de alumnos y les ha proporcionado una intensa experiencia cultural y personal.

Y, sobre todo, hemos podido comprobar la cercanía entre China y España, cercanía que, sin duda, ha sido parte del éxito de este Workshop. Entre tantos aspectos que compartimos, a pesar de la lejanía, se encuentra el interés recíproco y la disposición a trabajar aprendiendo cada uno del otro. Las ricas culturas de ambos países —principal objetivo de los ejercicios— han incentivado el estudio y la creatividad de cada alumno para pensar en las respuestas arquitectónicas más adecuadas y respetuosas con la cultura y el lugar, y les ha enseñado a proyectar con otros enfoques que les han abierto horizontes.

Queremos agradecer el apoyo de nuestras respectivas Universidades y Departamentos. A las personalidades responsables de la firma de los dos convenios: Luo Yaozhi y Chen Xuefang (ZU), y Rafael Sánchez Saus y Juan Carlos Domínguez Nafría (CEU). Así como a los Decanos y Directores que han impulsado esta actividad: Wang Zhu, Luo Qingping, Wu Yue y He Yong (ZU), Félix Hernando, David Santos, Federico de Isidro y Pablo Campos (CEU). También debemos recordar a todos los profesores que han participado junto a nosotros con mucho esfuerzo e ilusión en cada edición de este taller. Y, por supuesto, a los alumnos de ambas partes del mundo, que son los que mejor han sabido romper la barrera cultural para enriquecerse con la experiencia académica que se les brindaba y con los puntos de vista, y también con la amistad, de sus compañeros.

Por último, expresamos un agradecimiento especial a Gerardo Mingo, quien puso en contacto a las dos universidades para suscitar esta actividad. También a todo el equipo de la revista Future, a su cargo, y especialmente a Lei Zhao, por el esfuerzo para difundir los resultados de varias ediciones.

Confiamos en que este Workshop siga en el futuro produciendo tan buenos resultados y acercando aún más, en lo académico, en lo cultural y en lo personal, a nuestras dos Escuelas de Arquitectura.

Jin Fang
Profesora Titular, Zhejiang University

Aurora Herrera Gómez
Responsable del Área de Expresión Gráfica Arquitectónica, Universidad CEU San Pablo

Eduardo de la Peña Pareja
Secretario del Departamento de Arquitectura y Diseño, Universidad CEU San Pablo

THE WORKSHOP USUALLY CONSISTS OF 6 PHASES AND IS ORGANIZED TOGETHER BY BOTH UNIVERSITIES

1. Exercise preparation: We two universities prepare the exercise for the Workshop in turns. The hosting university puts forward an exercise and provides basic information in December. Upon consent by both universities, the exercise is released to students, and team members are recruited.

2. Pre-research: Teachers and students from the hosting university make an on-site investigation and collect related information. After discussion in groups, they prepare presentations on several relative topics.

3. Joint teaching in Madrid: In March, ZJU teachers and students visit Madrid to hold a 5-day joint teaching activity. During this period, teachers from both universities and well-known architects are invited to give some lectures. Students from the hosting university carry out pre-research presentations for teachers and students from the other university. Meanwhile, visiting classical buildings and famous architects' works in Madrid and surrounding areas are organized.

4. Midterm evaluation: The students from both universities develop and deepen their architectural design at their own school until the end of April. Then, Students' midterm works documents from both universities are exchanged and evaluated online by the teachers from the other side.

5. Joint teaching in Hangzhou: At the beginning of June, Spanish teachers and students visit Hangzhou for a 5-day joint teaching activity. During this period, both student groups present their works for evaluation and discussion, some lectures are given and some city trips are organized in Hangzhou, as well as in Madrid. Finally, certificates signed jointly by both universities are issued to every student.

6. Publication: The top design works from both universities are selected and published in *Future*.

工作坊由两校共同组织，通常分为六个阶段：

1. 出题阶段：联合设计工作坊由双方学校轮流出题。每年十二月，由承办院校提出设计题目、拟定任务书及提供课题基础资料。经与对方院校讨论同意后，向双方学生发布课题并招募组员。

2. 预研究阶段：每年春天，出题方师生会进行现场踏勘调研、相关资料收集及讨论，分组准备相关的题目解读。

3. 马德里联合教学阶段：每年三月，浙江大学师生前往马德里访问，进行为期五天的联合教学活动。活动一般包括由双方教师或邀请的知名建筑师所做的专题讲座，出题方学生为对方学校师生进行预研究的讲解。其间穿插马德里当地的经典建筑和著名建筑师作品参观。

4. 中期互评阶段：两校学生在各自学校进行建筑设计的发展和深化。通常至四月底，双方交换学生的中期成果资料，并由双方教师相互给予评价。

5. 杭州联合教学阶段：每年六月初，西班牙师生来杭州进行为期五天的联合教学活动。对双方学生作业进行集体评图，由学生介绍、双方老师现场点评、师生讨论、答辩等环节组成。其间也安排一定的讲座和对杭州及周边城市的参观。最后颁发由双方院校联合签署的证书。

6. 杂志发表阶段：挑选双方院校的优秀设计作品在《未来建筑》杂志上发表。

EL WORKSHOP CONSTA HABITUALMENTE DE 6 FASES Y ESTÁ ORGANIZADO CONJUNTAMENTE POR LAS DOS UNIVERSIDADES

1. Preparación del ejercicio. Las dos universidades se turnan en la preparación del ejercicio del Workshop. La universidad anfitriona propone un ejercicio y facilita la información básica durante el mes de diciembre. Con la conformidad de las dos universidades, el ejercicio es entregado a los estudiantes y se forman los equipos.

2. Investigación previa. Los profesores y estudiantes de la universidad anfitriona llevan a cabo una investigación *in situ* y recopilan información útil relativa al contexto. Tras un debate, preparan el tema para su interpretación por grupos.

3. Docencia conjunta en Madrid. En marzo, los profesores y estudiantes de la ZJU visitan Madrid para mantener una actividad docente conjunta de 5 días. Durante este período, los profesores de ambas universidades y arquitectos de prestigio son invitados para impartir lecciones a los estudiantes. Los estudiantes de la universidad anfitriona exponen su investigación previa a los profesores y alumnos de la otra universidad. Mientras tanto, se organizan visitas a edificios patrimoniales y a obras arquitectónicas relevantes de Madrid y los alrededores.

4. Evaluación intermedia. Los estudiantes de ambas universidades desarrollan sus propuestas arquitectónicas en sus universidades de origen hasta finales de abril. Los documentos de proceso de sus trabajos son intercambiados entre las dos universidades y evaluados por los profesores en reuniones virtuales.

5. Docencia conjunta en Hangzhou. Al comienzo de junio, los profesores y estudiantes del CEU visitan Hangzhou para mantener una actividad docente conjunta de 5 días. En este período, ambos grupos de estudiantes presentan sus trabajos para su evaluación y discusión, se imparten lecciones y se organizan visitas de interés cultural y arquitectónico, como en Madrid. Finalmente, se otorga a cada estudiante un certificado firmado conjuntamente por las dos universidades.

6. Publicación. Los mejores trabajos de cada universidad son publicados en la revista *Future*.

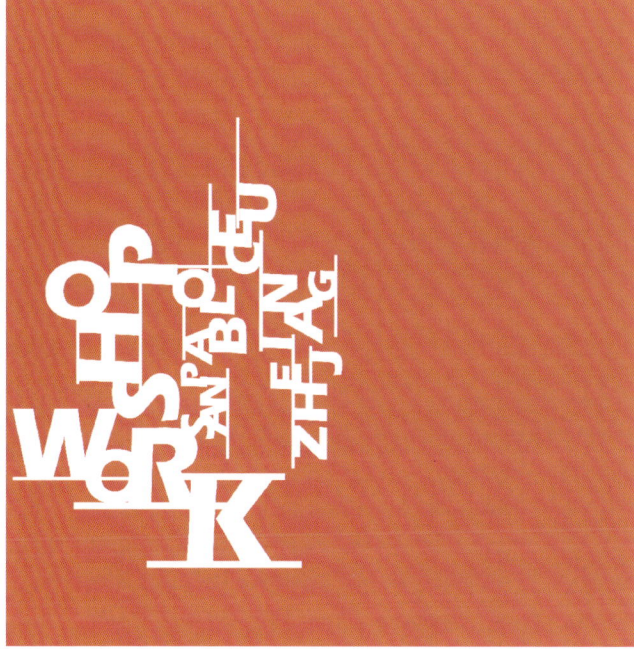

HANGZHOU NEW-EAST-CITY 杭州城东新城 NUEVA CIUDAD ESTE DE HANGZHOU

CEU TEACHERS / CEU 老师 / PROFESORES CEU

Eduardo de la Peña Pareja

Belén Hermida Rodríguez

Félix Hernando Mansilla

Aurora Herrera Gómez

CEU STUDENTS / CEU 学生 / ALUMNOS CEU

María Díaz Martín

Javier Juberías Pérez

Jaime Francisco López de Hierro Cadalso

Daniel Mayo Pardo

Antonio Romeo Donlo

Belén Valencia Martínez

ZJU TEACHERS / ZJU 老师 / PROFESORES ZJU

王竹 Wang Zhu

贺勇 He Yong

金方 Jin Fang

ZJU STUDENTS / ZJU 学生 / ALUMNOS ZJU

高凡 Gao Fan

蒋兰兰 Jiang Lanlan

欧阳见秋 Ouyang Jianqiu

严聪 Yan Cong

徐哲 Xu Zhe

BACKGROUND

The exercise frames within the context of the new Chinese cities, a recent phenomenon that deserves attention because it represents the rapid process of large-scale transformation of the cities, the alteration of old neighborhoods of historical value, the adoption of generic urban models and, at the same time, the creation of identity scenarios for a contemporary China.

On Feb. 16th, 2007, the Overall Urban Planning of Hangzhou (2001-2020) was approved by the State Council with a strategic target of "expanding urban area towards the east, developing tourism towards the west, exploiting along the Qiantang River, growing across the Qiantang River ". The New East Railway Station area is located in the frontier of "expanding towards the east, exploiting along the Qiantang River", and in the center of the future Greater Hangzhou's "1 Major, 3 Minors, 6 Units ", which promises a bright future.

In the meantime, "Shanghai-Hangzhou magnetically levitated train", "Nanjing-Hangzhou inter-city railway" and "Shanghai-Hangzhou-Ningbo" passenger lines are being introduced to the New East Railway Station. The "East Railway Station" and "Pengbu Station" of the first-stage construction of Hangzhou subways will break ground soon. Being one of the biggest integrated transport hubs in "Yangzi River Delta Region" in the future, the New East Railway Station will become the greatest passenger transport hub in Hangzhou, even in Zhejiang Province. Along with a series of site selections and construction of major projects, the status and value of the New East Railway Station area will be promoted significantly, bringing along the area's development and the city's expansion toward the east.

SEVEN COMPLEX

Tiancheng section has two big complexes: Gaotang Living Complex and Wuyue Waterfront Business City Complex. With the help of these two complexes, the flow of people from the railway station can be led and better converged into the city center. As a transfer station, Gaotang Living Complex and Wuyue Waterfront Business City Complex will play a decisive role in the development of tourism and as a culture show of Hangzhou.

Pengbu section has five big complexes: Dadongmen Fashion Mall Complex, Yangzi River Delta Business Complex, Pengbu LivingComplex, Dongduhui Square Complex, and Mingshi Living Complex. The construction of these five complexes will carry the flow of people from the railway station, increase vitality, create a business communication platform, and make people enjoy a new and fashionable life.

The exercise consists of the development of one of the seven urban complexes, the detailed study of one of the sections within that complex in groups, and the development of a mixed-use building or group of buildings in that section comprising the predominant uses defined for the complex. The definition of the specific program is part of the student's proposal.

背景

课题旨在以中国城市新区的快速发展为背景，探讨近年来城市大规模转型的进程中一些值得关注的问题，如具有历史价值的旧街区的拆改、千篇一律的城市面貌以及如何重塑具有中国文脉的当代中国城市景象。

2007年2月16日，《杭州市城市总体规划（2001——2020）》获得了国务院的批复，杭州城市发展的战略目标为"城市东扩、旅游西进、沿江开发、跨江发展"。杭州新东站地区地处杭州"城市东扩、跨江发展"的前沿阵地，同时也位于未来大杭州"一主、三副、六组团"的中心位置，发展前景广阔。

同时，"沪杭磁悬浮""宁杭城际铁路""沪杭、杭长、杭甬"等客运专线即将引入杭州东站，杭州地铁一期工程"东站站"和"彭埠站"准备开工建设。作为"长三角"未来最大的综合交通枢纽之一，杭州东站规划定位为杭州市乃至浙江省最大的客运交通枢纽。随着一系列重大项目的选址和建设，新东站地区的地位和价值将得到明显提升，在带动新东站地区城市发展的同时，也必将引领城市向东扩展。

七个综合体

两个综合体位于天城单元：皋塘生活综合体和吴越滨水商业城市综合体。通过这两个综合体，来自火车站的人流可以更好地被引导并汇入城市中心。作为中转站，皋塘生活综合体和吴越滨水商业城市综合体的建设将对杭州的旅游业发展和城市文化宣传起到决定性的提升作用。

五个综合体位于彭埠单元：大东门时尚购物综合体、长三角商业综合体、彭埠生活综合体、东都广场综合体和明石生活综合体。这五个综合体的建成将承接来自火车站的大量人流，增加城市活力，创造商业社交平台，并使人们享受到时尚新生活。

课题包括城市研究与建筑设计，学生可选择七个综合体中的一个，从整体区域研究出发，以组为单位提出地块的城市研究成果，个人选择其中一栋或一组混合功能的建筑做到单体建筑方案设计深度。具体功能策划也是题目要求的一部分。

ANTECEDENTES

El ejercicio se entiende en el contexto de las nuevas ciudades chinas, fenómeno reciente que merece atención por representar el rápido proceso de transformación a gran escala del país, la alteración de barrios antiguos de valor histórico, la adopción de modelos urbanos genéricos y la creación, al mismo tiempo, de escenarios identitarios para una China contemporánea.

El 16 de febrero de 2007, el Consejo de Estado aprobó el Plan Urbano General de Hangzhou (2001-2020) con el objetivo estratégico de "expandirse hacia el este, desarrollar el turismo hacia el oeste, aprovechar el río Qiantang, crecer a través del río Qiantang". El área de la Nueva Estación de Tren del Este se encuentra en la frontera de los planes de "expandirse hacia el este" y "aprovechar el río Qiantang", y en el centro del futuro Gran Hangzhou, descrito como "1 Grande, 3 Menores, 6 Unidades", que promete un futuro brillante.

Mientras tanto, las líneas de tren magnético "Shanghai-Hangzhou", "Nanjing-Hangzhou inter-city railway" y "Shanghai-Hangzhou-Ningbo" se están introduciendo en la Nueva Estación de Ferrocarril del Este. La "Estación de tren del este" y la "Estación de Pengbu" de la primera etapa del metro de Hangzhou comenzarán pronto. Siendo uno de los mayores centros de transporte integrados en la "Región del Delta del Río Yangzi" en el futuro, la Nueva Estación de Tren del Este se convertirá en el mayor centro de transporte de pasajeros de Hangzhou, incluso en la provincia de Zhejiang. Junto con una serie de proyectos importantes, la zona de la Nueva Estación de Tren del Este se promoverá significativamente, trayendo consigo el desarrollo del área y la expansión de la ciudad hacia el este.

SIETE COMPLEJOS

La sección de Tiancheng tiene dos grandes áreas: el complejo de viviendas Gaotang y el complejo de la ciudad de negocios Wuyue Waterfront. Con la ayuda de estos dos complejos, el flujo desde la Estación de Tren del Este puede ser conducido y mejor conectado con el centro de la ciudad. Como estación de transferencia del turismo de Hangzhou y lugar cultural, las dotaciones asociadas al metro, el ferrocarril del canal de Gaotang y la ciudad comercial Wuyue Waterfront desempeñarán un papel decisivo en el desarrollo.

La sección de Pengbu tiene cinco grandes áreas: el complejo Dadongmen Fashion Mall, el complejo comercial Yangtze River Delta, el complejo Pengbu Living Complex, el complejo Dongduhui Square y el complejo Mingshi Living. La construcción de estos cinco complejos canalizará el flujo desde la Estación del Este, aumentará la vitalidad, creará una plataforma de comunicación empresarial y hará que las personas disfruten de la moda y de una vida nueva.

Se pide la ordenación de uno de los siete complejos urbanos de las zonas de Tiancheng o de Pengbu, el estudio de detalle de uno de los sectores dentro de ese complejo y el desarrollo de un edificio o conjunto de edificios de usos mixtos en ese sector que comprenda los usos predominantes definidos para el complejo en cuestión. La definición del programa concreto forma parte de la propuesta del alumno.

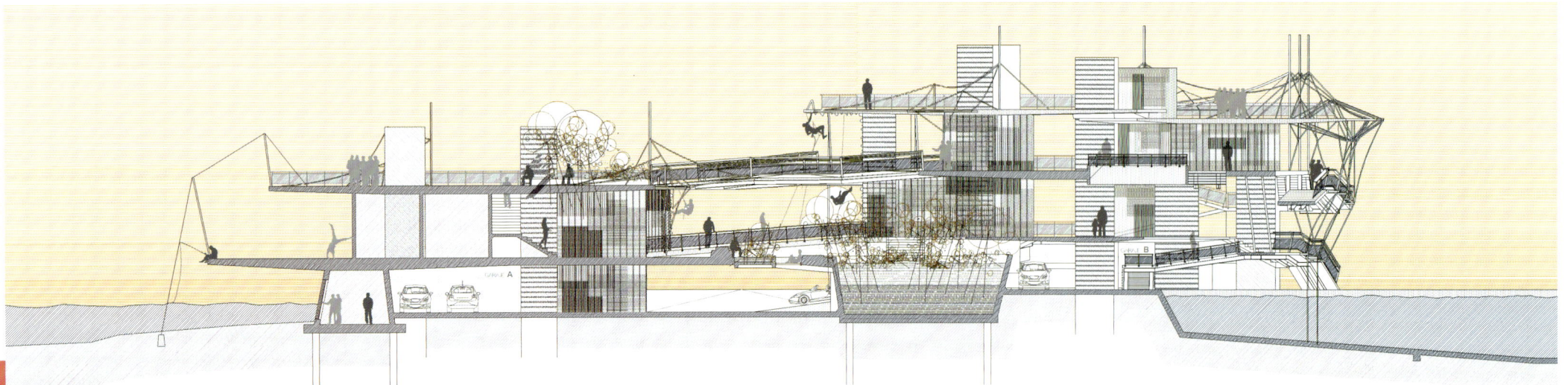

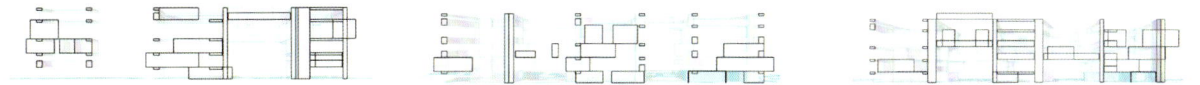

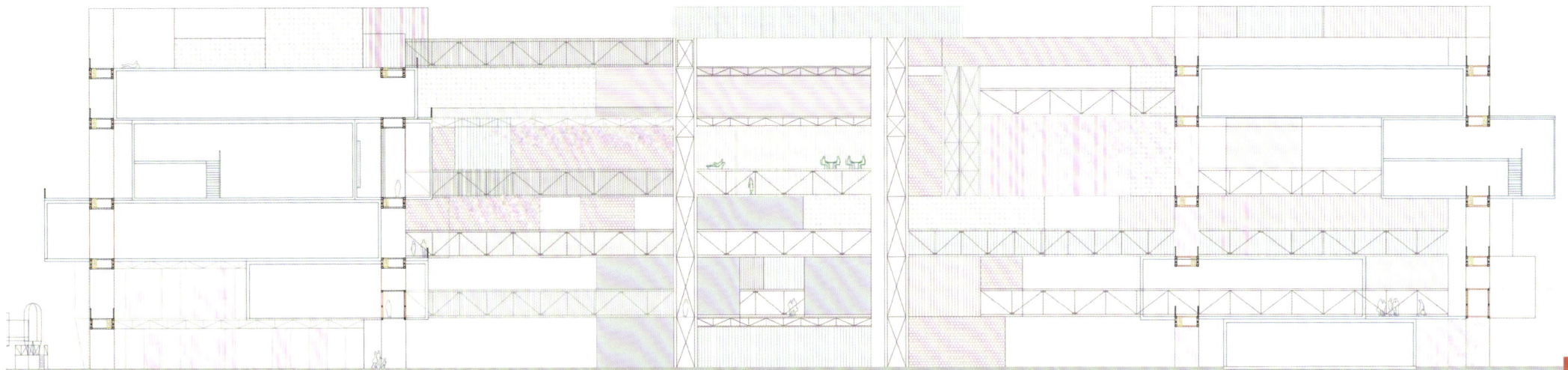

HANGZHOU NEW-EAST-CITY Daniel Mayo Prado

Jaime Francisco López de Hierro Cadalso **2010**

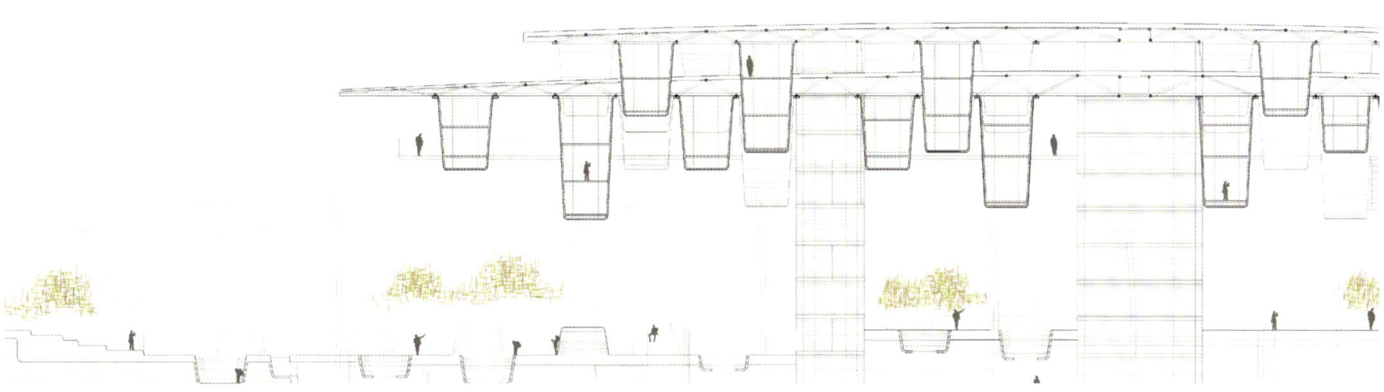

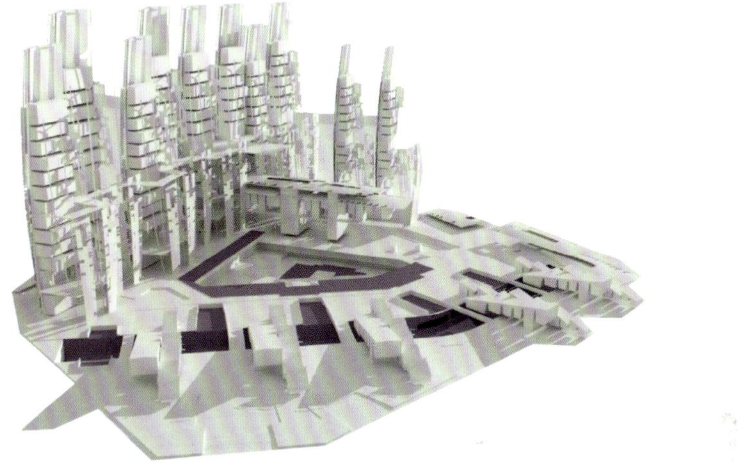

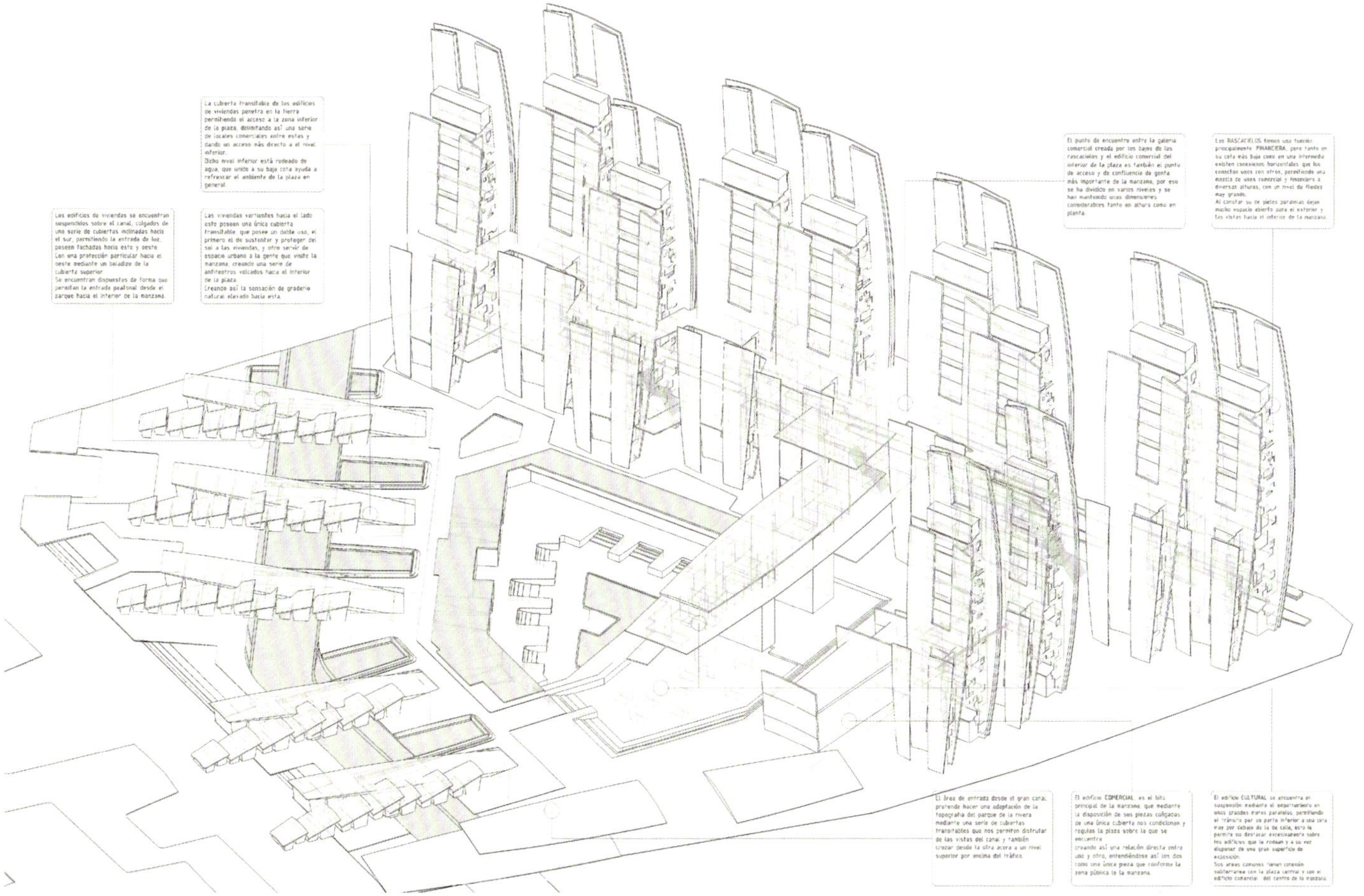

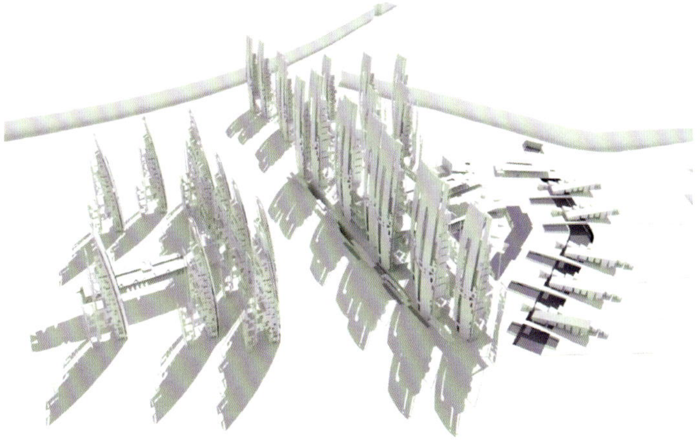

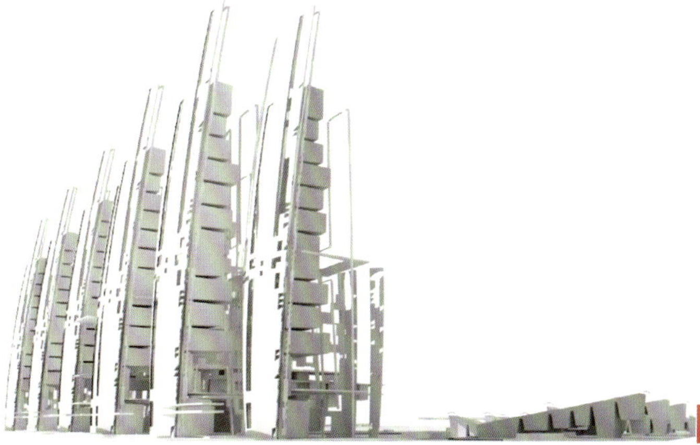

HANGZHOU NEW-EAST-CITY Javier Juberías Pérez

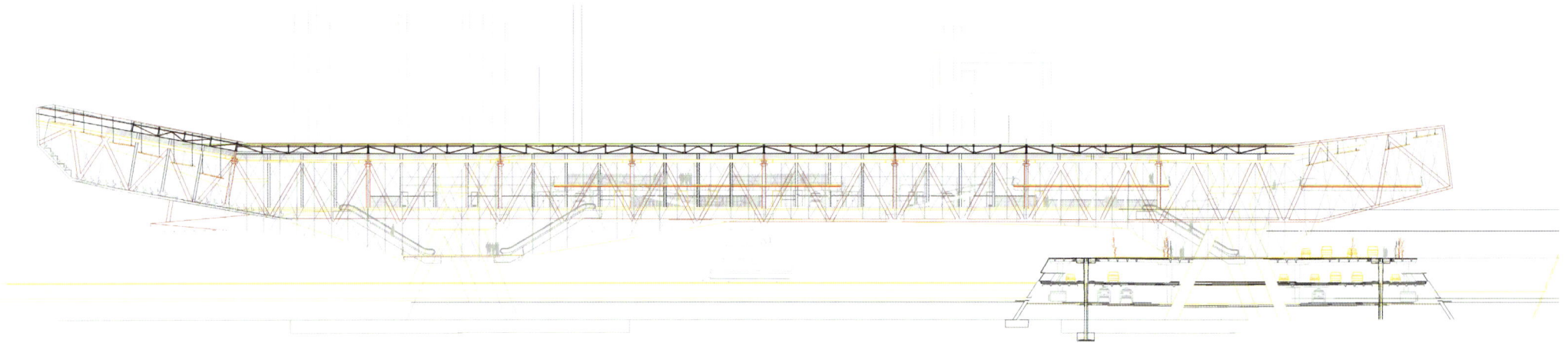

formación

SALÓN DE ACTOS

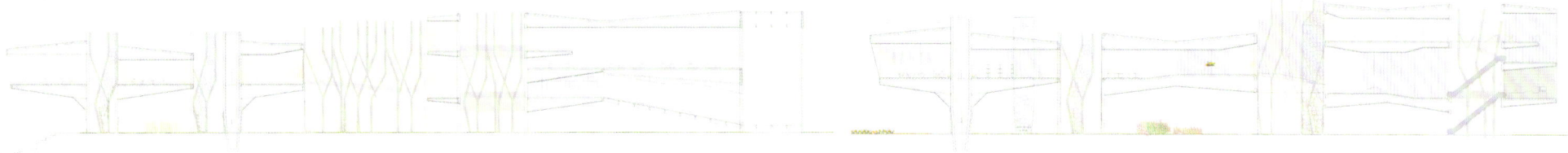

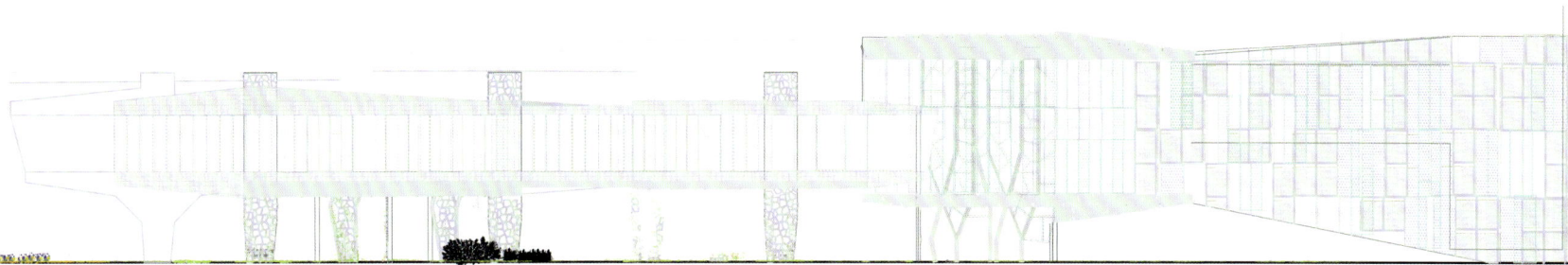

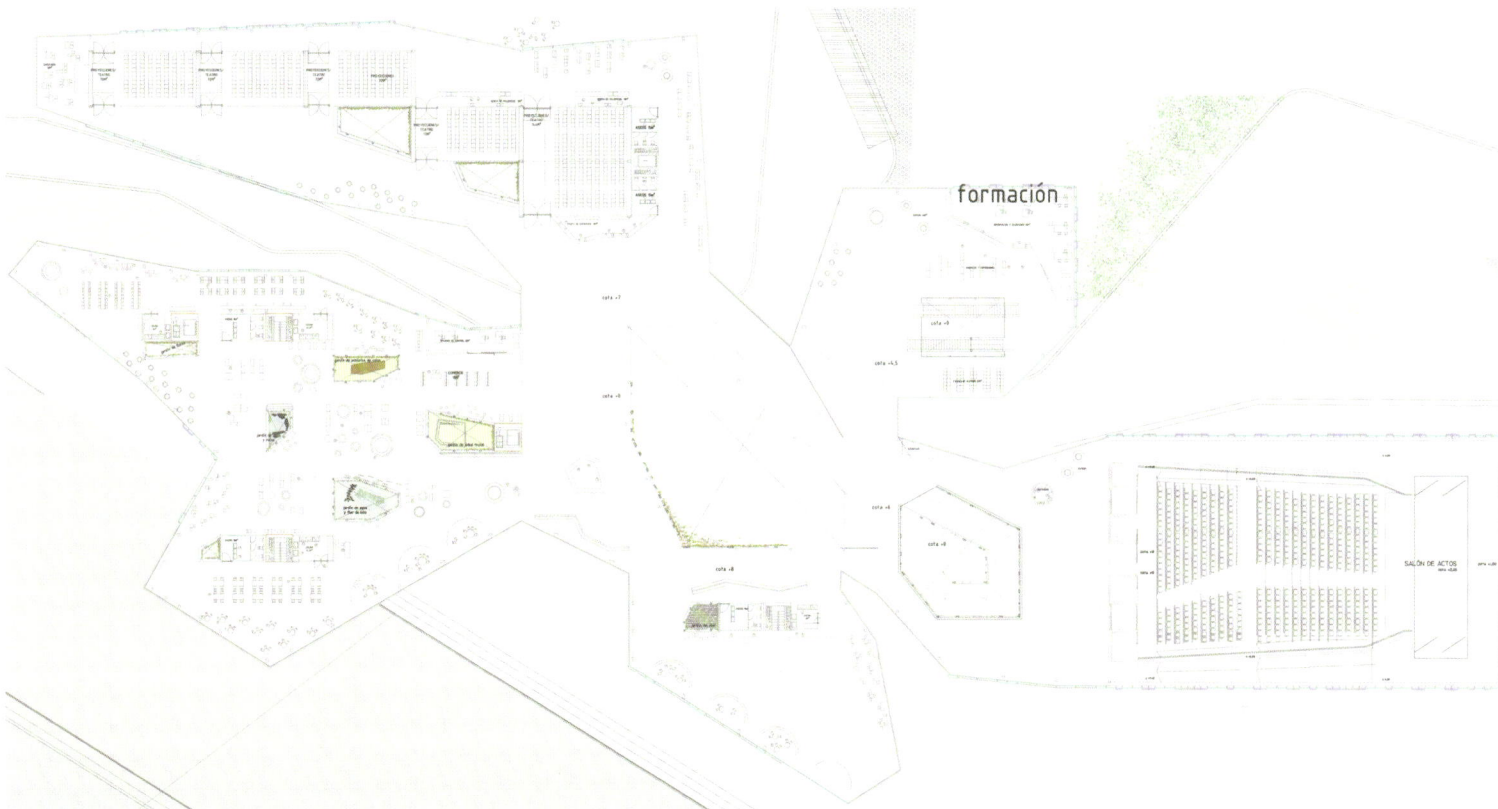

PLANTA PRINCIPAL

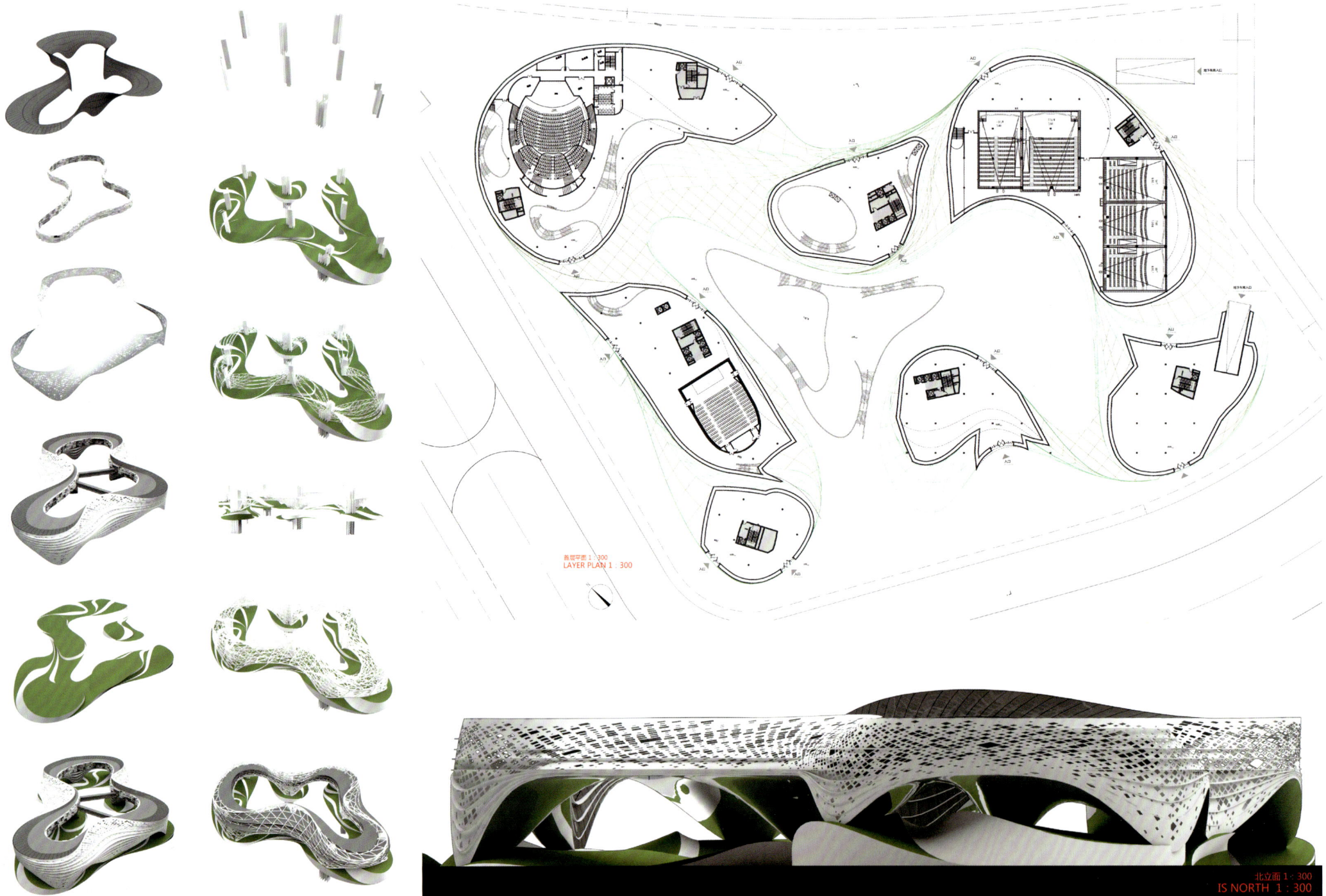

总图平面 1：300
LAYER PLAN 1：300

北立面 1：300
IS NORTH 1：300

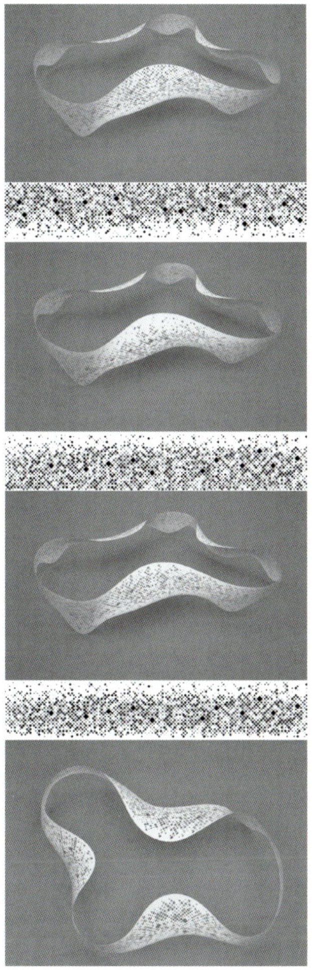

FIRE CONTROL
LOBBY
±0.000
-0.050
EXHIBITION
ACTIVITY ROOM
LOUNGE
LIBRARY
VOID
MULTIPURPOSE HALL
CYBER CAFE
LECTURE ROOM
UP
DOWN

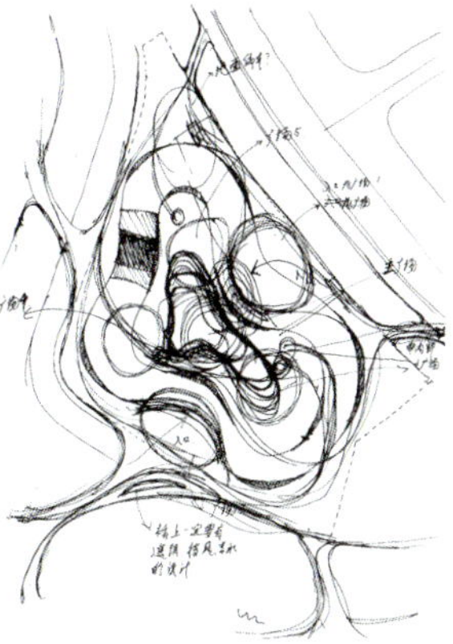

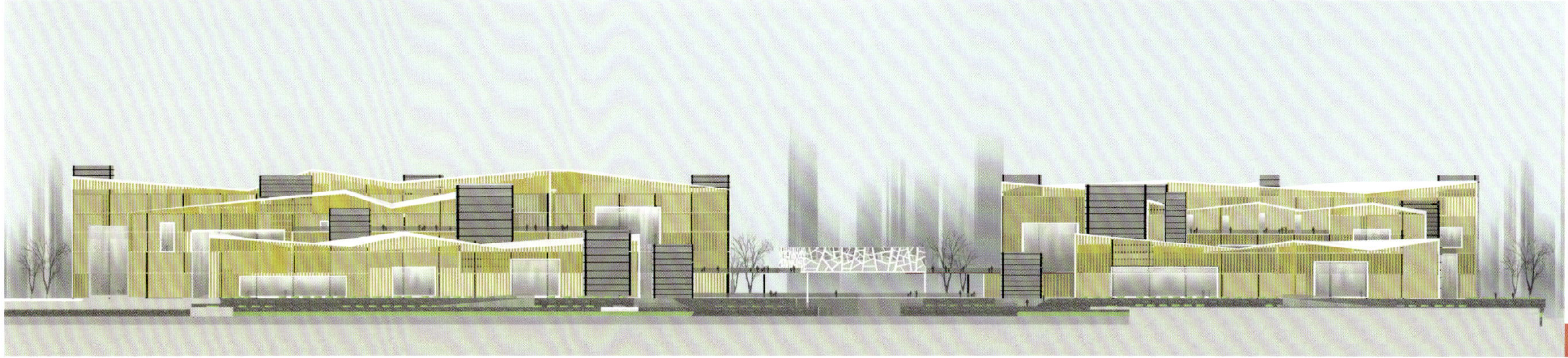

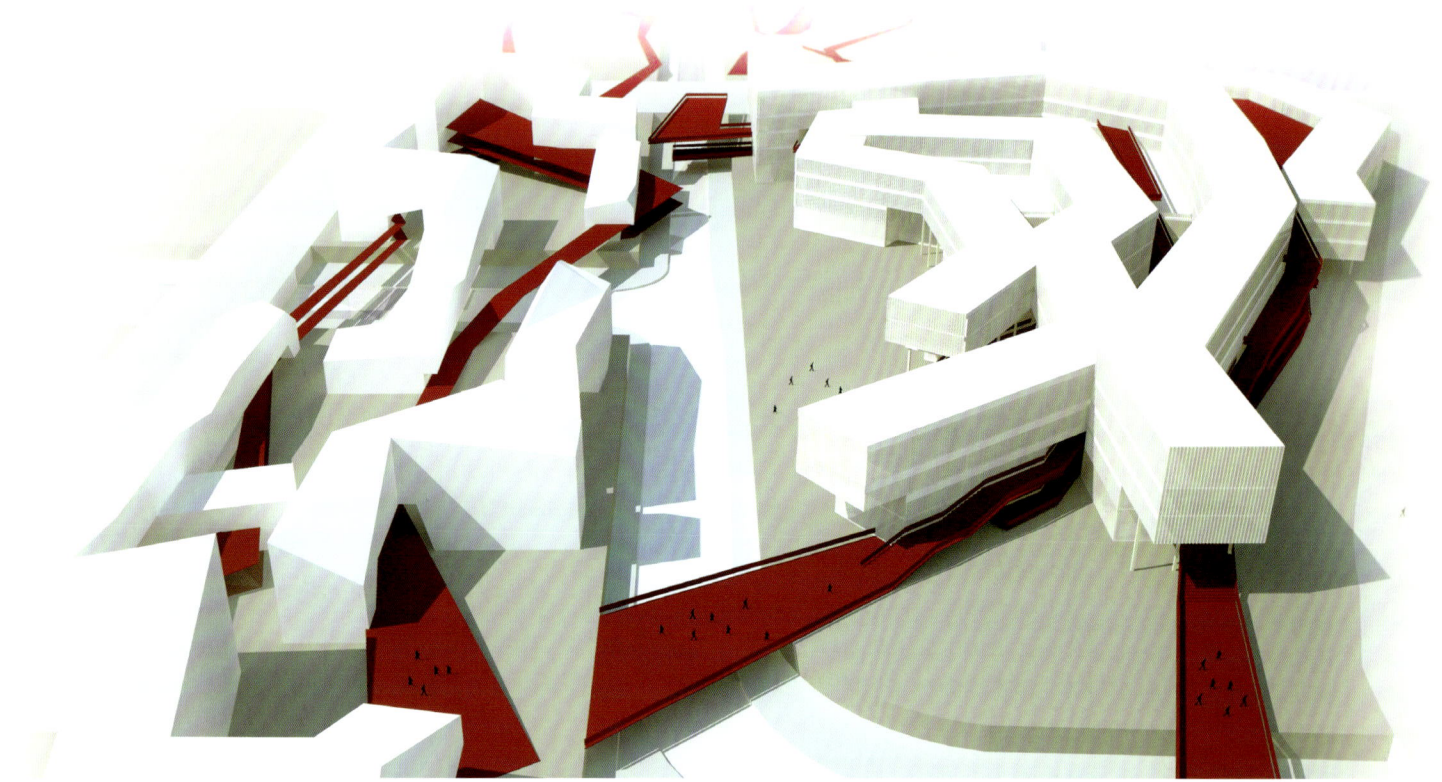

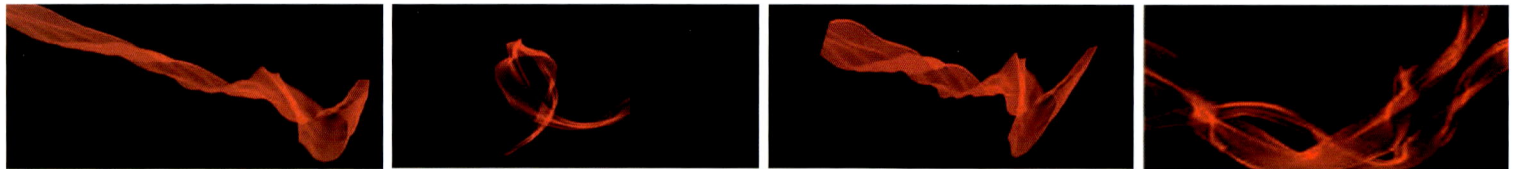

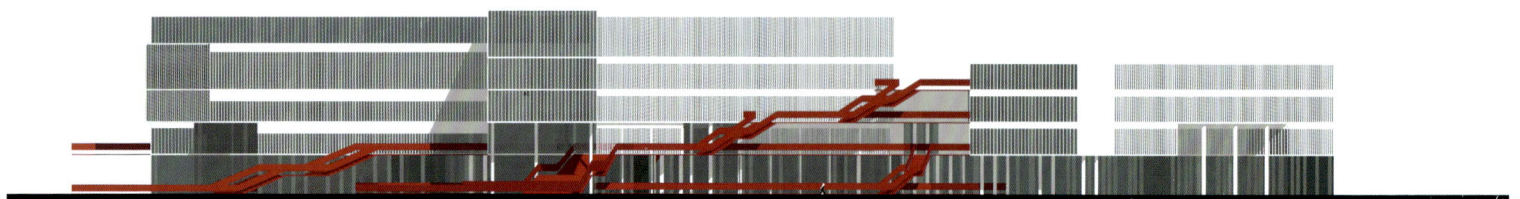

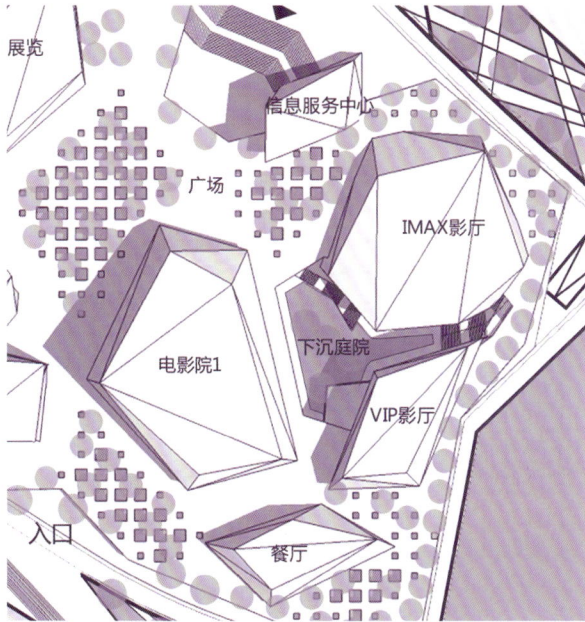

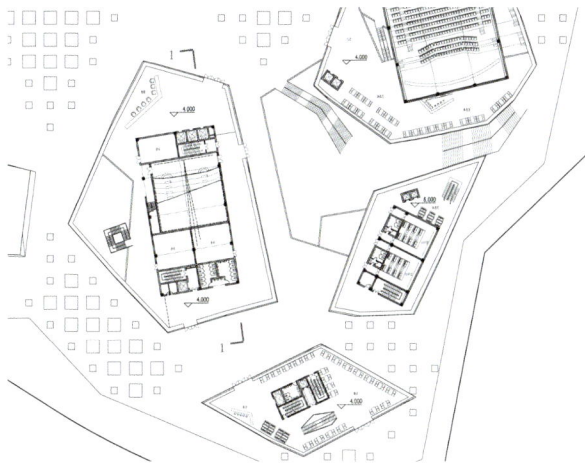

CENTER OF INNOVATION USES 创新功能中心 CENTRO DE INNOVACIÓN

CEU TEACHERS / CEU 老师 / PROFESORES CEU

Eduardo de la Peña Pareja

Aurora Herrera Gómez

CEU STUDENTS / CEU 学生 / ALUMNOS CEU

Francisco Monteverde Cuervo

Isabel Eugenia García Rincón

Pablo Marín Ibáñez

Sergio Sánchez López

ZJU TEACHERS / ZJU 老师 / PROFESORES ZJU

宣建华 Xuan Jianhua

王洁 Wang Jie

金方 Jin Fang

ZJU STUDENTS / ZJU 学生 / ALUMNOS ZJU

袁源 Yuan Yuan

王凯君 Wang Kaijun

于璐 Yu Lu

李晨成 Li Chencheng

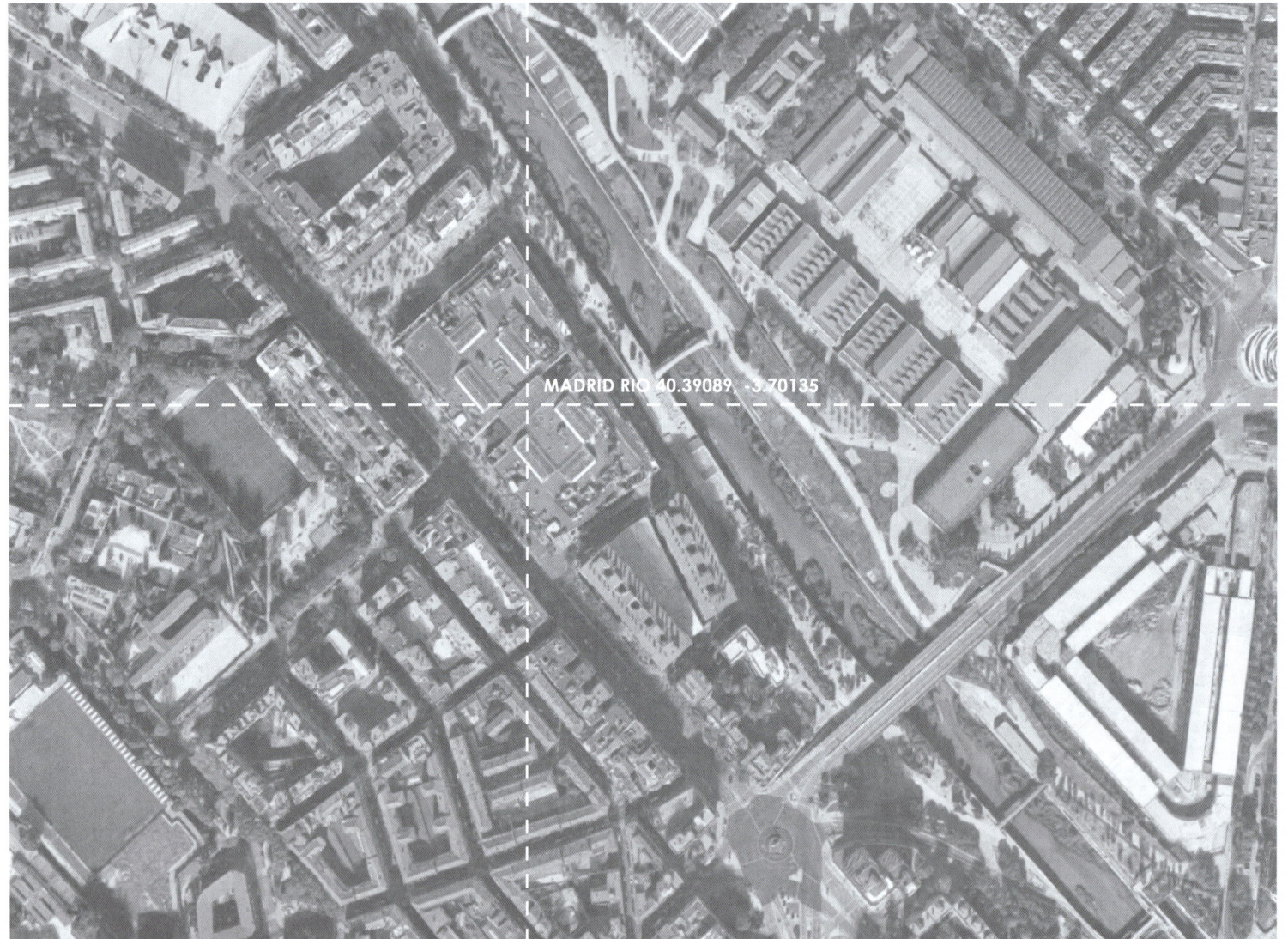

MADRID RIO 40.39089, -3.70135

APPROACH

The surroundings of the Manzanares River in Madrid have been historically a disqualified scope. It became a great road collector, with a metropolitan character, occupied by industries and infrastructures. It gathers all the problems of an urban edge and the marginal areas. It is, in fact, a barrier along a degraded and forgotten river. The absence of a façade facing the river was reinforced by the placement of the M-30 highway. This highway not only provided smoke and noise pollution but also helped to consolidate the breaking of the street grid. The city felt the need to give its back to such a disturbing area. All these have motivated, in recent years, the appearance of several proposals for this area. They are attempts to recover it and give the city the opportunity to take advantage of it. Among the most important ones, are:

- Road 30. In 2007, the first stage of the burial of the M-30 highway ended. This managed to weaken the barrier-effect of the river, reduce the pollution, and recover a huge space in the center of the city.
- River Manzanares Special Plan ("Madrid-Rive", M-River). Approved in 2008, it aimed to create a new public space in the areas given by the Road 30 Plan. It would work as a great environmental, cultural, and recreational axis, as a Great Road Park about 10km long (architects: F. Burgos and G. Garrido).

The large block of numbers 109-111 of Antonio López Street, with no built façade line towards the road or the river in 240 meters (26,400 m²), has a strategic location with respect to the park and the urban focus of "Matadero". The scale, the location, and its current vacant situation make it especially interesting to promote an urban project fixed to the scale of the recovery of activities in the Manzanares axis, to create a reference façade of the Usera neighbourhood, and to articulate the internal transits of this neighbourhood towards the river.

OPERATION PROPOSALS

Activities:

To define a program based on uses that generate a new focus of commercial-tertiary-recreational character, and innovation (as the Special Plan of the former slaughterhouses -"Matadero"- did in a cultural, expository, and civic way).

Urban Scene and Articulation:

Interior planning to allow interior permeability, including public spaces to give transversal continuity to the new footbridge connecting "Matadero" with the Usera district, Antonio López Street, and the sports facilities of Moscardó through Matilde Gallo Street.

Definition of a new urban image, both towards the Manzanares River and towards Antonio López Street, with an order of volumes, activities, and significant buildability in all its façades.

发展过程

马德里曼萨纳雷斯河沿岸地区在历史上并不算是一个令人满意的区域。它的周边被大量工业和城市基础设施占据，成为大都市里一个聚集了多条城市道路的区域，集中了城市边缘和郊区的所有问题。事实上，作为一条逐渐退化和被遗忘的河流，它阻隔了城市两岸间的联系。M-30快速路的修建使得沿河缺乏城市界面的问题更趋严重，这条快速路除了造成烟尘、噪声等污染，也撕裂了两岸以街区为特点的城市结构。人们认识到有必要对这样一个令人不快的地区进行修复。所有这一切在近年来促使一些针对这一区域的规划的出现，它们试图恢复这一区域的生机并使城市能享受到它的益处。其中最重要的一些是：

- 30号公路：2007年完成了将M-30快速路改到地下的第一阶段工程。这一计划减少了河道对城市的割裂，降低了污染，将大片土地还给了城市中心。
- 曼萨纳雷斯河特别规划（"马德里河"，M河）：这一规划于2008年得到批准，它的目标是将通过30号公路项目获得的用地建设成一个新的城市公共空间。它将成为城市中一条具有景观性、文化性和休闲性的长轴，成为一个巨大的大道公园，总长约10公里。（建筑师：F. 布尔戈斯 和 G. 加里多）。

安东尼奥·洛佩斯街上编号为109-111的地块，在沿街道和河道长达240米的方向上空无一物（地块面积26400平方米），它与大道公园和城市重要的文化中心"玛塔台罗"均存在十分重要的位置关系。基地的规模、位置及其目前的空置情况，使得探索这样一个契合曼萨纳雷斯轴公共活动恢复的城市项目变得特别有趣，设计应创造融入乌塞拉街区的界面，并有效建立街区内部与河流之间的联系。

设计建议

市民活动：

功能策划应基于使用，设置能产生新的商业、服务、娱乐焦点并有创新性的用途。（就像由老屠宰场改造成的"玛塔台罗"文化中心以文化的、叙事的和市民的方式所作的策划。）

城市景观与节点：

场地设计应允许城市生活向地块内部渗透，包括以公共空间形成横向穿越地块的连续性，使得乌塞拉街区和安东尼奥·洛佩斯街可以通过新建的步行桥与玛塔台罗文化中心相通，并且可以通过马蒂尔德街与莫斯卡多的体育设施相连。

在面向曼萨纳雷斯河和安东尼奥·洛佩斯街的两个方向创建新的城市形象，建立体量的秩序感，打造热闹的公共空间，并且重点考虑所有立面的可建造性。

PLANTEAMIENTO

El entorno urbano del río Manzanares en Madrid ha sido históricamente un ámbito descualificado, convertido en gran colector viario de carácter metropolitano, ocupado por industrias e infraestructuras. Reúne toda la problemática de un borde urbano y de las áreas marginales, y constituye de hecho una barrera a lo largo de un río degradado y olvidado. La ausencia de fachada al río se vio acentuada con el trazado de la M-30 que, además de aportar polución y contaminación acústica, contribuyó a la consolidación de la ruptura del tejido y a la necesidad de dar la espalda a un lugar sensorialmente molesto. Esto ha motivado que en los últimos años este espacio haya sido objeto de varios planes de actuación para tratar de recuperarlo para la ciudad. Entre ellos:

- Calle 30. En 2007 finaliza la primera etapa del soterramiento de la M-30, que consiguió atenuar el efecto barrera del río, reducir la contaminación y recuperar para la ciudad un inmenso espacio en pleno centro.
- Plan especial Río Manzanares (Madrid-Río, M-Río). Aprobado en 2008, tiene como fin la creación de un nuevo espacio público en los terrenos liberados por el proyecto Calle 30, que funcionará como un gran eje medioambiental, cultural y lúdico a modo de una Gran Vía Parque de más de 10 km de longitud (arquitectos: F. Burgos, G. Garrido).

La amplia manzana del número 109-111 de Antonio López, con un frente de fachada libre de edificación a la calle y al río de 240 metros (26.400 m2), tiene una situación estratégica respecto al parque y el foco urbano de Matadero. La escala, localización y su actual situación vacante son especialmente interesantes para promover un proyecto urbano singular a la escala de la recuperación de actividades de centralidad en el eje del Manzanares, crear una fachada de referencia del barrio de Usera y articular los tránsitos interiores de este hacia el río.

PROPUESTAS DE ACTUACIÓN

Actividades:

Definir un programa de usos que genere un nuevo foco comercial-terciario-ocio y de innovación, frente al Plan Especial de los antiguos mataderos como foco cultural, expositivo y cívico.

Escena y Articulación Urbana:

Ordenación interior que posibilite la permeabilidad interior, con espacios públicos dando continuidad transversal a la nueva pasarela desde el Matadero con el distrito de Usera, Antonio López y las dotaciones deportivas municipales de Moscardó a través de la calle Matilde Gallo.

Definición de una nueva imagen urbana tanto al frente del Manzanares como a Antonio López, con una ordenación de volumetrías, actividades y edificabilidad significativa en todas sus fachadas.

CENTER OF INNOVATION USES Francisco Monteverde Cuervo

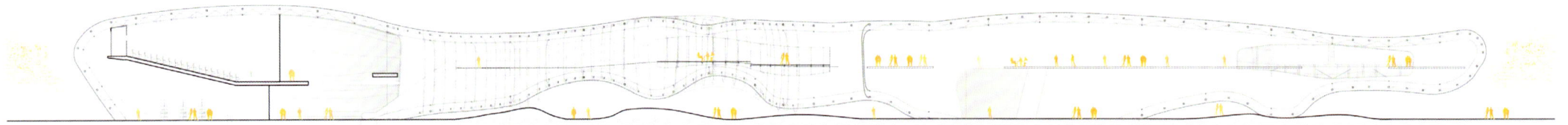

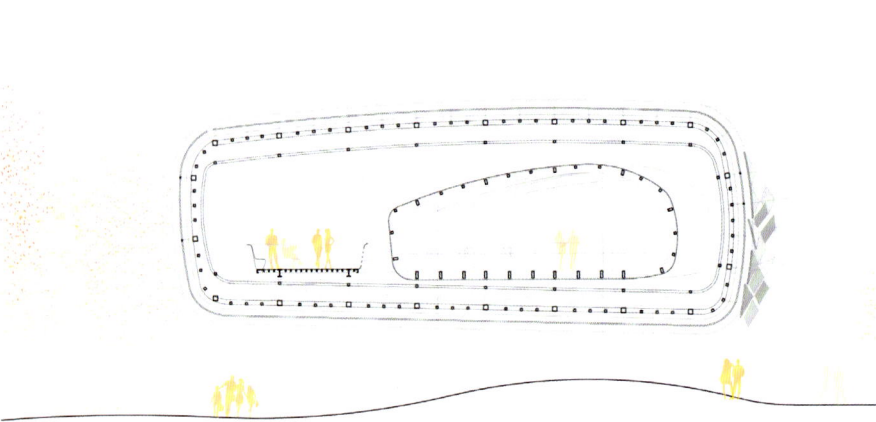

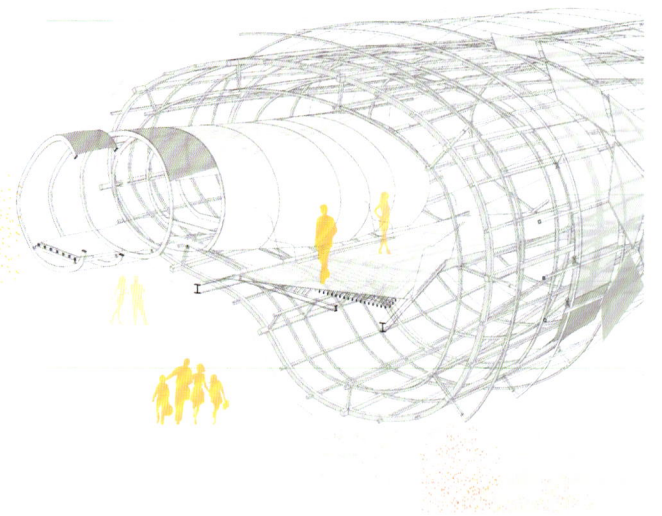

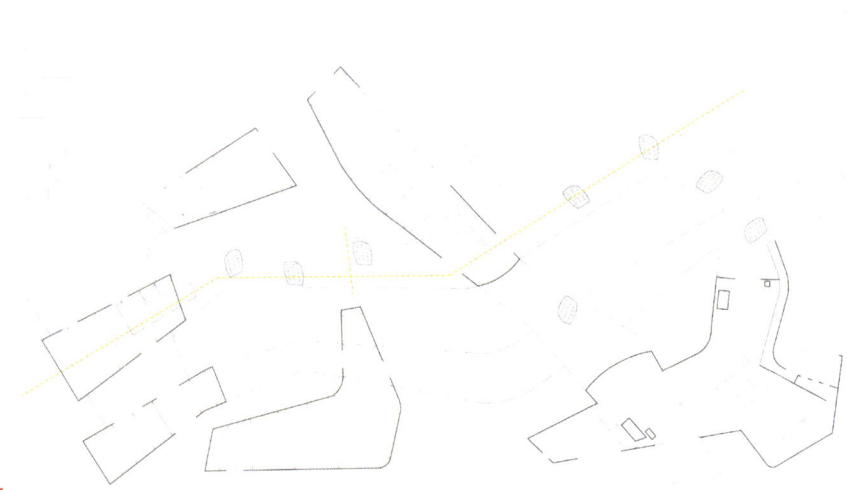

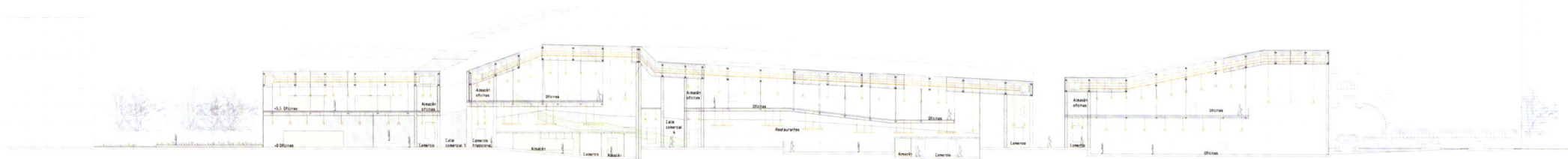

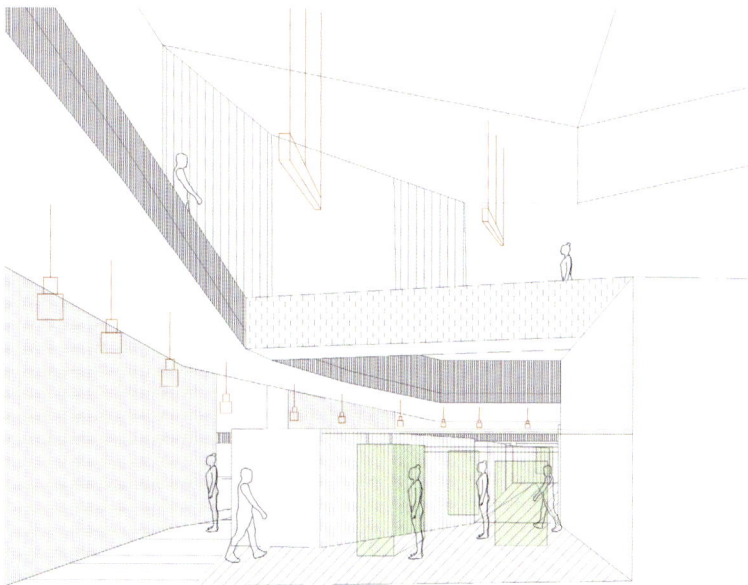

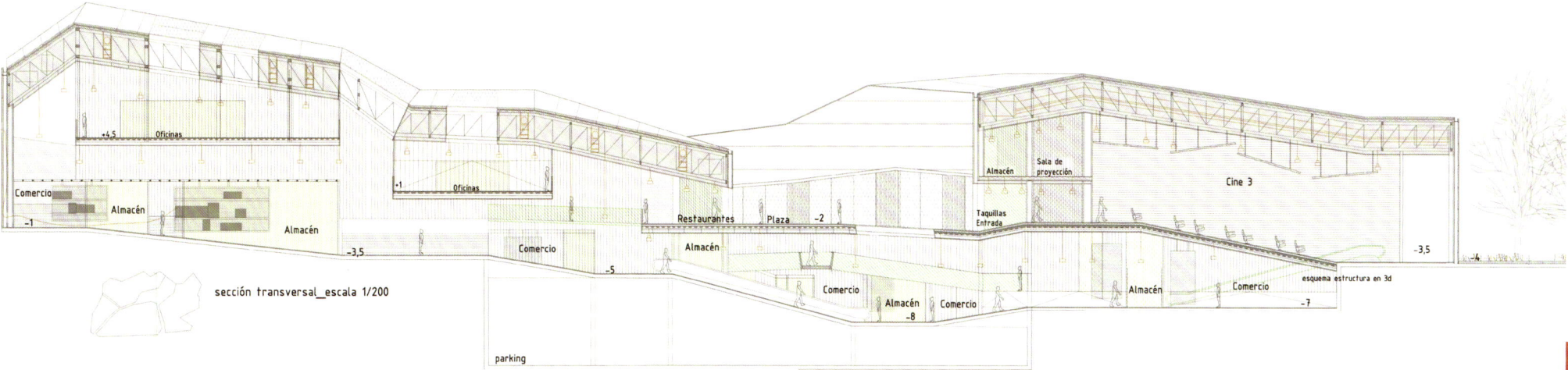

sección transversal_escala 1/200

3.   3.   Visión desde Madrid-Rio

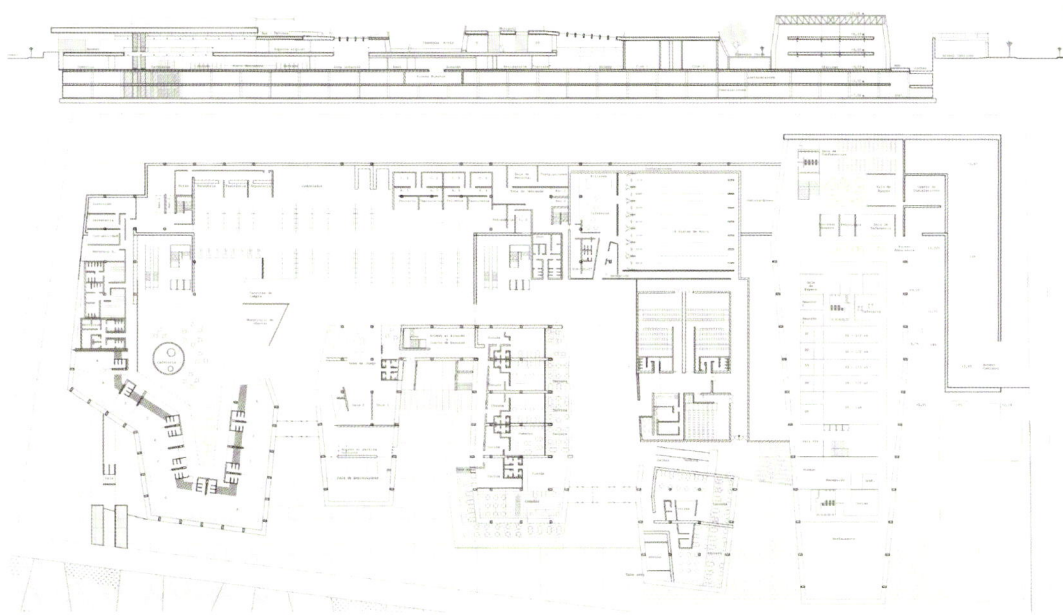

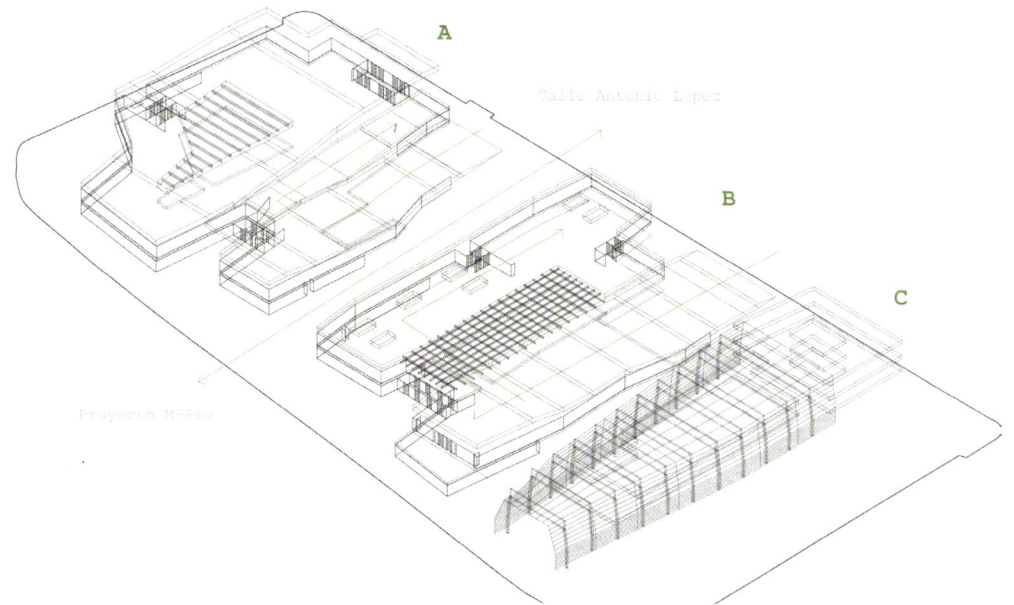

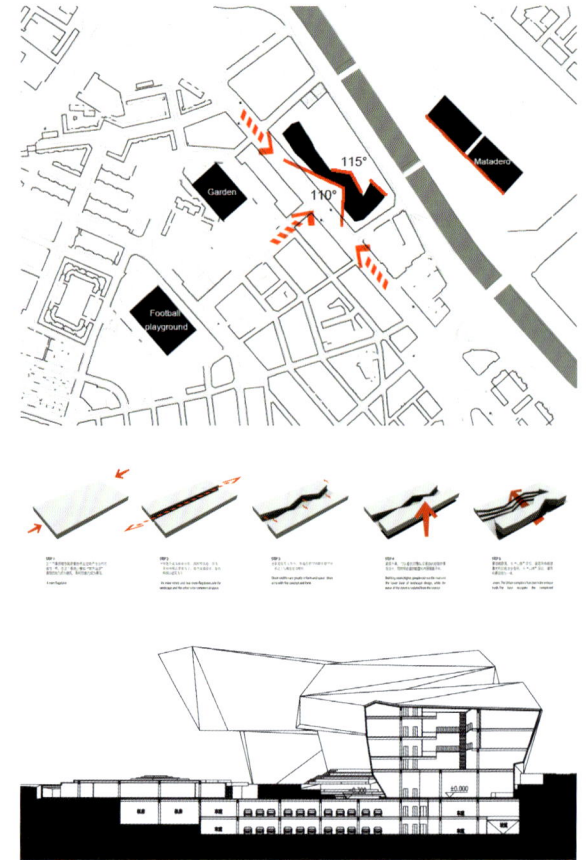

万头城
stone city

Comple(c)ity >> Complex + City

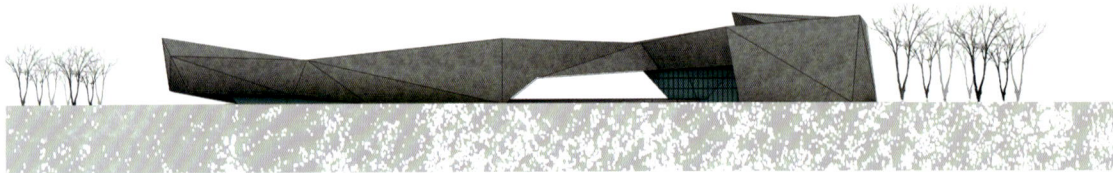

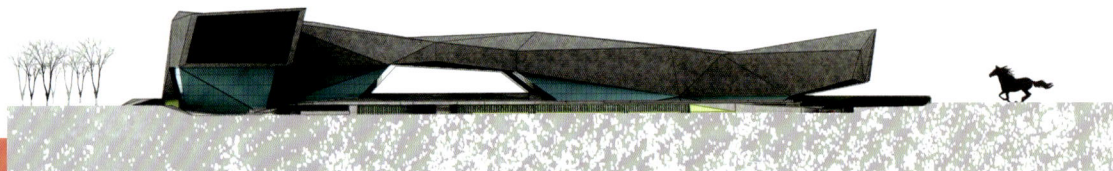

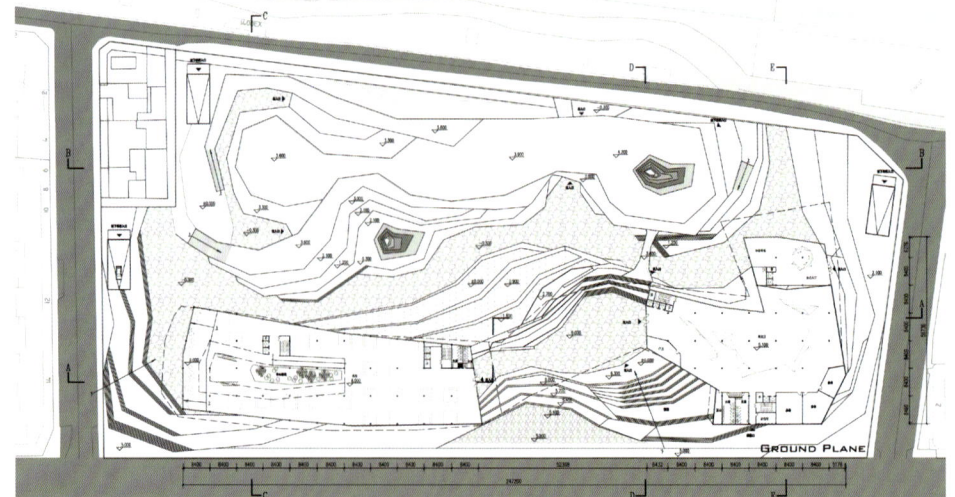

GROUND PLANE

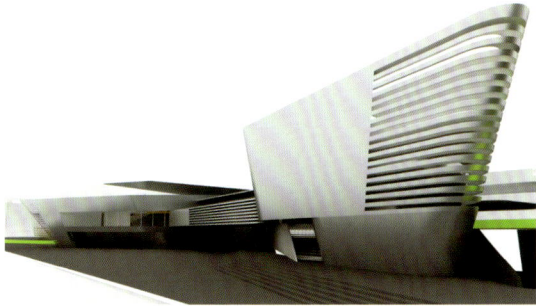

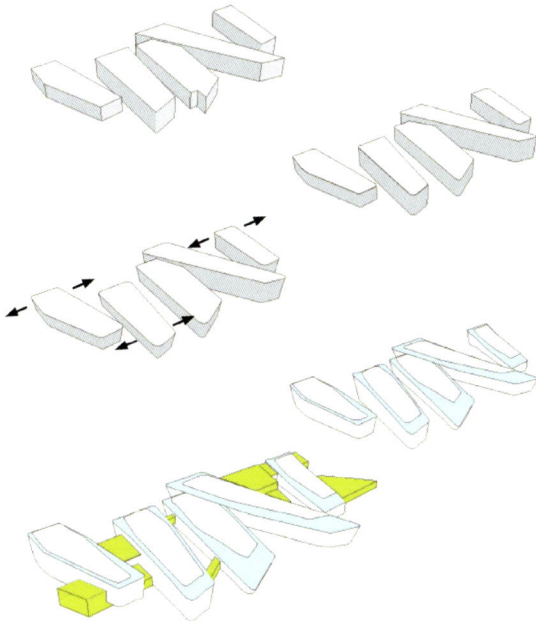

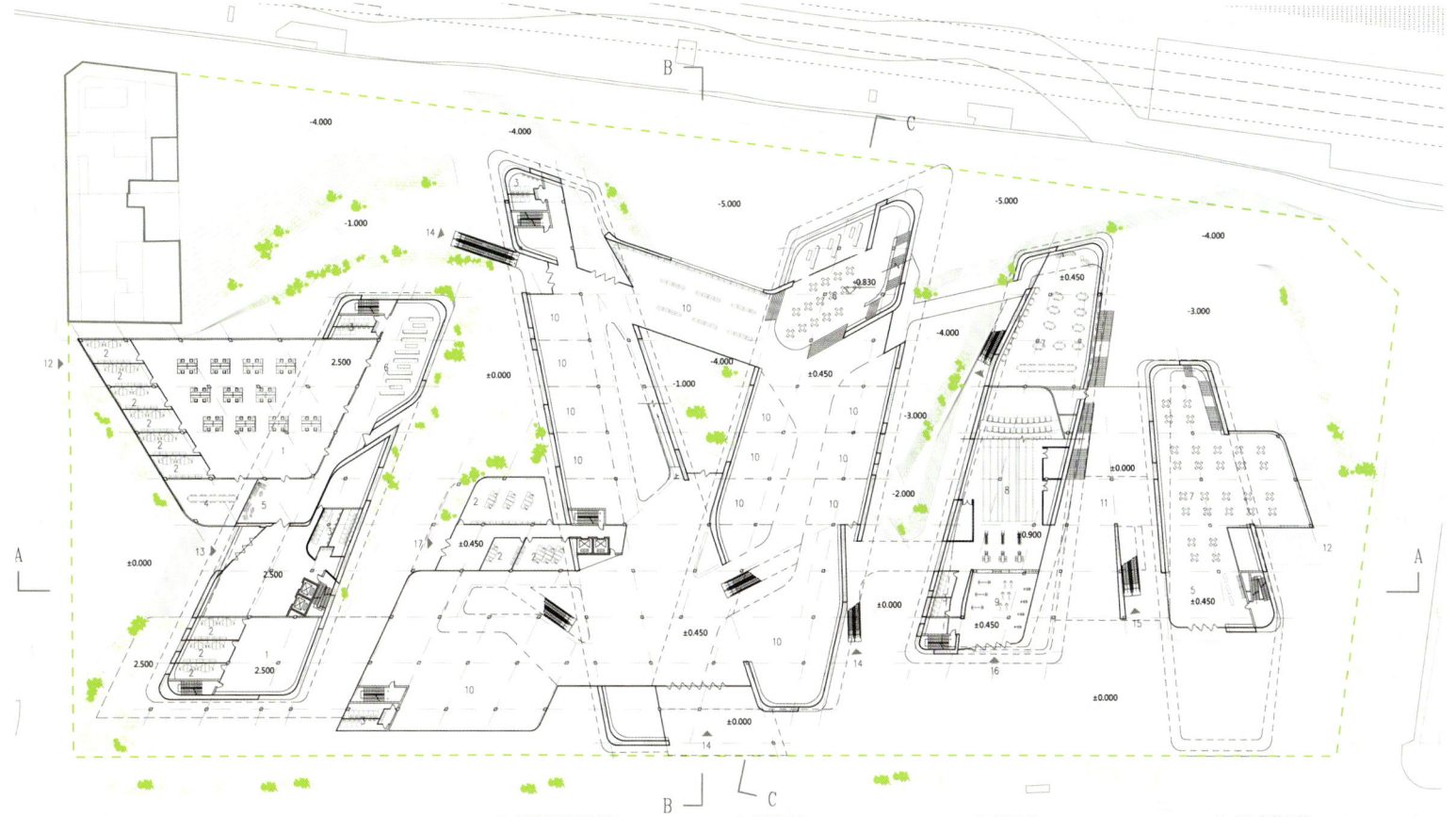

-4.000
-4.000
-1.000
-5.000
-5.000
-4.000
±0.450
-3.000
-4.000
-4.000
±0.450
-1.000
-3.000
±0.000
2.500
10
10
10
10
10
10
10
10
10
10
10
10
2.500
±0.000
±0.000
±0.450
±0.450
±0.450
±0.450
±0.000
±0.000
2.500
2.500
2.500
2.500
+0.830
+0.900
±0.000

1. FLEXIBLE OFFICE SPACE	6. COFFEE BAR	11. TERRACE
2. OFFICE	7. RESTAURANT	12. GARAGE ENTRANCE
3. W.C.	8. BOWLING	13. OFFICE ENTRANCE
4. CONFERENCE	9. GYM	14. COMMERCIAL SPACE ENTRANCE
5. LOUNGE	10. COMMERCIAL SPACE	15. CINEMA ENTRANCE
		16. GYM ENTRANCE
		17. LOGISTICS ENTRANCE

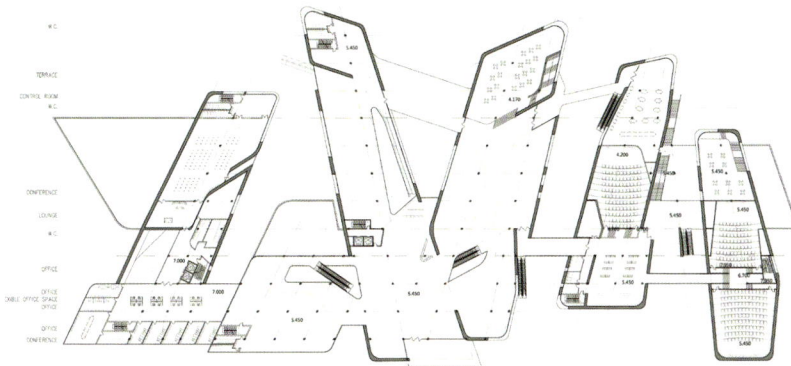

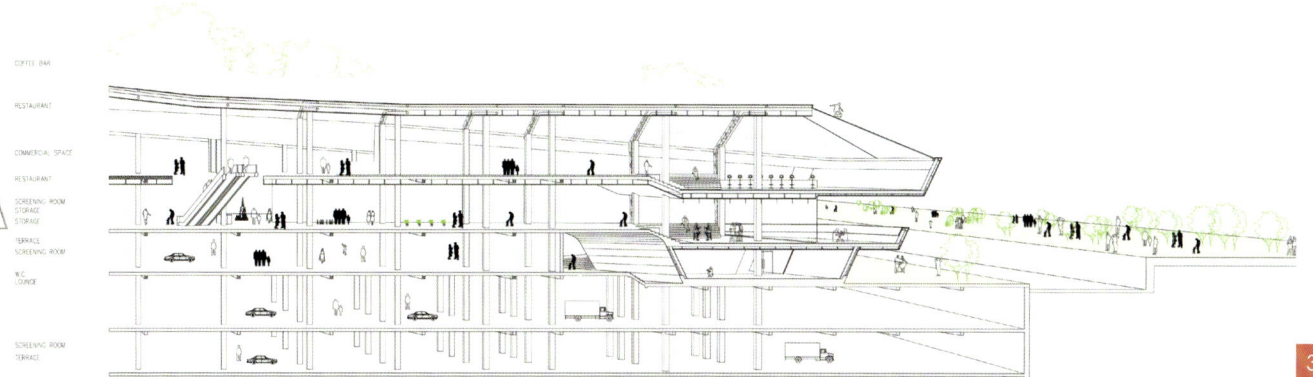

地下车库入口

保留建筑

可通行草坡

地下车库入口

货车坡道

-5.000

-2.500

-4.200

商场辅助入口

卸货平台
-3.000

办公

办公入口

办公门厅   储藏

内部商业街广场

-2.100

餐厅辅助入口

更衣

办公

-3.600

店铺入口

-3.600

商场

厨房

店铺   -3.000

0.900

餐厅入口

-2.100

-1.500

-3.000

-2.400

-3.600   -1.200

-1.500

餐厅
±0.000

-0.900

-0.900

-0.300

餐饮健身服务入口

-3.900

商场入口

儿童游乐区
-0.300

-1.500

办公藏书出口

临时库房

快餐   就餐

休息厅

收银

内街广场入口

商场出口

健身房

内街广场入口

-0.300

-0.300

商场
±0.000

±0.000

售票

超市出口

商场入口   -0.300

影院主入口

超市入口

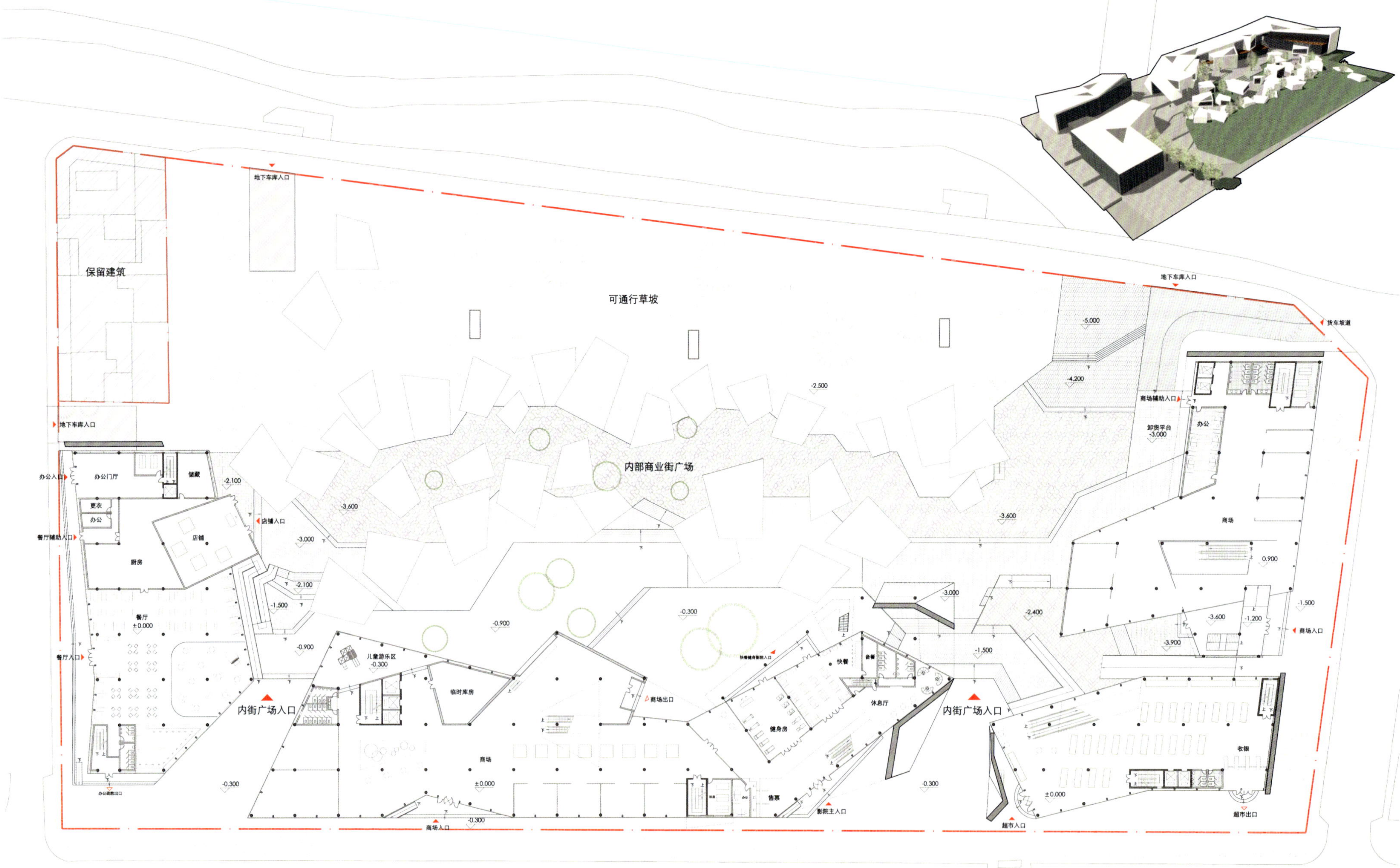

1.200 标高平面   1:650

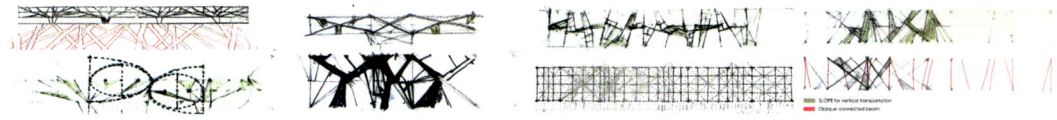

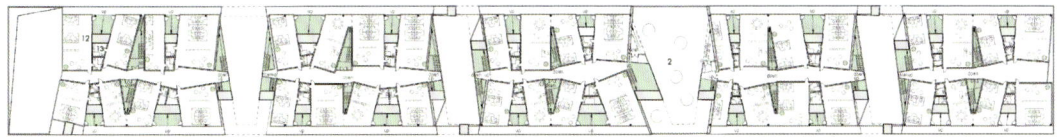

Basement Floor Plan 1:600

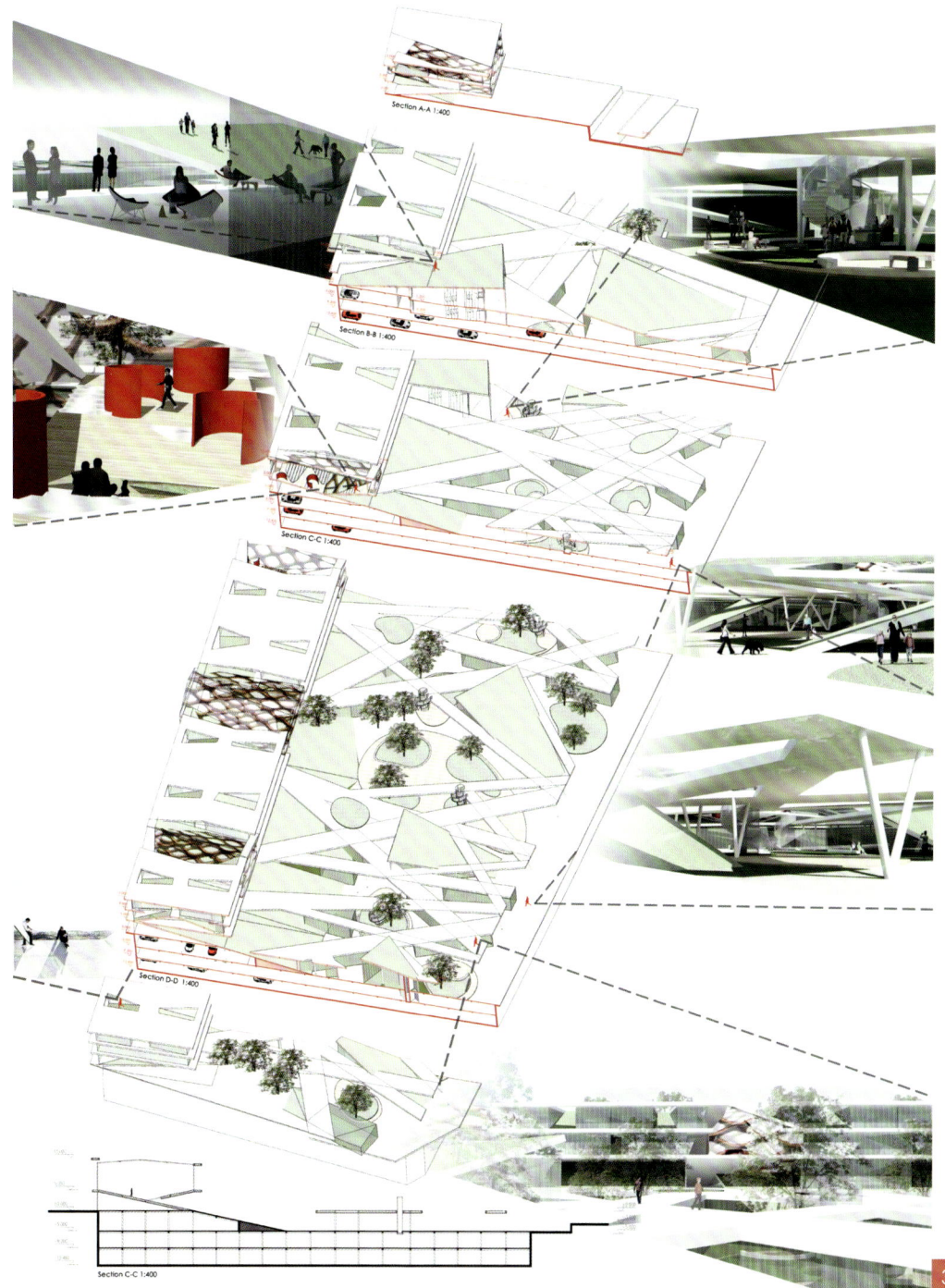

Fireproofing Subarea 1

Fireproofing Subarea 2

Section A-A 1:400

Section B-B 1:400

Section C-C 1:400

Section D-D 1:400

Section C-C 1:400

SEAL MUSEUM OF XILING 西泠印学博物馆 MUSEO DEL SELLO DE XILING

CEU TEACHERS / CEU 老师 / PROFESORES CEU

Eduardo de la Peña Pareja

Aurora Herrera Gómez

CEU STUDENTS / CEU 学生 / ALUMNOS CEU

Almudena Rebuelta del Pedredo Domecq

Blanca Mota Rodrigo

Carolina Botrán Rodríguez-Rey

María de la Concepción de Carlos Rato

Manuel Molins Méndez

Marta Leboreiro Núñez

Miguel Ángel Martín del Pozo

ZJU TEACHERS / ZJU 老师 / PROFESORES ZJU

贺勇 He Yong

林涛 Lin Tao

金方 Jin Fang

ZJU STUDENTS / ZJU 学生 / ALUMNOS ZJU

黄长静 Huang Changjing

严嘉伟 Yan Jiawei

张昊楠 Zhang Haonan

饶峥 Rao Zheng

袁聪 Yuan Cong

张旻昊 Zhang Minhao

HANGZHOU 30.26755, 120.08169

BACKGROUND

Xiling Seal Engraver's Society is both a seal-culture research group and a literati institute with a long history in China. It was founded in 1904, and aimed at collecting the epigraphy and seal works, studying the culture of seal, and also painting and calligraphy. It has high achievement as well as a wide influence at home and abroad. All the members of Xiling are the most important artists and scholars. They usually gather to hold an exhibition of their works and collections, as well as carry out some activities of discussion and appreciation around Qingming and Chongyang Festival every year, which is a traditional gathering way of literati continuing until nowadays.

At present, the Xiling Seal Engraver's Society is located at the south foot of Gushan Hill by the West Lake, with buildings some of which are ancient architecture relics from the Ming and Qing Dynasties, surrounding gardens which are delicate and elegant with quiet pleasant scenery, and the collections of cultural heritages and cliff inscriptions which can be seen everywhere. The existing buildings are mainly used for exhibitions and offices, but due to the limited space and insufficient facilities, it is difficult to meet the further development needs of the Xiling Seal Engraver Society. Therefore, they decided to build a new building on the site near the Xixi Wetland Park.

SITE

The site of this project is located in the waterfront area of the Xixi Wetland Park in the west of Hangzhou, and among the Xixi Paradise Tourism Complex (a group of buildings of hotels, commercial streets, museum, etc.). The site has a flat landscape, facing the river in the wetland park to the west. Both the buildings on the north and east of the site are hotels, and on the south is the Xixi Wetland Museum designed by Arata Isosaki. The environment of Xixi Wetland is very beautiful, with lots of historical relics, and abundant cultural resources. In history, it was once known as the "3-Xi" of Hangzhou along with West Lake (XiHu) and Xiling.

BASIC REQUIREMENT

The students must consider the relationship between the proposed new building and the existing buildings surrounding it. The unique Waterfront landscape must be taken into consideration and the treatment of the open areas and the transition towards the Wetland is required. The use of renewable energies and accessible resources is valued. Building a new Seal Museum of Xiling aims to continue the spirit of Xiling culture, expand the function of Xiling, and preserve the contemporary exquisite works of Xiling.

背景

西泠印社是中国历史悠久的印学研究团体和文化机构，成立于1904年，以"保存金石、研究印学，兼及书画"为宗旨，取得了极高的艺术成就，蜚声中外。西泠印社社员均是艺术大家，每年固定在清明、重阳前后举办雅集，进行社员作品和藏品展览，开展鉴赏研讨等活动，仍然延续着传统文人结社的聚会方式。

西泠印社社址现位于杭州西子湖畔的孤山脚下，社址内包括多处明清古建筑遗址，园林精雅，景致幽人，人文景观荟萃，摩崖题刻随处可见。现有建筑主要用于展览和办公，但由于空间有限，设施不足，难以满足西泠印社未来的发展需要。因此，他们决定在西溪湿地附近择址另建一新馆。

基地

项目基地位于杭州城西的西溪湿地公园滨水区，紧临西溪天堂旅游综合体（该地块现有宾馆、商业街、博物馆等建筑集群）。基地地势平坦，西侧面向西溪湿地内的河道，东侧与北侧的建筑均为酒店，南侧为矶崎新设计的西溪湿地博物馆。西溪湿地环境优美、古迹众多，人文资源丰富，历史上曾与西湖、西泠并称杭州"三西"。

基本要求

学生必须考虑新建筑与周边已有建筑的关系，考虑湿地独特的地形地貌，处理好开放空间及其向湿地的过渡，重视可再生能源和可获得资源的使用。通过建设新的西泠印学博物馆，尝试续接西泠文化精神，拓展西泠功能内涵，存留西泠当代精品。

ANTECEDENTES

Xiling Seal Club es tanto un lugar para la investigación de la cultura de los sellos de piedra como una asociación de intelectuales. Fue fundado en 1904 con el objetivo de reunir sellos y documentos epigráficos, para estudiar la cultura de la pintura y de la caligrafía chinas. Sus esfuerzos han conseguido un amplio reconocimiento tanto nacional como internacional. Los miembros del club están entre los artistas y académicos más importantes del país. Cada año, en torno a la festividad de Qingming y Chingyang, el club se reúne para exponer los trabajos y las colecciones de sus miembros, así como para organizar debates.

En la actualidad, los edificios de exposiciones y oficinas del Xiliing Seal Club están localizados al sur de la colina Gustan, cerca del Westlake, algunos de los cuales son monumentos históricos de las Dinastías Ming y Qing. El jardín que los rodea es delicado y elegante, y compone un paisaje de gran belleza con inscripciones talladas en las laderas y mucho patrimonio cultural. Sin embargo, debido a que el espacio es muy limitado, el edificio ya no puede satisfacer las necesidades del futuro desarrollo del club. Por este motivo, el club decide construir un nuevo edificio en un emplazamiento junto al Parque de Humedales Xixi.

EMPLAZAMIENTO

El solar del proyecto se encuentra en los límites del Parque de Humedales Xixi (Xixi Wetland Park) al oeste de Hangzhou, y en medio del complejo turístico Xixi Paradise (un conjunto de hoteles y calles comerciales). La parcela es plana y limita con los humedales al oeste. Los edificios al norte y al este son hoteles y al sur se encuentra el Museo de los Humedales diseñado por Arata Isozaki.

NECESIDADES BÁSICAS

El alumno debe considerar la relación entre su propuesta y el entorno edificado. Es importante considerar el paisaje de la orilla, así como el tratamiento de las áreas libres y la transición hacia los humedales. Se valora el uso de energías renovables y de los recursos accesibles.

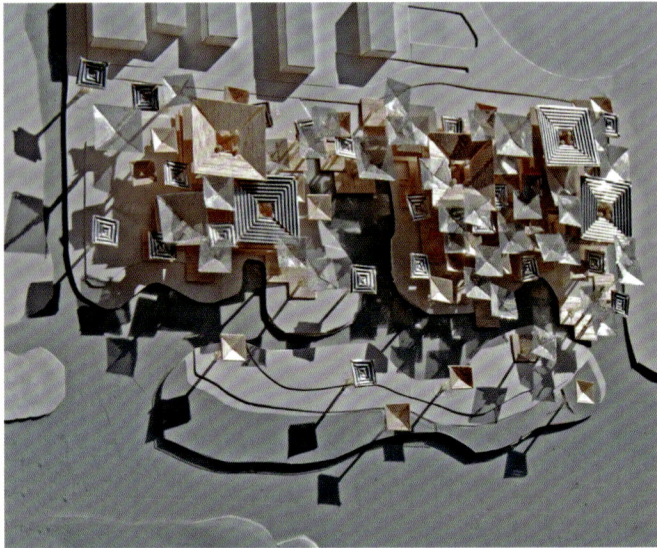

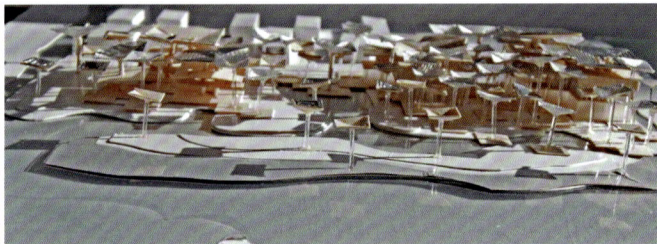

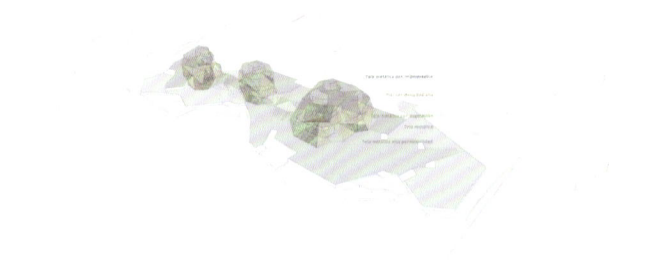

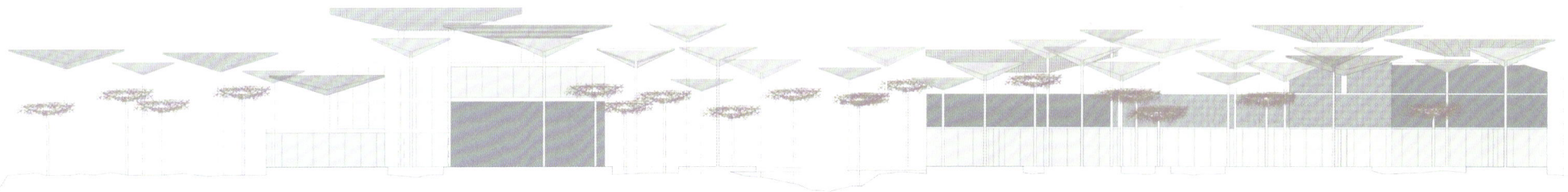

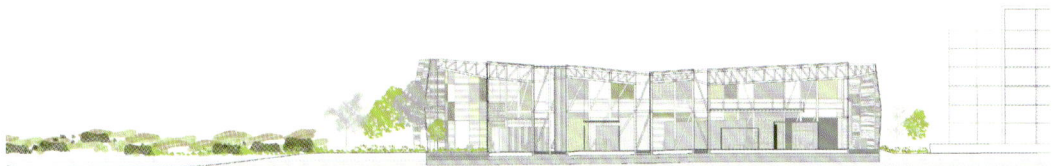

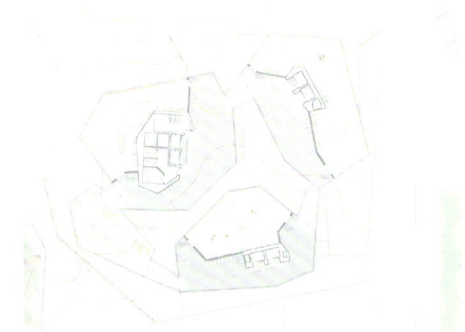

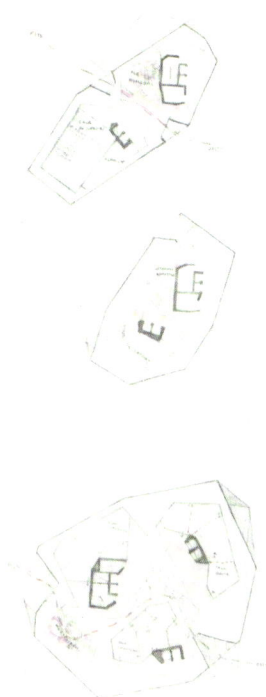

SEAL MUSEUM OF XILING María de la Concepción de Carlos Rato

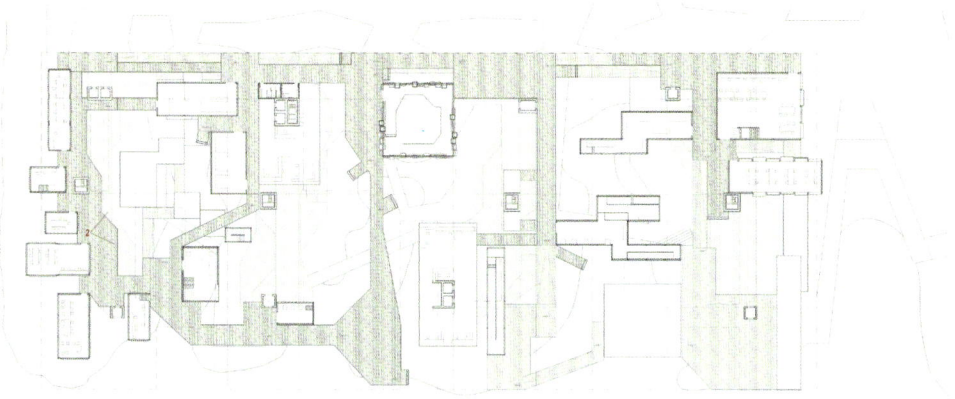

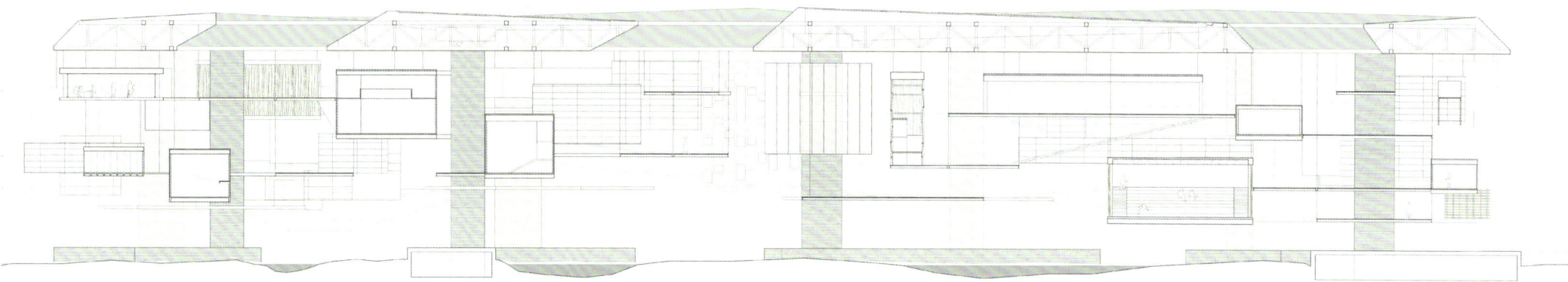

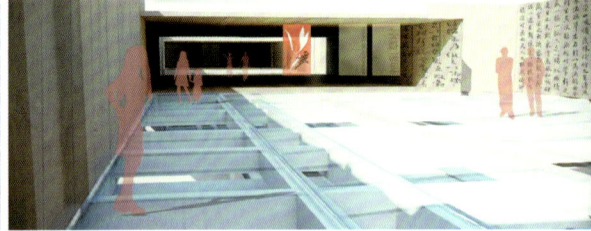

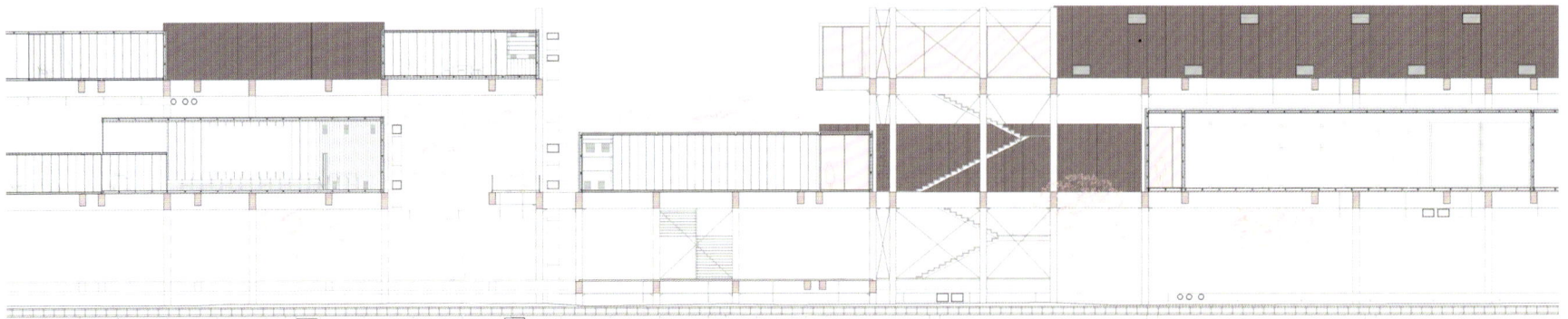

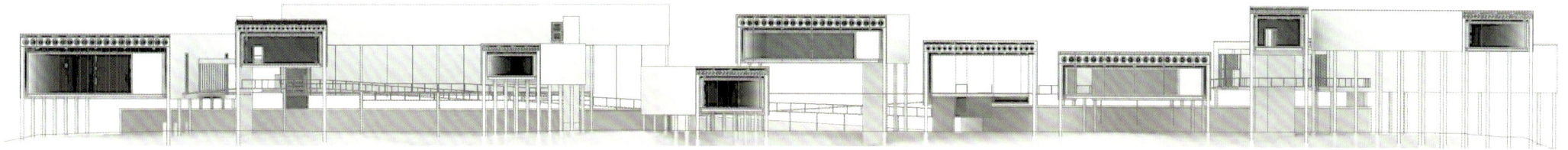

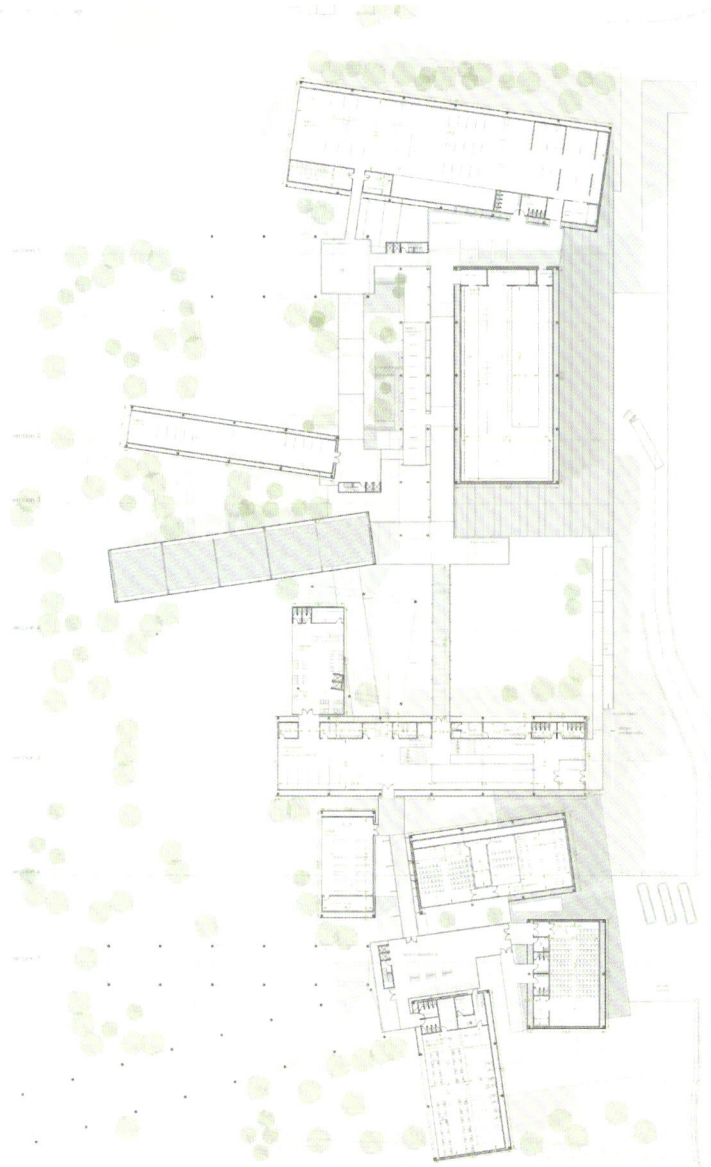

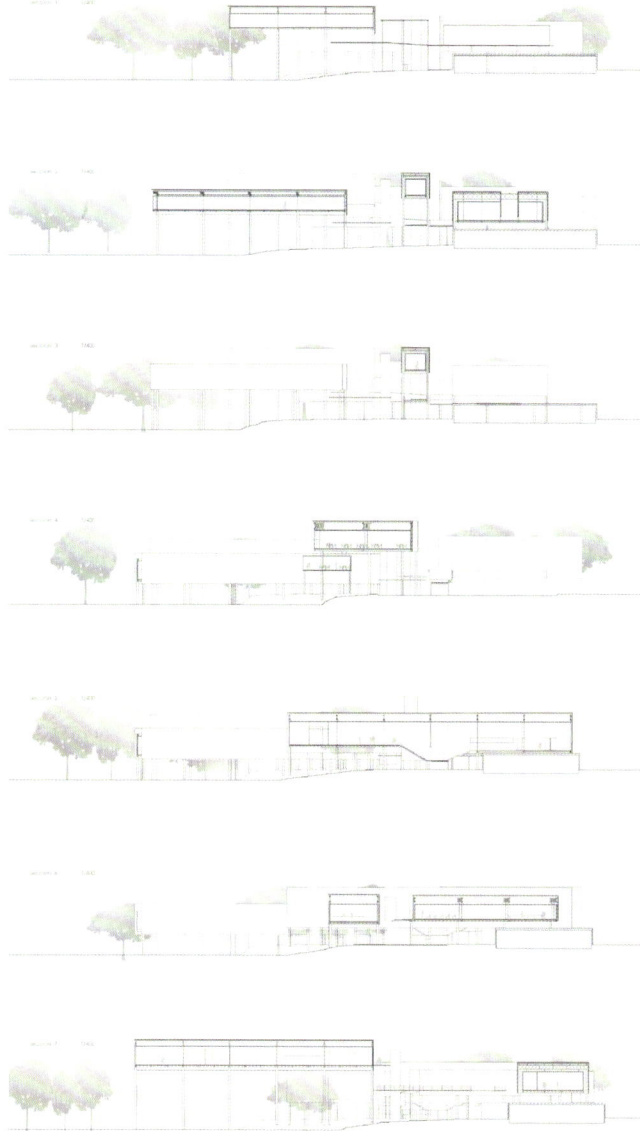

一层平面

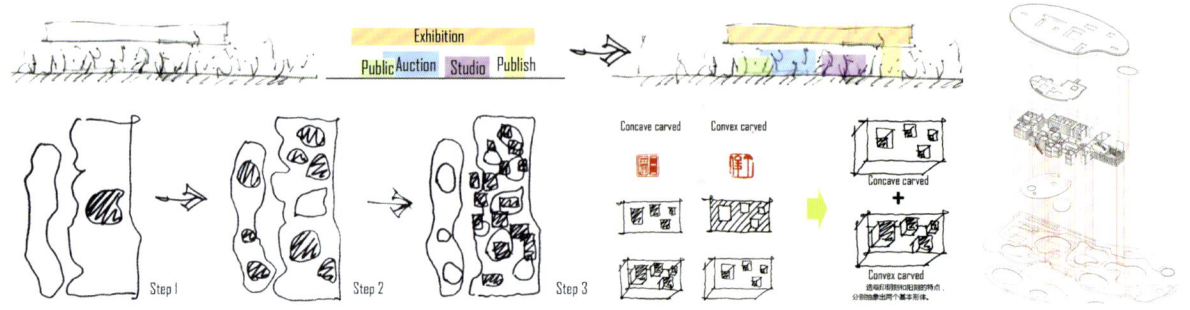

Exhibition

Public Auction Studio Publish

Concave carved   Convex carved

Step 1   Step 2   Step 3

Concave carved

Convex carved

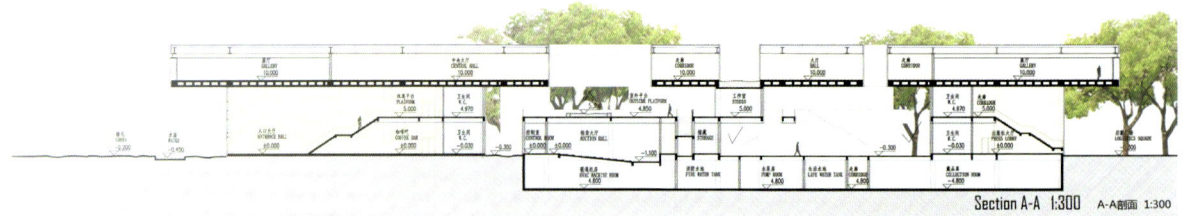

Section A-A 1:300   A-A剖面 1:300

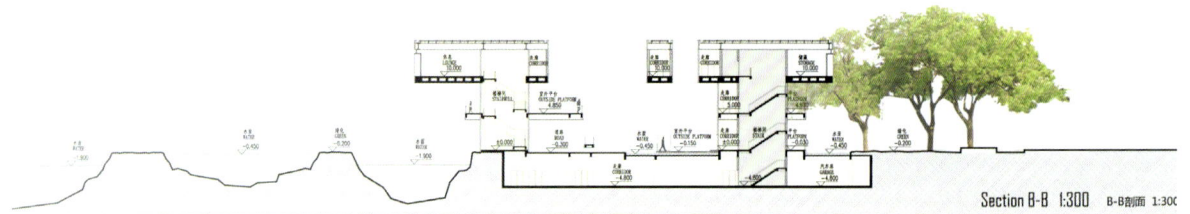

Section B-B 1:300   B-B剖面 1:300

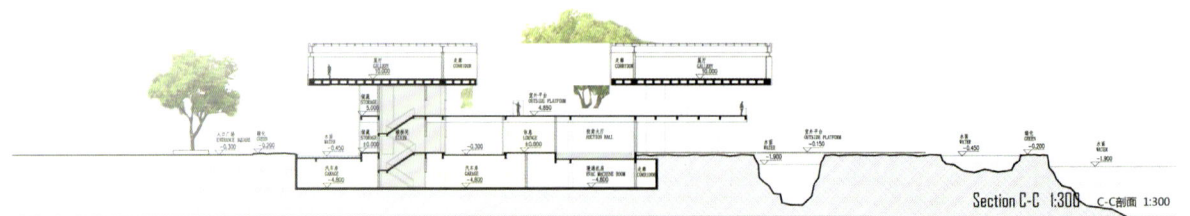

Section C-C 1:300   C-C剖面 1:300

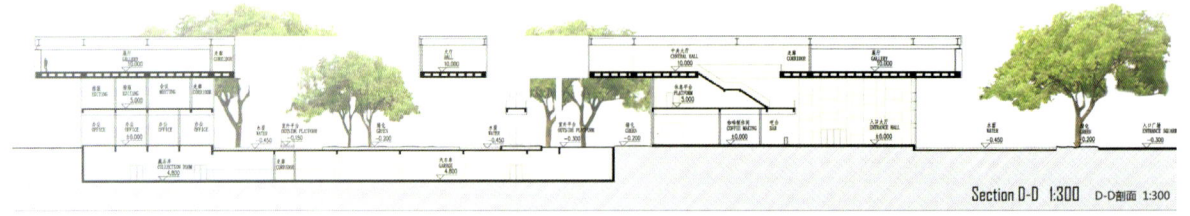

Section D-D 1:300   D-D剖面 1:300

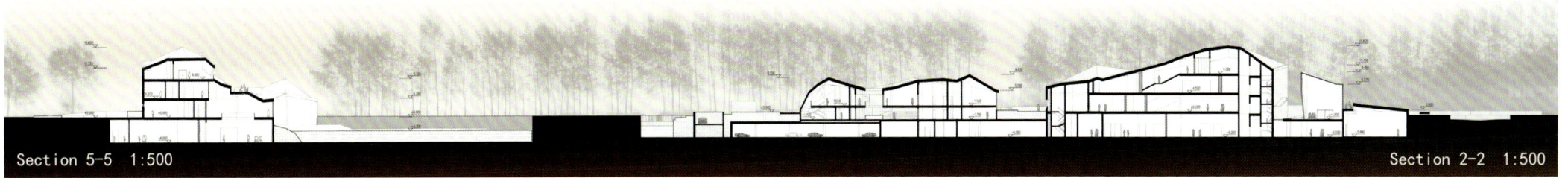

Section 5-5 1:500

Section 2-2 1:500

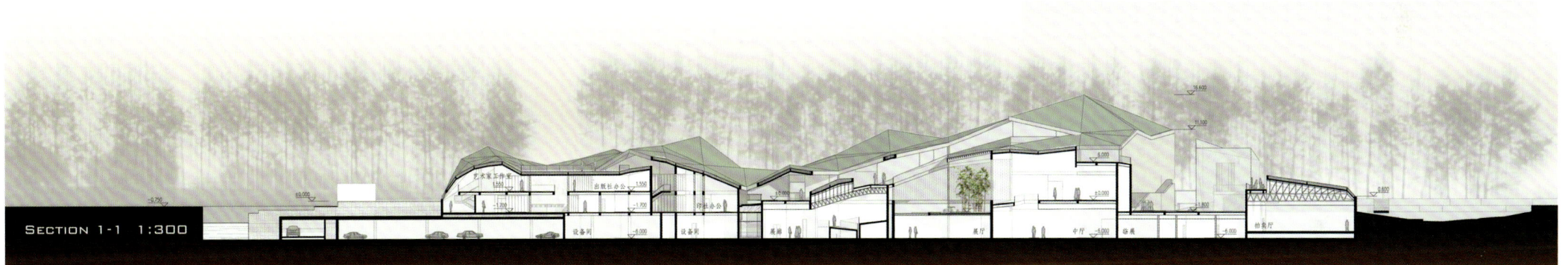

SECTION 1-1 1:300

艺术家工作室

出版社办公

印社办公

设备间

设备间

展柳

展厅

中厅

临展

伯衡厅

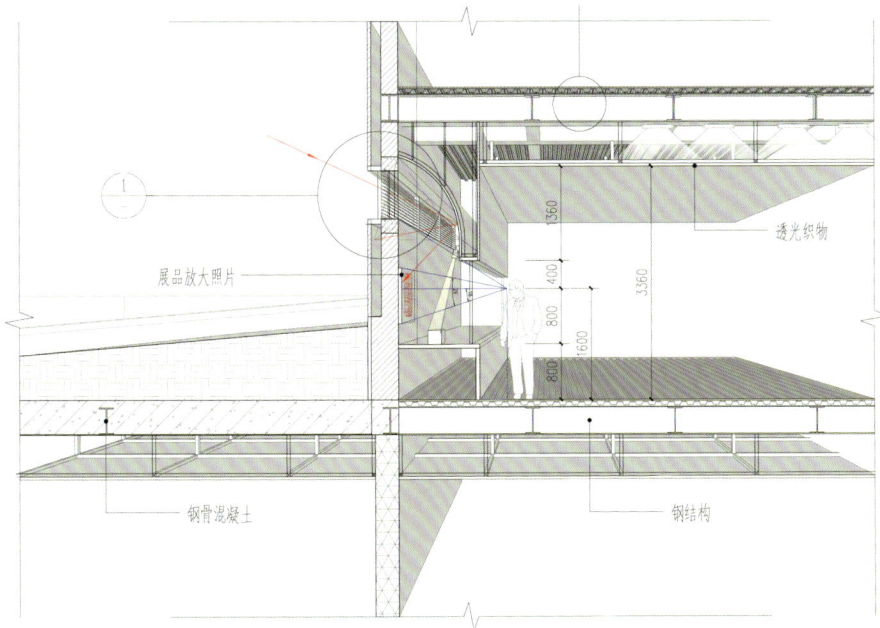

展品放大照片

透光织物

钢骨混凝土

钢结构

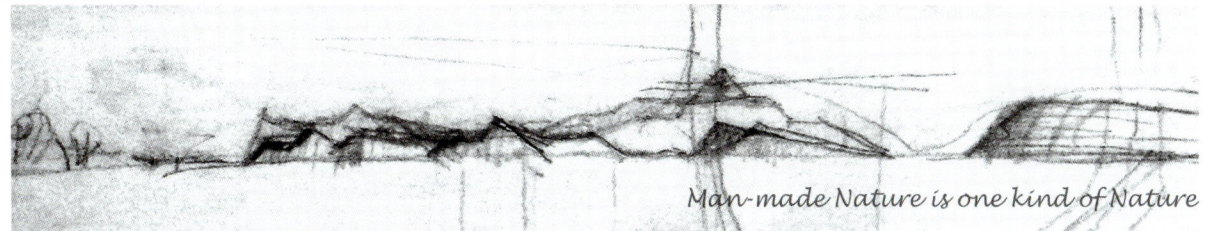

Man-made Nature is one kind of Nature

VIEW G

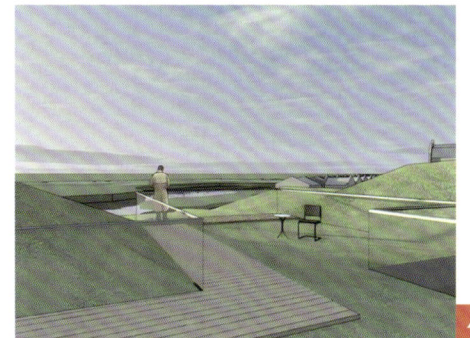

SEAL MUSEUM OF XILING 张旻昊 Zhang Minhao

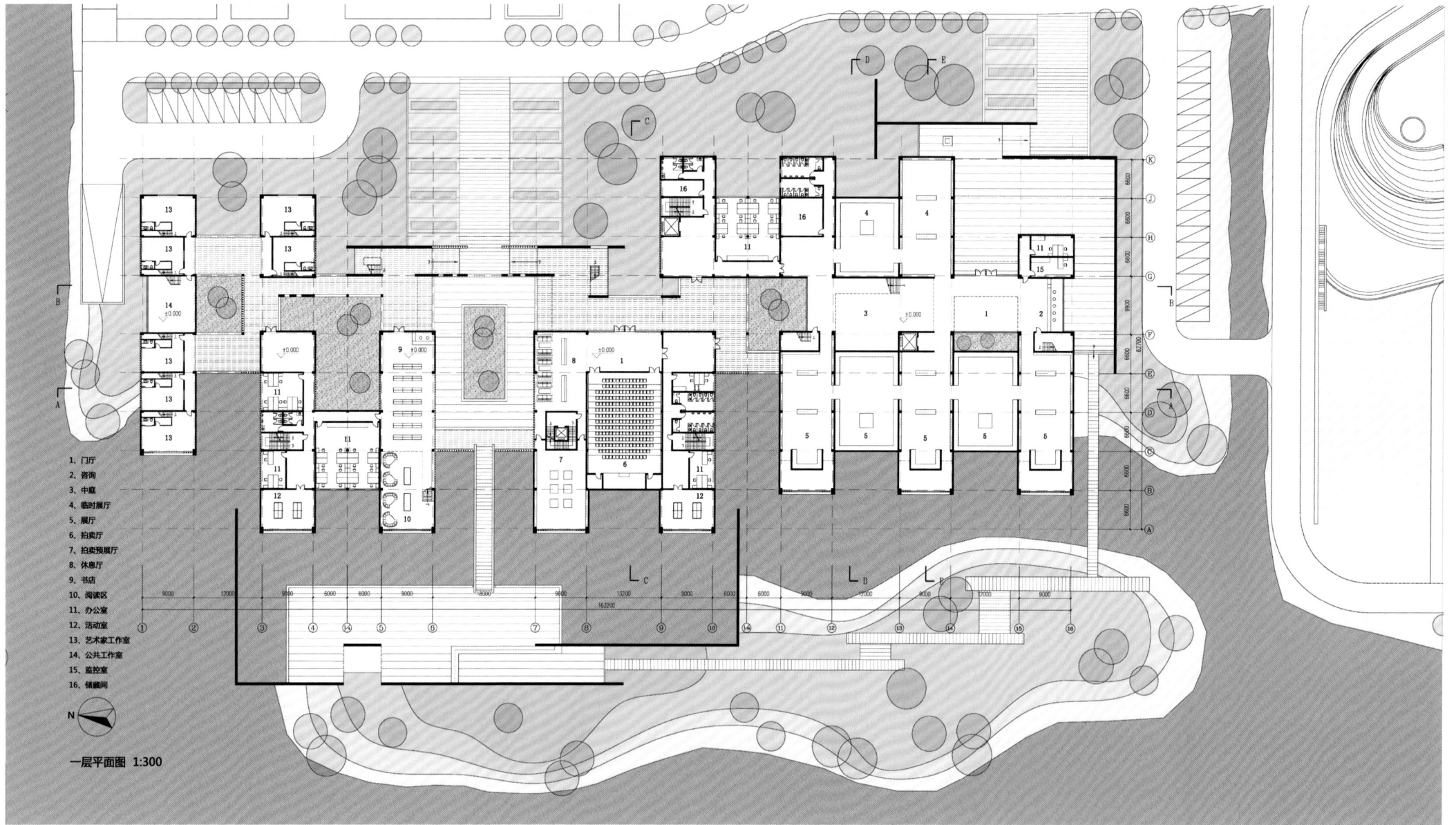

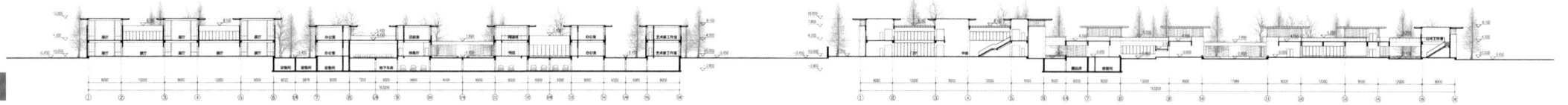

1、门厅
2、咨询
3、中庭
4、临时展厅
5、展厅
6、拍卖厅
7、拍卖预展厅
8、休息厅
9、书店
10、阅读区
11、办公室
12、活动室
13、艺术家工作室
14、公共工作室
15、监控室
16、储藏间

N

一层平面图 1:300

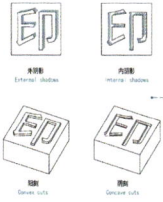

水印影
External shadow

内印影
Internal shadow

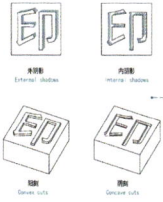

阴刻
Concave cuts

阳刻
Concave cuts

展示印学文化，需要自然光的引入
It needs the natural light to
show the seals culture

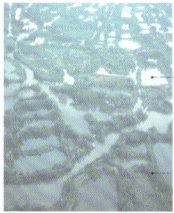

溪谷湿地 Xixi wetland

地处湿地环境，需要水和绿的渗透
It needs the water and green to
integrate with the wetland

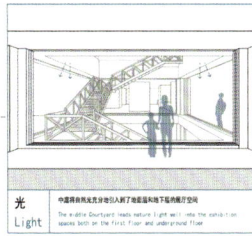

光
Light

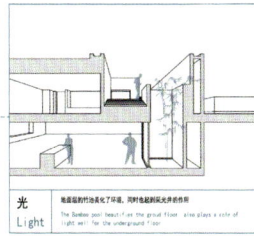

光
Light

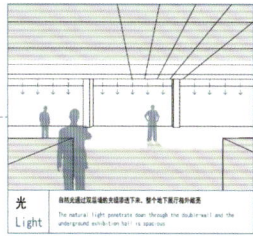

光
Light

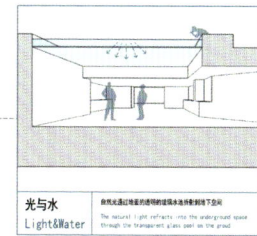

光与水
Light&Water

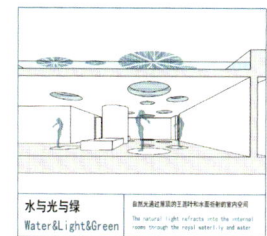

水与光与绿
Water&Light&Green

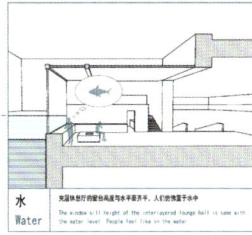

水
Water

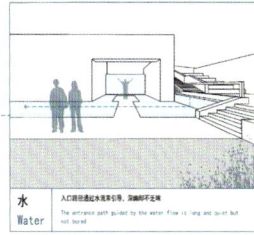

水
Water

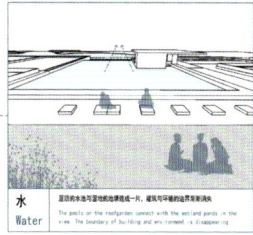

水
Water

水
Water

水与光
Water&Light

绿
Green

绿
Green

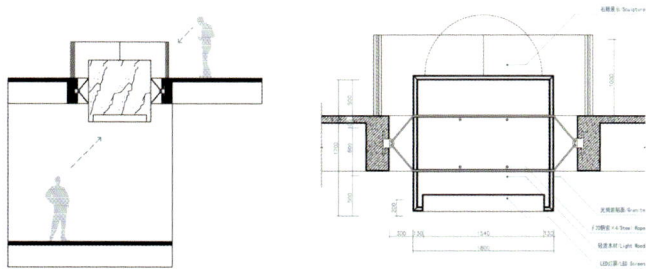

常设印章雕塑顶部
Top View

可移动石壁展示印雕文化
Sculpture Shows Seal Carving

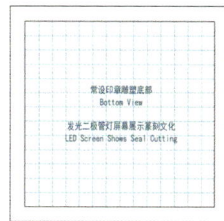

常设印章雕塑底部
Bottom View

发光二极管灯屏幕展示篆刻文化
LED Screen Shows Seal Cutting

常设展厅
Exhibition Hall

展品修整室
Exhibition Repairing Room

常设展厅
Exhibition Hall

常设展厅
Exhibition Hall

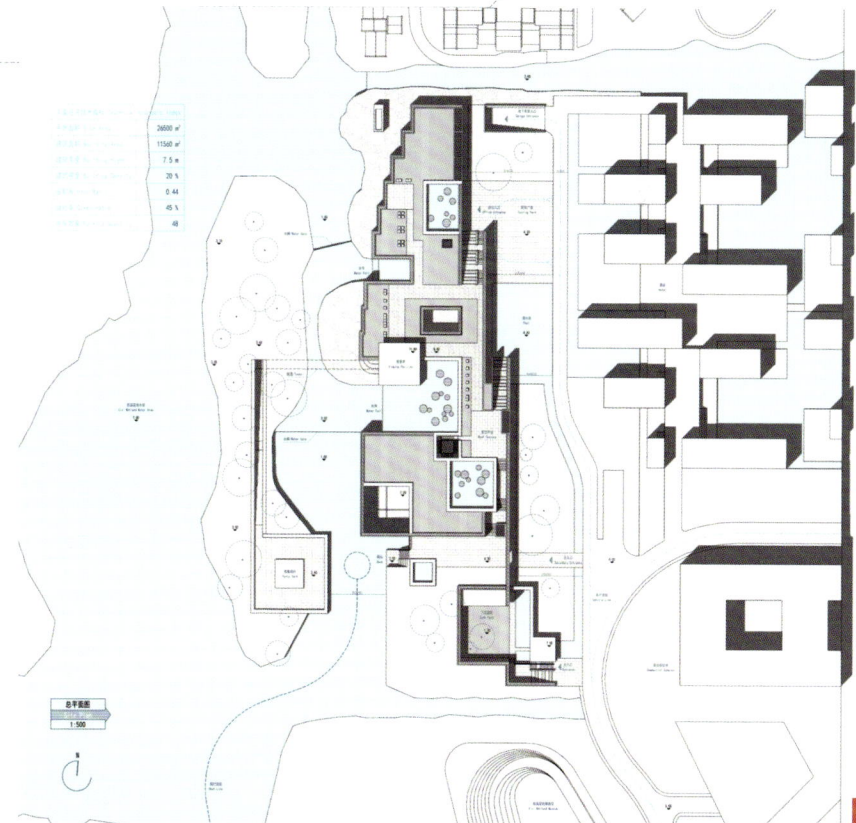

总平面图
1:500

SEAL MUSEUM OF XILING 张昊楠 Zhang Haonan

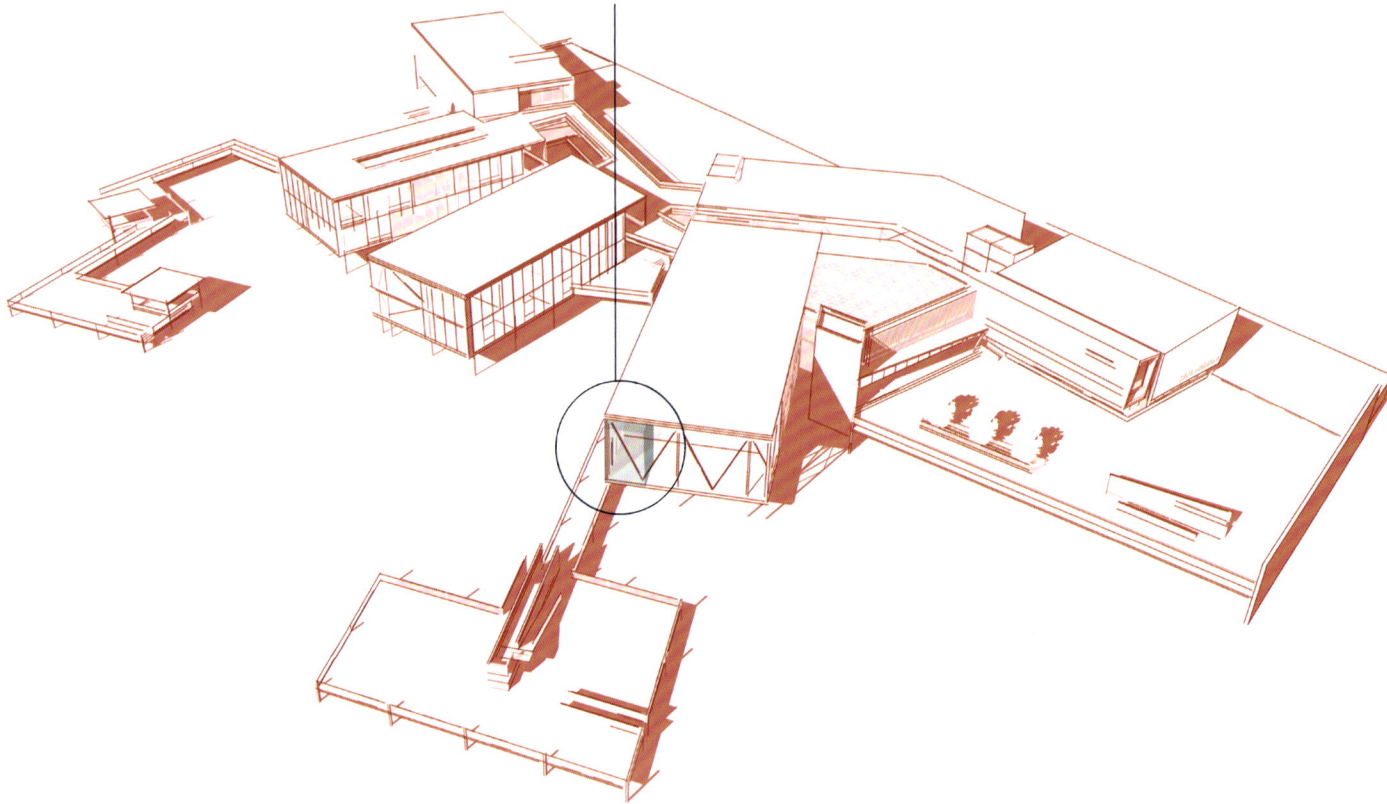

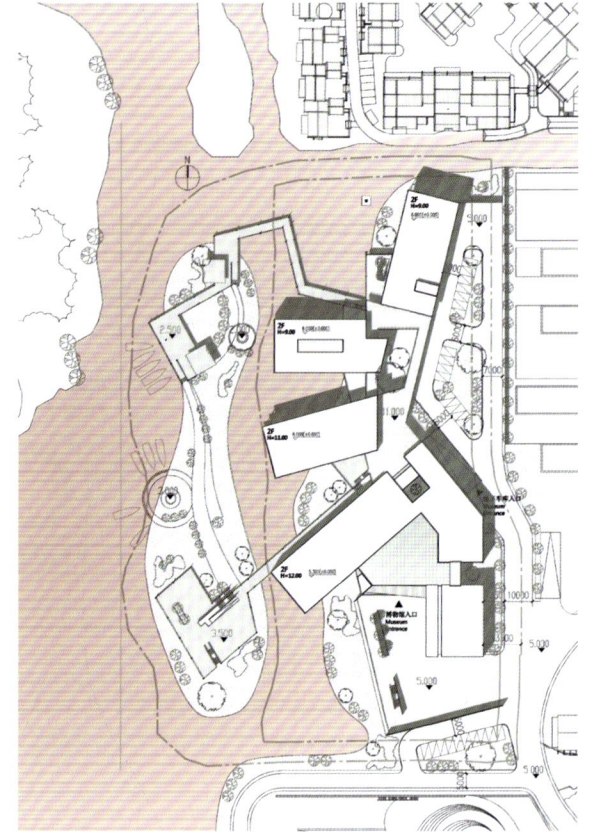

视角1

视角2

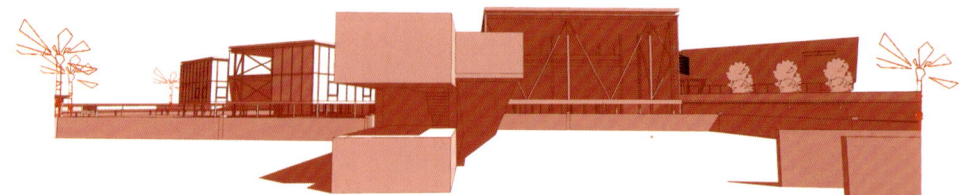

lobby　exhibition　studio
archive　　　　　publishing

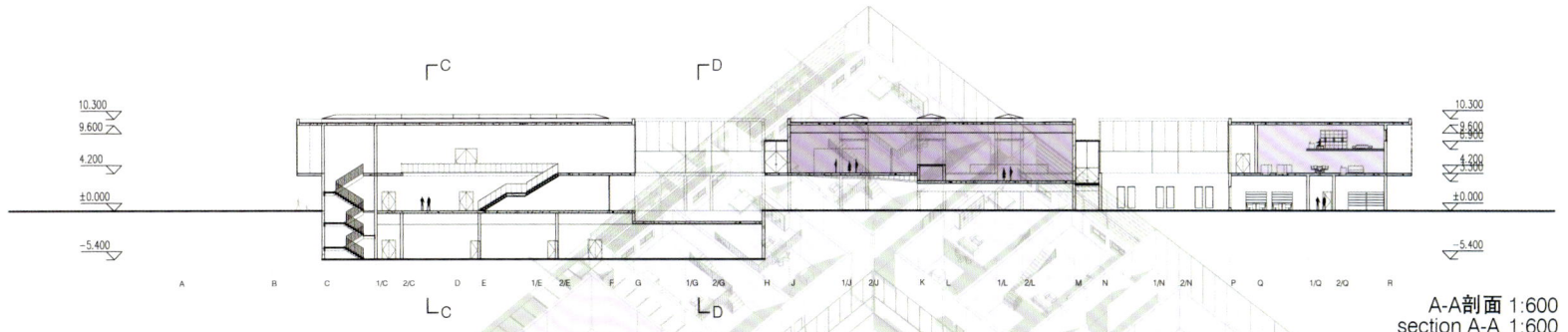

A-A剖面 1:600
section A-A 1:600

auction　exhibition　studio
garage　　　　　association

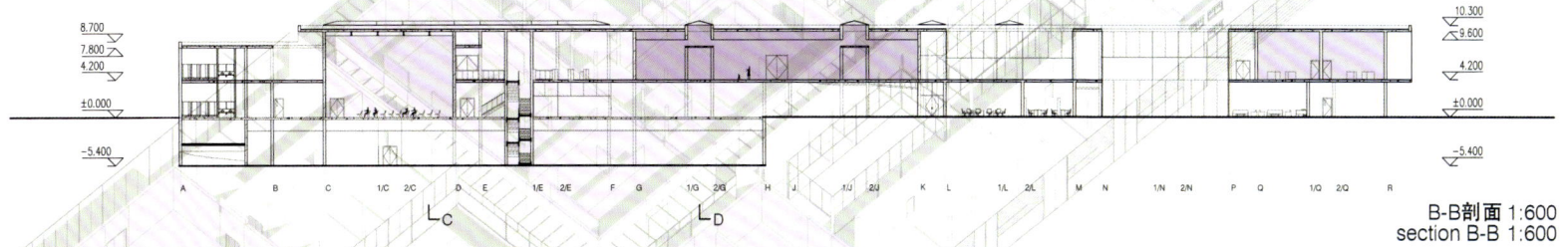

B-B剖面 1:600
section B-B 1:600

exhibition　lobbyauction
administration
storagegarageequipment

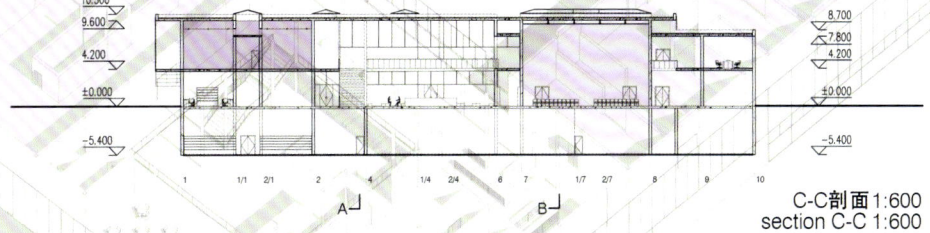

C-C剖面 1:600
section C-C 1:600

exhibition　exhibition

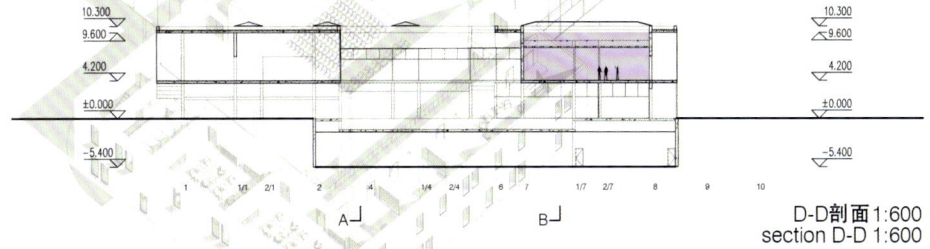

garage

D-D剖面 1:600
section D-D 1:600

CENTER FOR THE ELDERLY 老年人活动中心 CENTRO DE DÍA PARA ANCIANOS

CEU TEACHERS / CEU 老师 / PROFESORES CEU

Eduardo de la Peña Pareja

Aurora Herrera Gómez

CEU STUDENTS / CEU 学生 / ALUMNOS CEU

Amaya Luzarraga González

Carlos Velasco Martínez

Irene Rodríguez Vara

Marta Mahmud Hernica

ZJU TEACHERS / ZJU 老师 / PROFESORES ZJU

王竹 Wang Zhu

贺勇 He Yong

陈林 Chen Lin

ZJU STUDENTS / ZJU 学生 / ALUMNOS ZJU

王夏妮 Wang Xiani

邓延龙 Deng Yanlong

张子琪 Zhang Ziqi

蔡孙凯 Cai Sunkai

MADRID 40.41079, -3.70968

BACKGROUND

Cebada Square ("barley square") has been working as a market since the 15th century. In 1875, architect Mariano Calvo built a covered market -taking Paris Les Halles as a model- that was demolished in 1956 to build a new building, despite the favorable viability studies that architect Antonio Garcia de Arangoa made at the request of the shopkeepers.

The new Cebada Market was opened in 1962, but the spread of department stores and malls caused its decline some decades later. In 1992, an underground parking was built, necessary for the proper operation of the market. However, it segregated the square since the entrances for vehicles broke the connection with Toledo Street. In 1968, a sports center -with an indoor swimming pool and a gym- called La Latina was implemented, but it was pulled down in 2009 because of construction defects. Since 2011 there has been an agreement with the neighborhood associations that allows them to temporarily develop civic and cultural activities on that site, this initiative is called "the Campus of Cebada" ("barley field"), prize-winner at the European Public Urban Space Prize 2012.

The demolition of the current Cebada Market has been planned to build a new multifunctional centre containing a sports centre, tertiary uses, and a great landscaped public roof.

The project is very controversial in the neighborhood. Platforms have been created to protest against the demolition of the market and the privatization of public facilities because that would mean losing a unique building with a great capacity as a social space and an attack on the economic survival of small shopkeepers.

SITE

The exercise places on a possible and defensible scene consisting of:

- Preserving the current Cebada Market, to avoid economic and environmental expenses coming from demolition, trying to recycle and reactivate it as a commercial and social space for the neighborhood.
- Assigning the empty space close to the market to social programs and open areas for informal cultural activities.

The architectural proposal should take advantage of the social possibilities of the area to implement a centre for generational cohesion, like an elderly centre connected to facilities for young people or children and a public square.

背景

塞瓦达广场（或称大麦广场）从15世纪起就一直是一个市场，那儿从前主要卖喂马的饲料。1875年，建筑师马里亚诺•恩里克参照巴黎的高堂市场模式建造了一座室内市场。尽管建筑师安东尼奥•加西亚在市场经营者们的要求下对市场的存续做了可行性研究，它还是在1956年被拆除重建。

新的塞瓦达市场于1962年开业，但是百货公司与购物中心的大量兴建，使得它在几十年间逐渐衰落。1992年，出于市场本身运营的需要，一座地下停车场建成了。但由于地下车库的车辆入口打断了托莱多大街与广场的联系，广场本身被隔离了开来。1968年，一座配有室内泳池和健身房的体育中心——拉蒂娜建成了，但在2009年它因为施工缺陷被拆除。自2011年起，邻里协会签订了一个协议，允许人们在这片场地开展临时性的公民活动与文化活动，这个案例被称为"塞瓦达营地"（或"麦田"），获得了2012年的欧洲城市公共空间奖。

拆除现有的塞瓦达市场是为了建造一座包含体育中心、多种使用功能以及一个公共的屋顶花园的综合体。

此项目在邻里间颇受争议。人们发表宣言抗议旧有市场的拆除以及公共设施的私有化，因为那意味着失去一座在社会空间中拥有重要地位的独一无二的建筑，同时切断了那些小店主赖以生存的经济来源。

场地

这个题目设置了一个具有可能性和思辨性的场景，包括两部分：

- 保留现有的塞瓦达市场，以避免因拆迁造成的经济与环境上的损失，尝试把它打造成一处为当地提供商业和社交空间，使其重新获得利用，恢复生机。
- 将市场附近的闲置空间赋以社会功能，同时利用开放空间展开非正式的社会活动。

设计方案应当利用场地的社会发展潜能去营造一个具有代际凝聚力的场所，比如一个与少年儿童活动设施以及公共广场相结合的老年人活动中心。

CONTEXTO

La plaza de la Cebada, que funciona como mercado desde el s. XV, ocupa el vacío de un antiguo cementerio árabe. En 1875 el arquitecto Mariano Calvo Pereira construyó un mercado cubierto -siguiendo el modelo de Les Halles en París-, que fue demolido en 1956 para construir un nuevo edificio, a pesar de los favorables estudios de viabilidad realizados por el arquitecto Antonio García de Arangoa a instancias de los comerciantes.

El nuevo Mercado de la Cebada fue inaugurado en 1962, pero la proliferación de centros comerciales provocó su decadencia unos años más tarde. En 1992 se construyó un aparcamiento subterráneo, necesario para el funcionamiento del Mercado, que acabó segregando la plaza al romper la conexión con la calle Toledo por las entradas de vehículos. En 1968 se construyó el Polideportivo La Latina, con una piscina cubierta y salas de halterofilia, demolido en 2009 por su mal estado. Desde febrero de 2011 existe un acuerdo con las asociaciones de vecinos para desarrollar provisionalmente actividades cívicas y culturales en ese lugar; esta iniciativa se denomina "El Campo de Cebada", que ha sido finalista del Premio Europeo del Espacio Público Urbano 2012.

Está previsto demoler el actual Mercado de la Cebada para construir un nuevo centro polivalente que contendrá un polideportivo, servicios terciarios y una gran cubierta ajardinada.El proyecto no está exento de polémica entre los vecinos. Se han creado plataformas para protestar contra la demolición del mercado y la privatización de las instalaciones públicas, ante lo que supone la pérdida de un edificio singular con gran capacidad como espacio social y un ataque a la subsistencia económica de los pequeños comerciantes.

PLANTEAMIENTO

El ejercicio se sitúa en un escenario posible y defendible aunque sin posibilidades de prosperar, consistente en:

- La conservación del actual Mercado de la Cebada como decisión sostenible por los costes ambientales y económicos de su demolición. Su reciclaje y reactivación como espacio comercial de barrio y ámbito de encuentro social.
- La dedicación del solar vacío colindante a servicios sociales para la población del barrio, compatibles con el empleo de las áreas libres como lugar para actividades culturales informales.

Se propone aprovechar la elevada capacidad social del lugar para ubicar un centro de cohesión generacional con el programa de un Centro de Día para la tercera edad, que pueda complementarse con usos dirigidos a otros sectores de edad y con un espacio público al aire libre.

CENTER FOR THE ELDERLY Amaya Luzarraga González

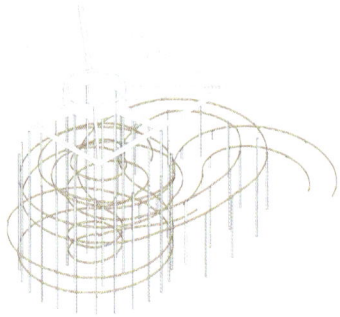

Rampa de hormigón postesado con vigas de hormigón perimetrales

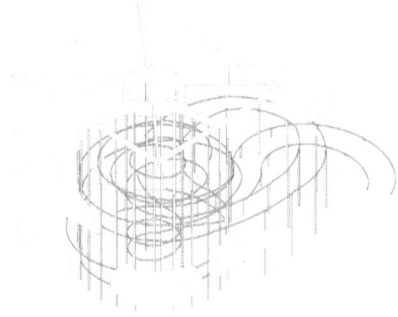

Estancias de estructura de aluminio que cuelgas de la estructura del forjado de cubierta

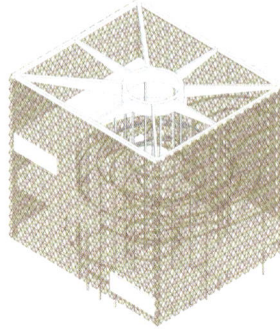

Malla perimetral de acero con polic al esterior. A esta malla se sujetar estancias también.

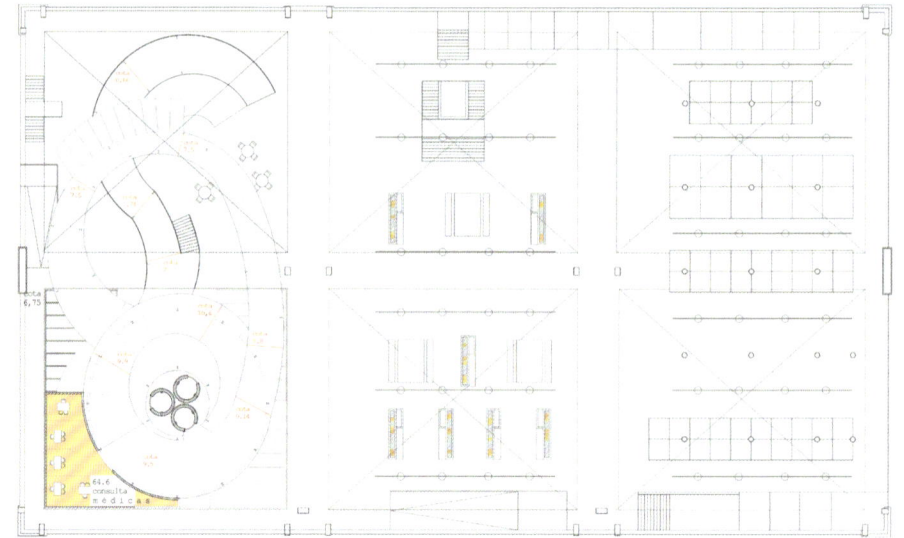

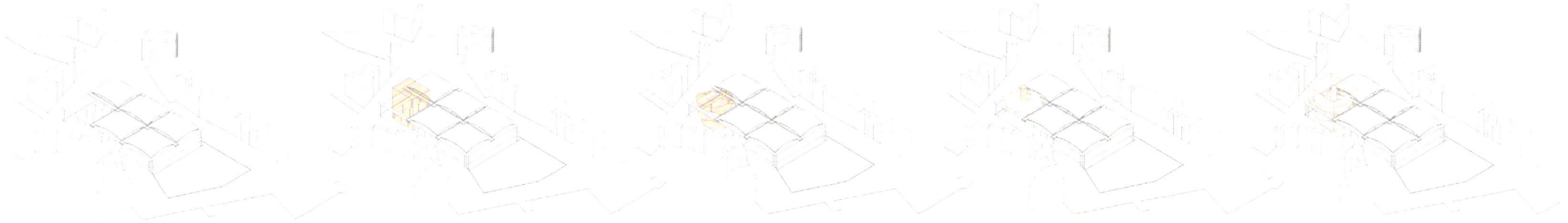

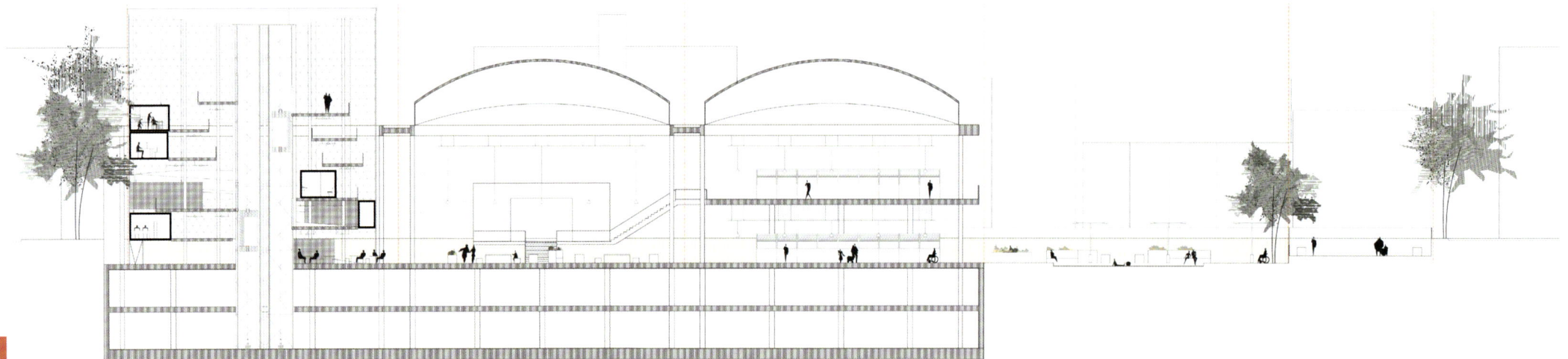

GIMNASIO

PLAZA I

PLAZA 2

CENTRO DE DÍA

ALMACÉN

INST.

VESTUARIOS

ACCESO PISCINA

PLAZA 3

PISTA POLIDEPORTIVA

ADMINISTRACIÓN

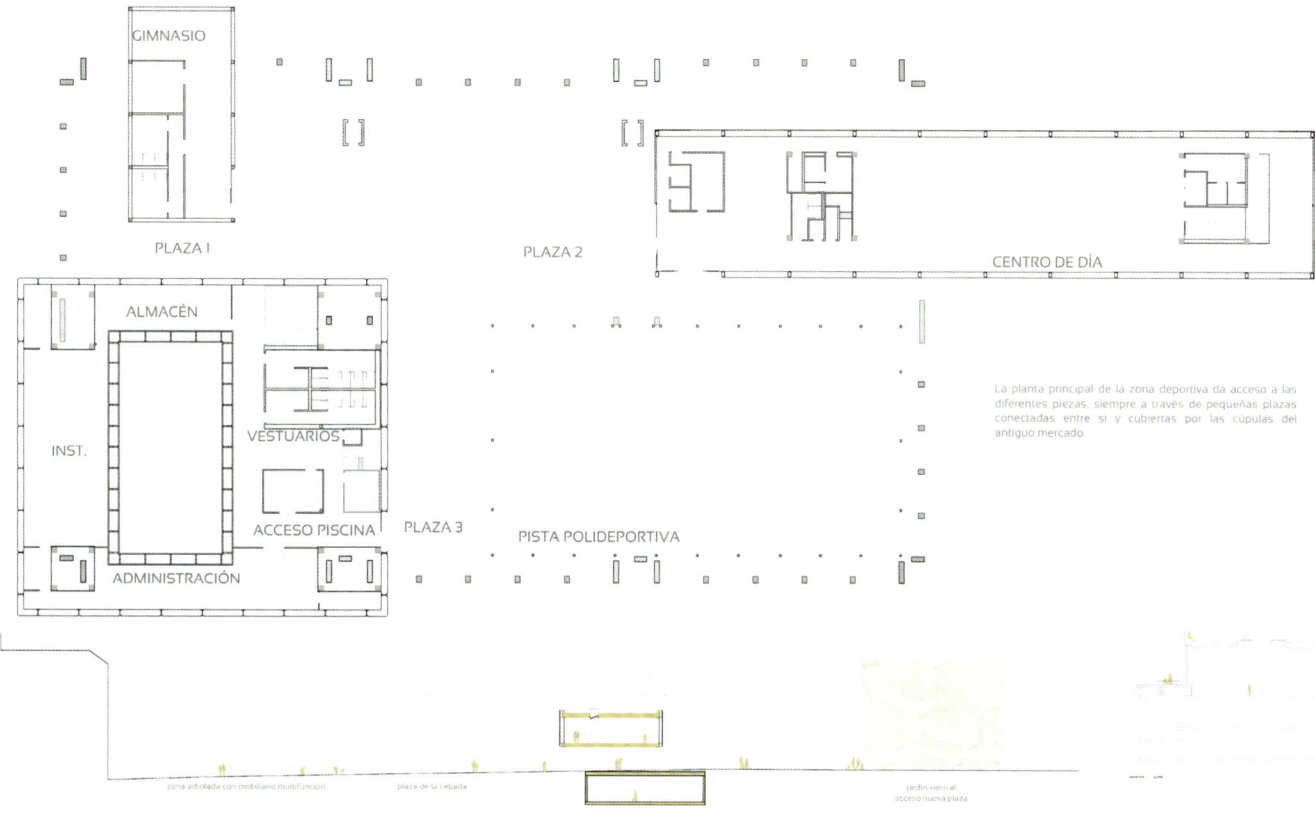

La planta principal de la zona deportiva da acceso a las diferentes piezas, siempre a través de pequeñas plazas conectadas entre sí y cubiertas por las cúpulas del antiguo mercado.

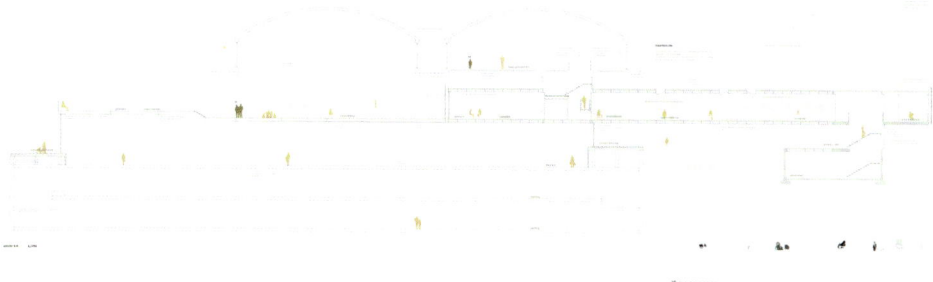

zona arbolada con mobiliario multifunción

plaza de la cebada

jardín vertical
acceso nueva plaza

LA CEBADA ES UNA

Centro de día + Equipa

P8_Prof: Aurora Herre + Eduardo de la

Carlos

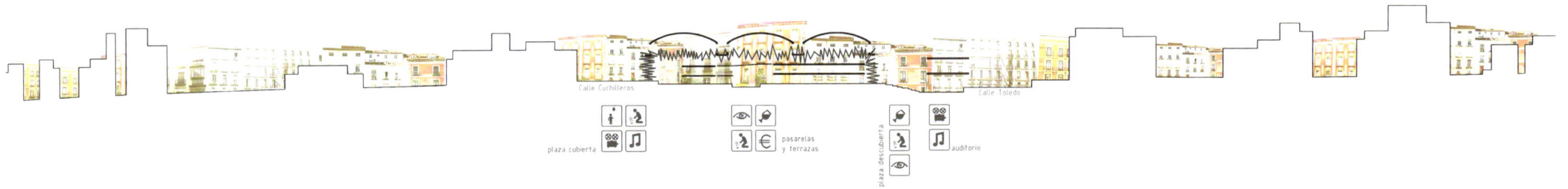

Calle Cuchilleros
Calle Toledo

plaza cubierta   pasarelas
y terrazas   plaza descubierta   auditorio

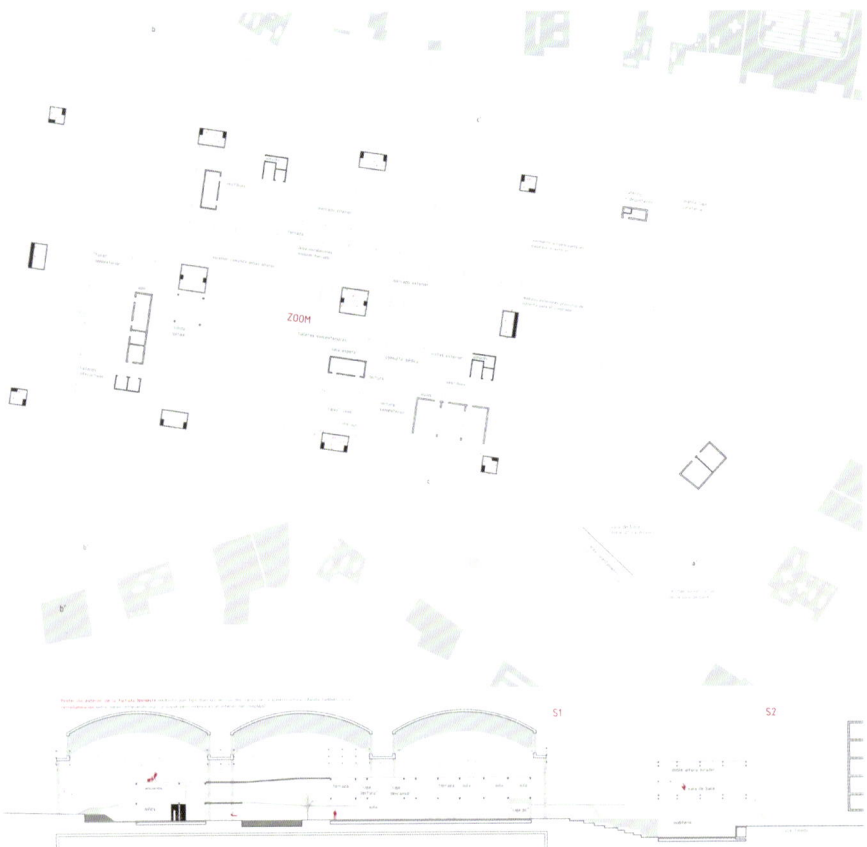

ZOOM

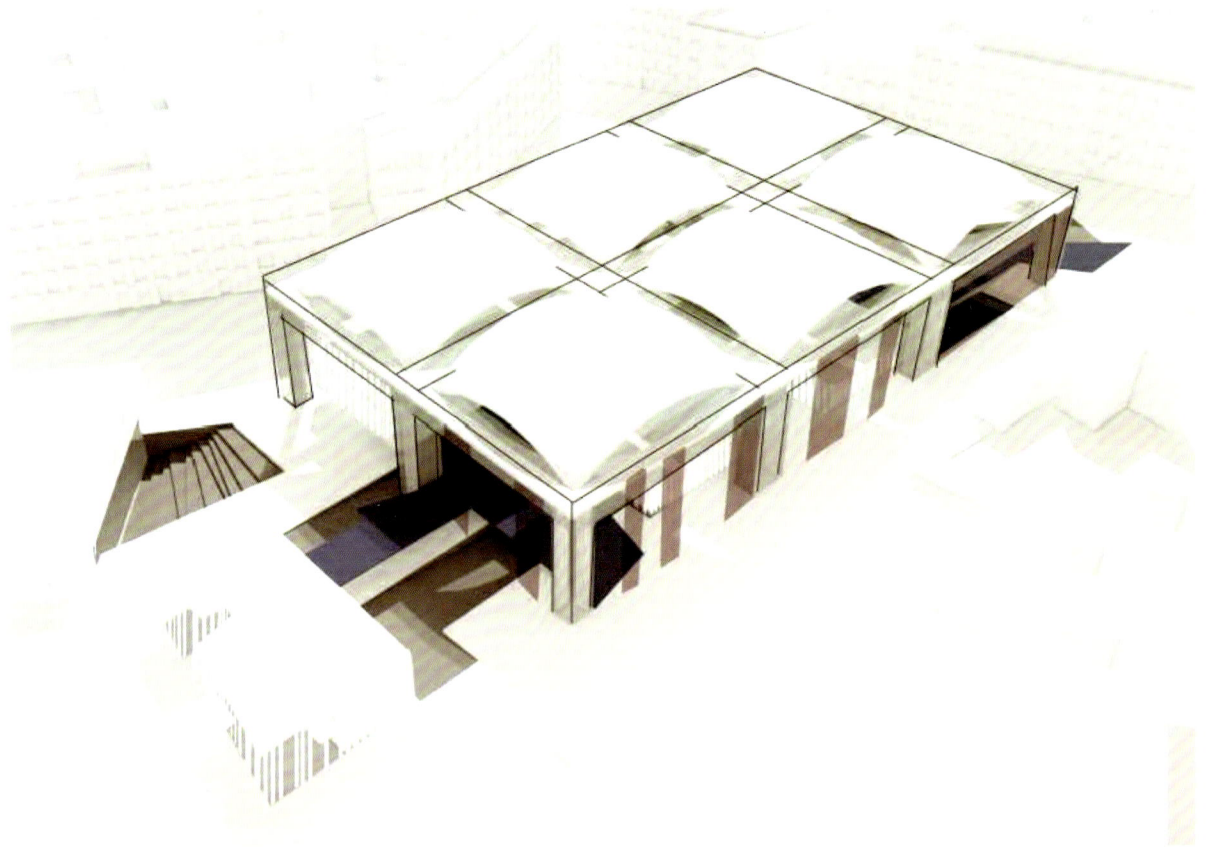

S1   S2

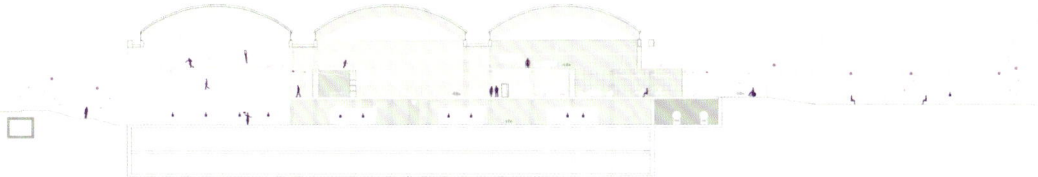

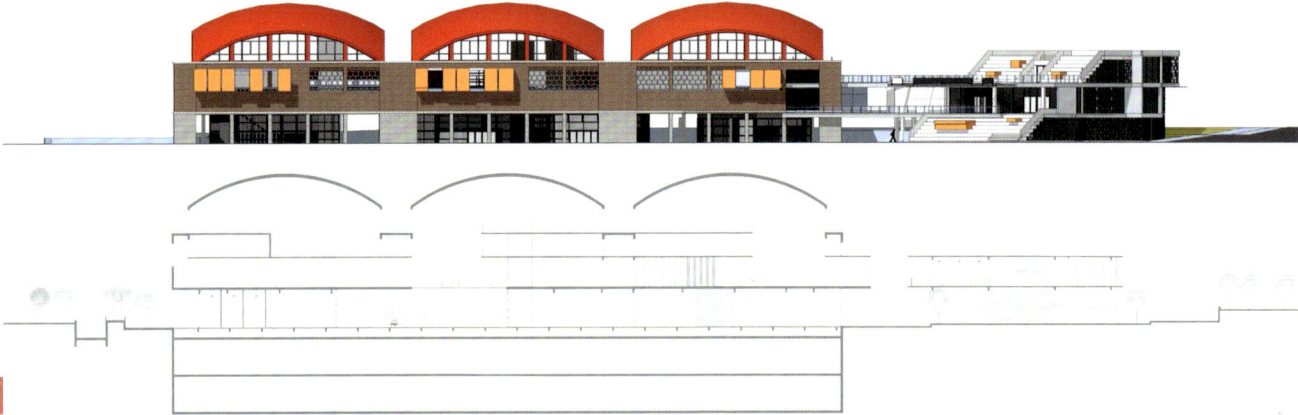

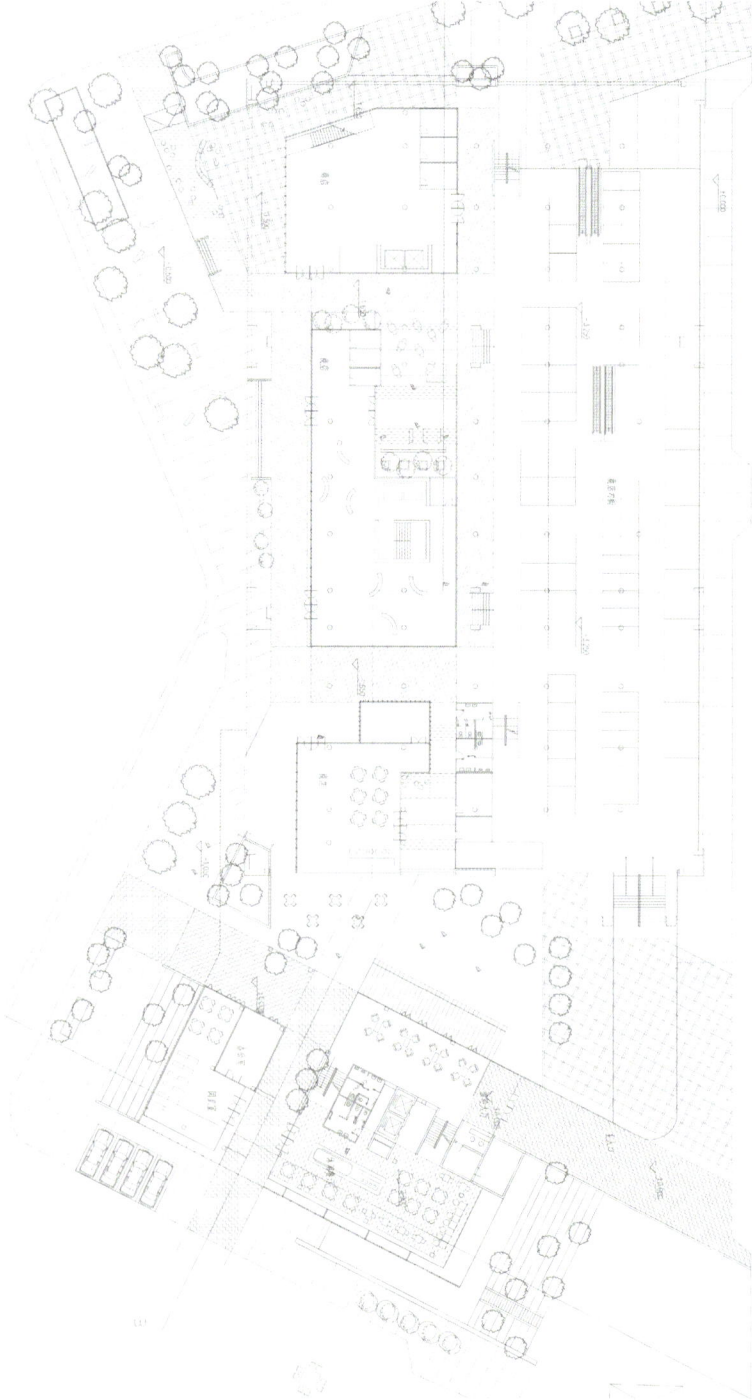

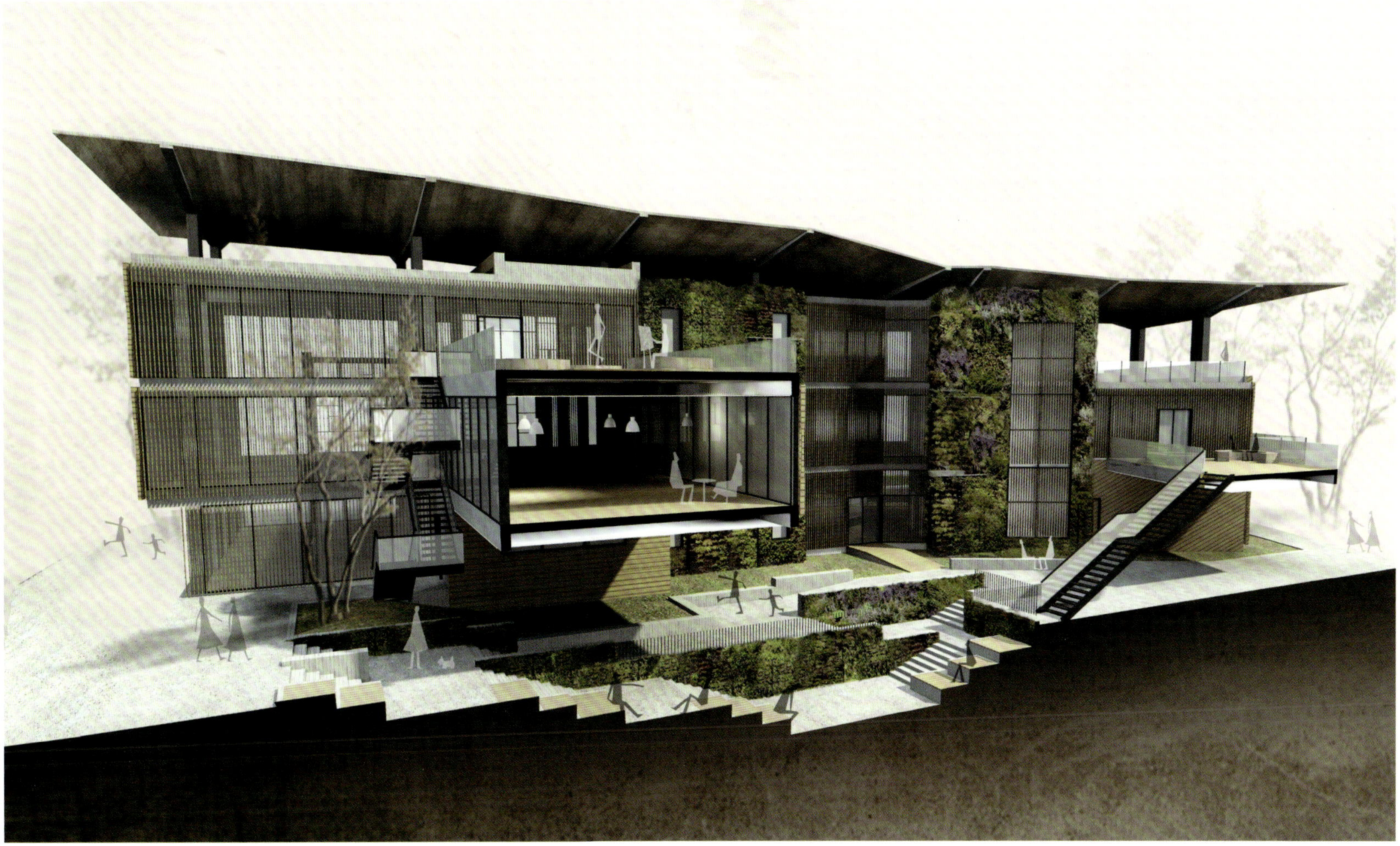

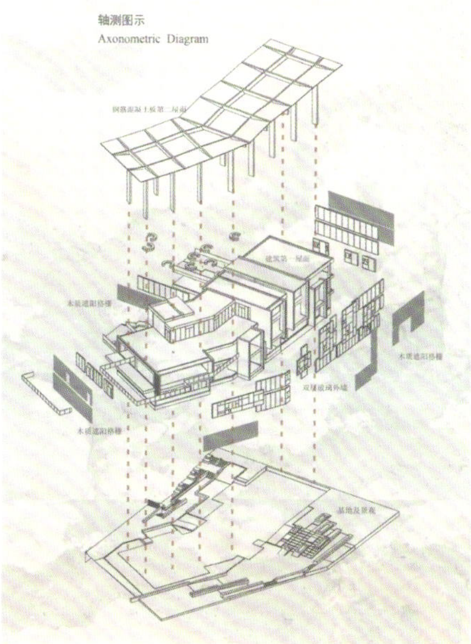
轴测图示
Axonometric Diagram

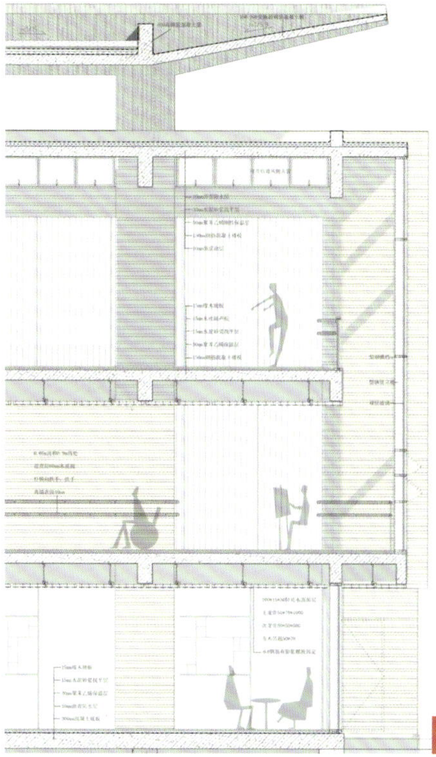

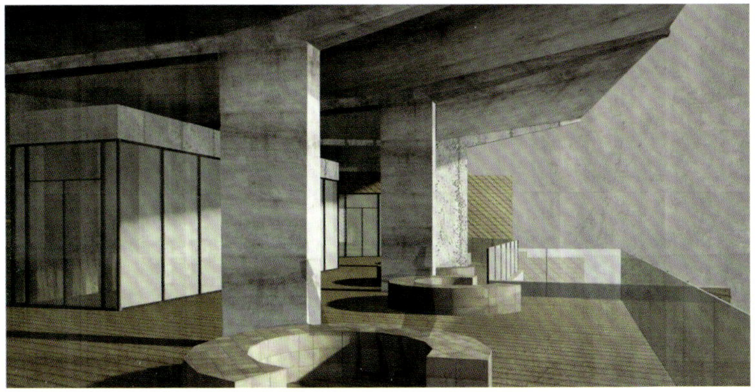

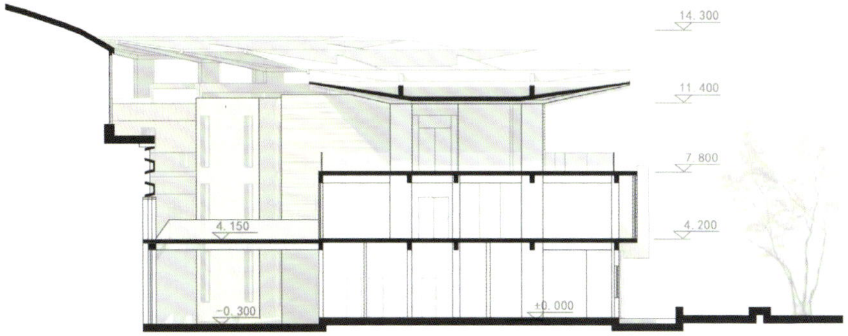
14.300
11.400
7.800
4.200
4.150
±0.000
-0.300

CENTER FOR THE ELDERLY 张子琪 Zhang Ziqi

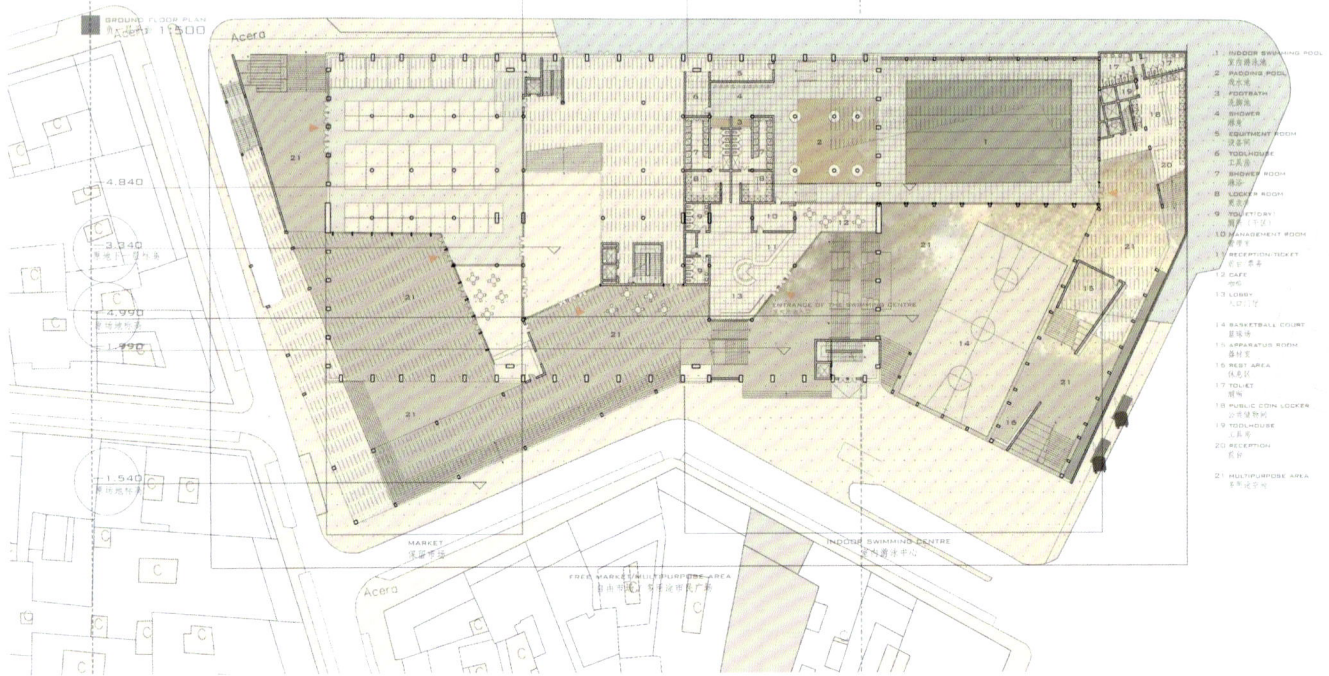

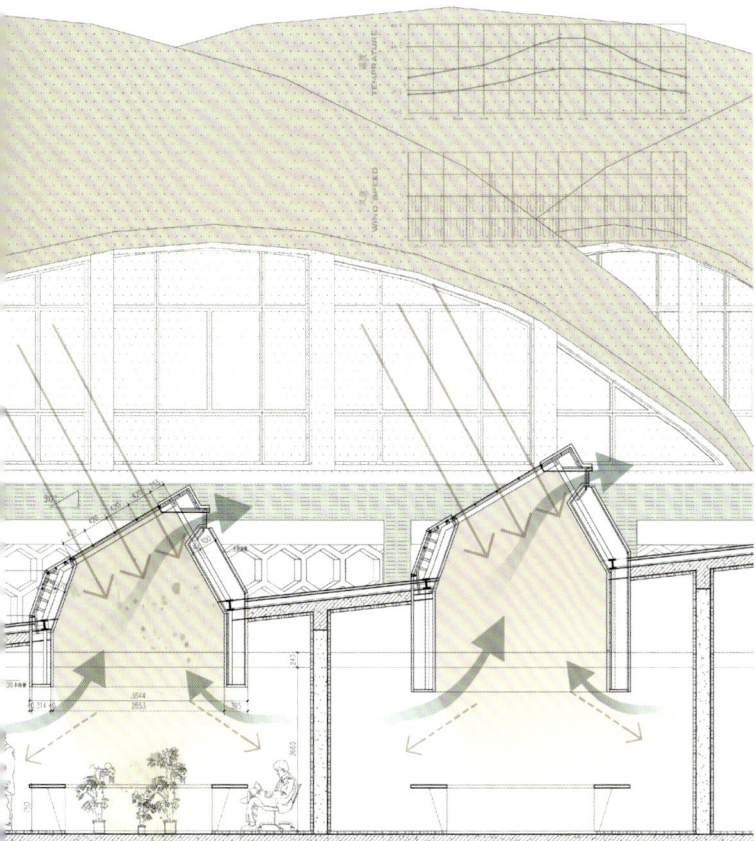

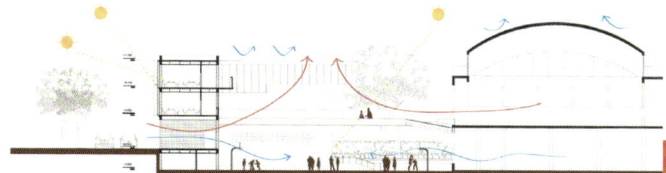

MULTI-MEDIA CENTER OF GONGSHU 拱墅区多媒体中心 CENTRO MULTI MEDIA EN GONGSHU

CEU TEACHERS / CEU 老师 / PROFESORES CEU

Eduardo de la Peña Pareja

Aurora Herrera Gómez

CEU STUDENTS / CEU 学生 / ALUMNOS CEU

Belén Collado González

Daniel Gómez de Blas

Enrique José Sánchez Vázquez

Guillermo Sánchez Sotes

ZJU TEACHERS / ZJU 老师 / PROFESORES ZJU

王晖 Wang Hui

陈林 Chen Lin

ZJU STUDENTS / ZJU 学生 / ALUMNOS ZJU

杜信池 Du Xinchi

董箫欢 Dong Xiaohuan

邓奥博 Deng Aobo

HANGZHOU 30.32969, 120.13242

BACKGROUND

Enjoying equal fame with the Great Wall, the oldest parts of the Grand Canal date back to the 5th Century, BC. Starting from Beijing, it passes through Tianjin and other four provinces on the way to Hangzhou, linking five river systems, with a total length of 1,794 km. The Grand Canal served as the main artery between northern and southern China and was essential for the transporting grain to Beijing until the Qing Dynasty. It also enabled cultural exchange and political integration to mature between the north and south of China.

Located at the south end of the Grand Canal, the Gongshu District of Hangzhou has always been known for its important role in transportation and commercial prosperity in history. Since 1949, it gradually became an industrial district, enjoying the benefit of economic income, and at the same time, enduring the problems of pollution.

In recent years, Gongshu has changed from a manufature-based economy to a service-based economy, after the historic and cultural value of the Canal has been realized by more and more people. A lot of industrial enterprises have been moved away, and the urban renovation has brought benefits to the locals.

The site is adjacent to the Grand Canal, and steps away from those just completed projects of historical street renewal and plant renovation along the Canal.

BASIC REQUEST

The multi-media center is mainly used for the collection, storage, and usage of various publications and audio-visual products, including video, DVD, and CD. The center aims to provide various kinds of services to the public through traditional means of reading, audio-visual, displaying, and modern means of network, while being the venue for the latest culture and art activities. The design of the multi-media center which will be a new kind of communication facility for citizens is highly expected to have perspectives not only from the history but also to the future, to show prospective values, and to promote the forming of open and civil society.

In addition, a new bus station and a new canal waterbus ferry will be built on this site. So students should think about the relationship between these two kinds of transportation systems. The problems and opportunities brought by them should be considered.

The convenient connection with the shopping area renovated by Dahe Shipyard should be taken into account.

Issues to be considered: How to cope with the complexity of architecture in a contemporary city? How to echo the specific Canal landscape? How to maintain the specific culture in the process of city development?

背景

大运河是世界上最古老的运河之一，与长城齐名，其最古老的部分开凿于公元前5世纪。大运河南起杭州，北到北京，途经四省两市，贯通海河、黄河、淮河、长江、钱塘江五大水系，全长约1794公里，是中国古代南北交通的大动脉，为历代漕运要道，也对促进南北方的政治融合和文化交流起到重大作用。

位于京杭大运河南端终点的杭州市拱墅区历来就是南北水陆交通要津和繁华商埠，以"十里银湖墅"闻名遐迩。1949年后，拱墅区成为杭州名副其实的工业重镇，但在获得经济发展的同时也面临着污染问题。

近年来，随着大运河的历史价值和文化价值越来越受到重视，拱墅区加快了由工业仓储型经济向文旅服务型经济的全面转型，对境内众多国有大中型企业实施了搬迁，通过对历史文化街区进行的全面修缮和改造更新，惠及当地民生和经济。

本课题所选地块毗邻京杭大运河，并且与已经完成的运河沿岸多个历史街区更新或工厂改造项目相临接。

基本要求

信息媒体中心主要用于收集、保存、使用各类出版物，以及包括录像带、DVD、CD等在内的视听产品，借助阅览、视听、展示等传统方式和网络等现代化手段，为市民和游客提供各种服务，同时为各种最新的文化艺术活动提供灵活的举办场所。信息媒体中心作为运河边的新型市民交流场所，其设计应兼具历史与未来视野，蕴含前瞻性的价值观念，对开放社会和市民社会的建设起到一定的促进作用。

同时，在此地块还须新建一个公交车站和一个运河水上巴士码头，因此学生需考虑水陆交通的联系，以及由此给本案带来的挑战和机遇。

在设计中，本案与已完成改造的大河造船厂商业区之间的联系需得到妥善处理。

应思考的问题包括：如何认识当代城市中建筑的复杂性？如何呼应特定的运河沿岸风貌？在城市发展的过程中如何延续其独特的历史文化传承？

CONTEXTO

Con la misma fama que la Gran Muralla, los tramos más antiguos del Gran Canal se remontan al siglo V aC. Partiendo de Pekín, pasa por Tianjin y otras cuatro provincias de camino a Hangzhou; une cinco sistemas fluviales con una longitud total de 1.794 km. El Gran Canal funcionó como arteria principal entre el norte y el sur de China y fue esencial para el transporte de grano a Pekín hasta la dinastía Qing. También permitió que el intercambio cultural y la integración política entre el norte y el sur de China maduraran.

Situado en el extremo sur del Gran Canal, el distrito de Gongshu en Hangzhou cuenta con una larga historia. A partir de 1949 se convirtió gradualmente en un distrito industrial, obteniendo ganancias económicas pero, al mismo tiempo, soportando los problemas de la contaminación.

En los últimos años, Gongshu ha pasado de una economía basada en la industria a una economía basada en servicios, después de que el valor histórico y cultural del Canal haya sido apreciado por más y más personas. Muchas empresas industriales se han trasladado y se ha iniciado una renovación urbana que ha traído muchos beneficios a los lugareños.

El sitio está adyacente al Gran Canal y junto a los proyectos recién terminados de renovación de calles históricas y edificios a lo largo del Canal.

REQUISITOS BÁSICOS

El centro multimedia se utiliza principalmente para la recopilación, almacenamiento y uso de diversas publicaciones y productos audiovisuales, incluidos videos, DVD, CD. El centro tiene como objetivo proporcionar diversos tipos de servicios al público, al tiempo que proporciona lugares para una variedad de actividades culturales y artísticas por medios tradicionales de lectura, audiovisuales y medios modernos de red. Como un nuevo tipo de instalación de comunicación para el ciudadano, se espera que el diseño del centro multimedia tenga una perspectiva tanto de la historia como del futuro, muestre valores prospectivos y ayude a formar una sociedad civil abierta.

Además, se prevé la construcción de una nueva estación de autobuses y un nuevo ferry de autobús acuático del canal. Por lo tanto, los estudiantes deben considerar la relación entre estos dos tipos de transporte y el centro. Los problemas, así como las oportunidades que traerán, deben ser considerados.

Se debe tener en cuenta la conexión con la zona comercial renovada del Astillero Dahe.

Cuestiones para la reflexión: ¿Cómo hacer frente a la complejidad de la arquitectura en una ciudad contemporánea? ¿Cómo hacer reflejar el paisaje específico del Canal? ¿Cómo mantener la cultura específica en el proceso de desarrollo de la ciudad?

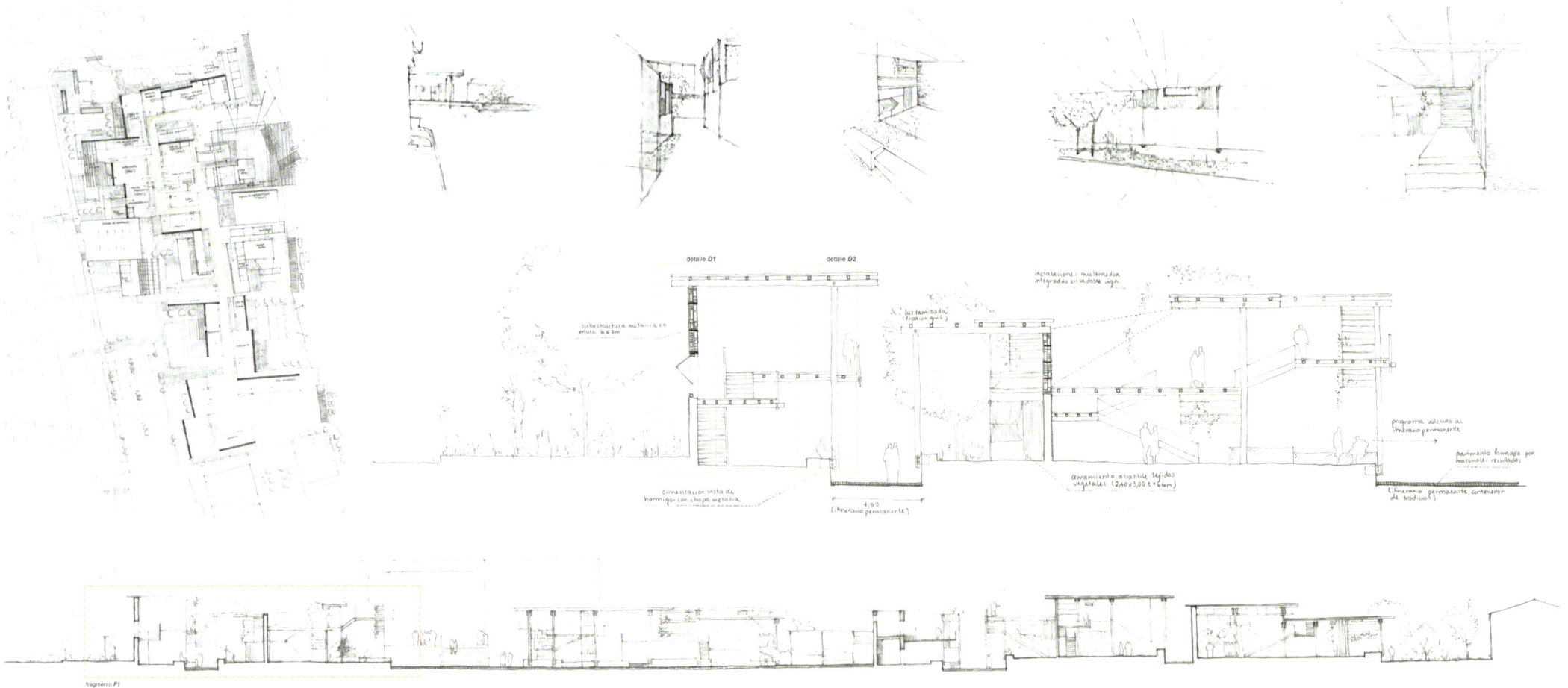

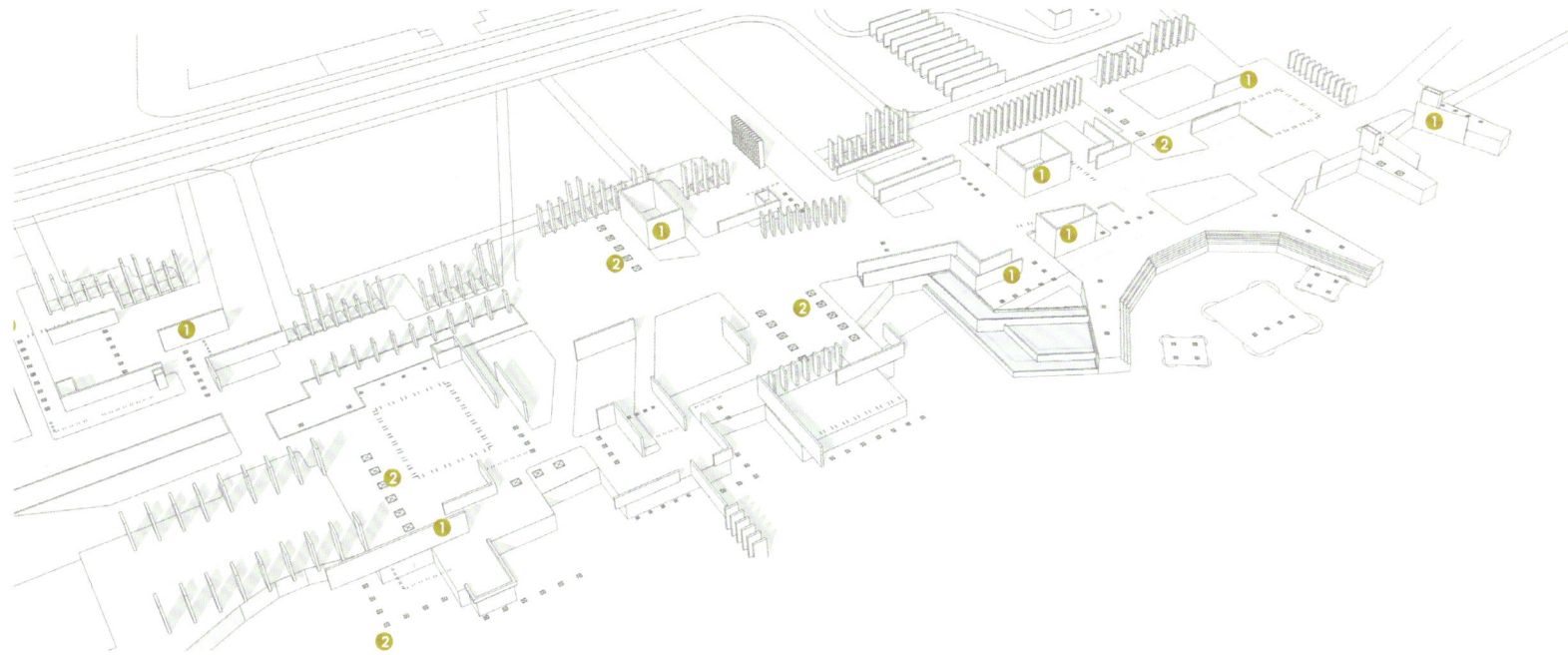

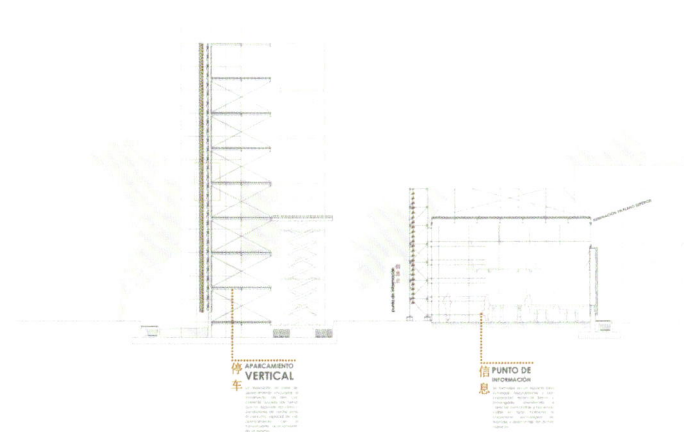

信车
APARCAMIENTO
VERTICAL

信息
PUNTO DE
INFORMACIÓN

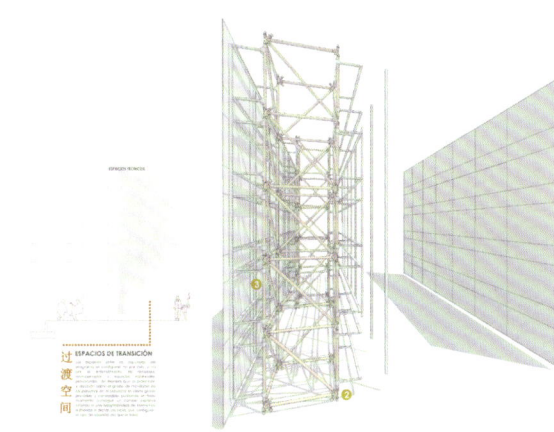

过渡空间
ESPACIOS DE TRANSICIÓN

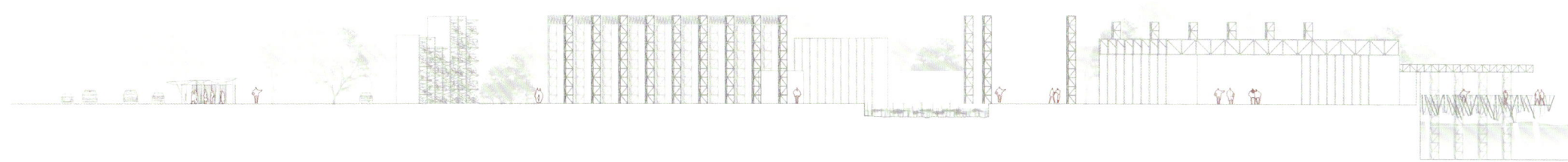

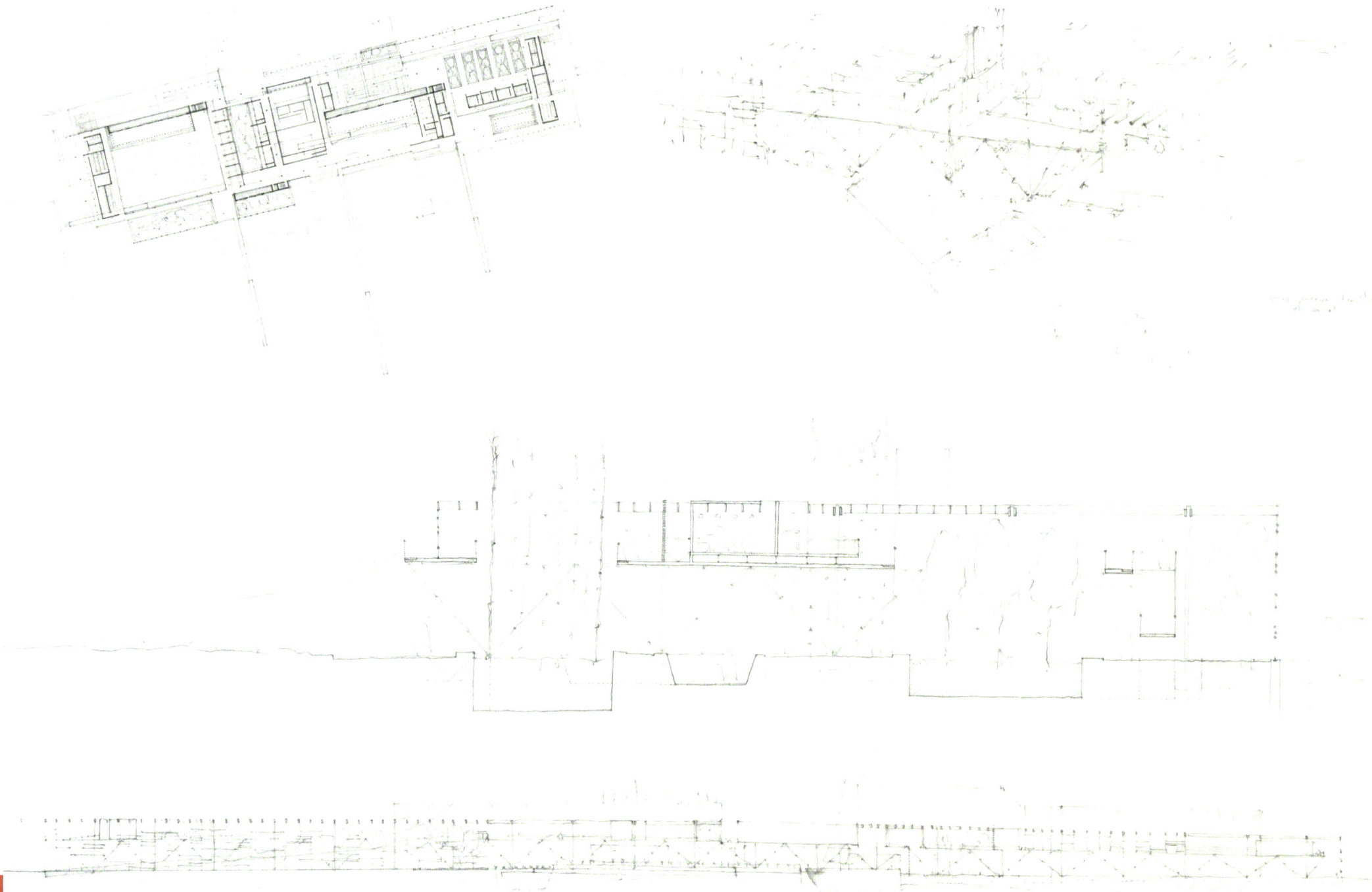

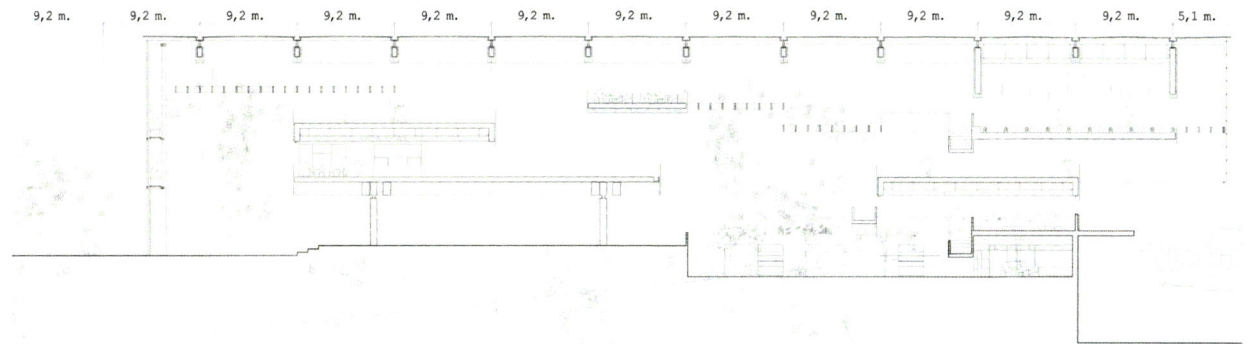

9,2 m. 9,2 m. 9,2 m. 9,2 m. 9,2 m. 9,2 m. 9,2 m. 9,2 m. 9,2 m. 9,2 m. 9,2 m. 9,2 m. 5,1 m.

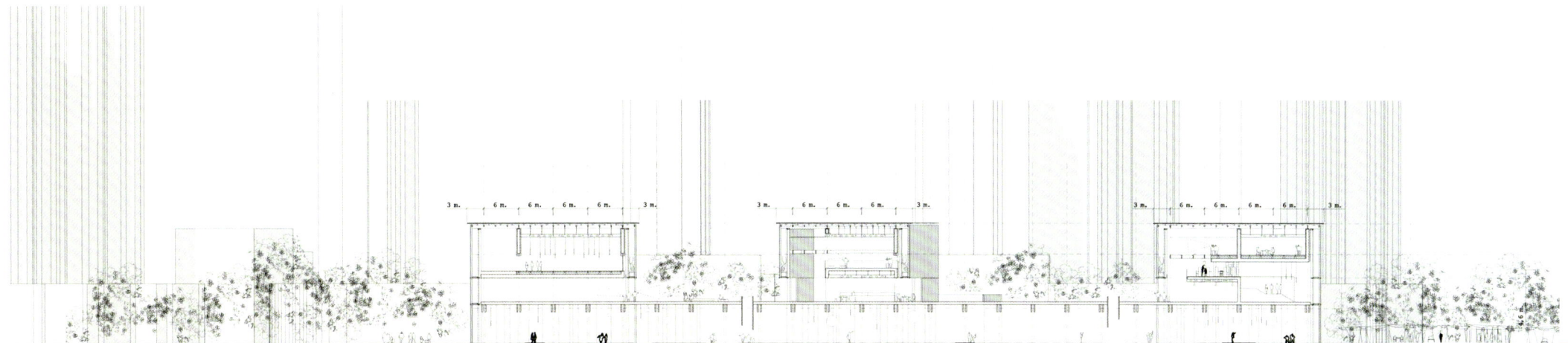

3 m. 6 m. 6 m. 6 m. 3 m.   3 m. 6 m. 6 m. 6 m. 3 m.   3 m. 6 m. 6 m. 6 m. 3 m.

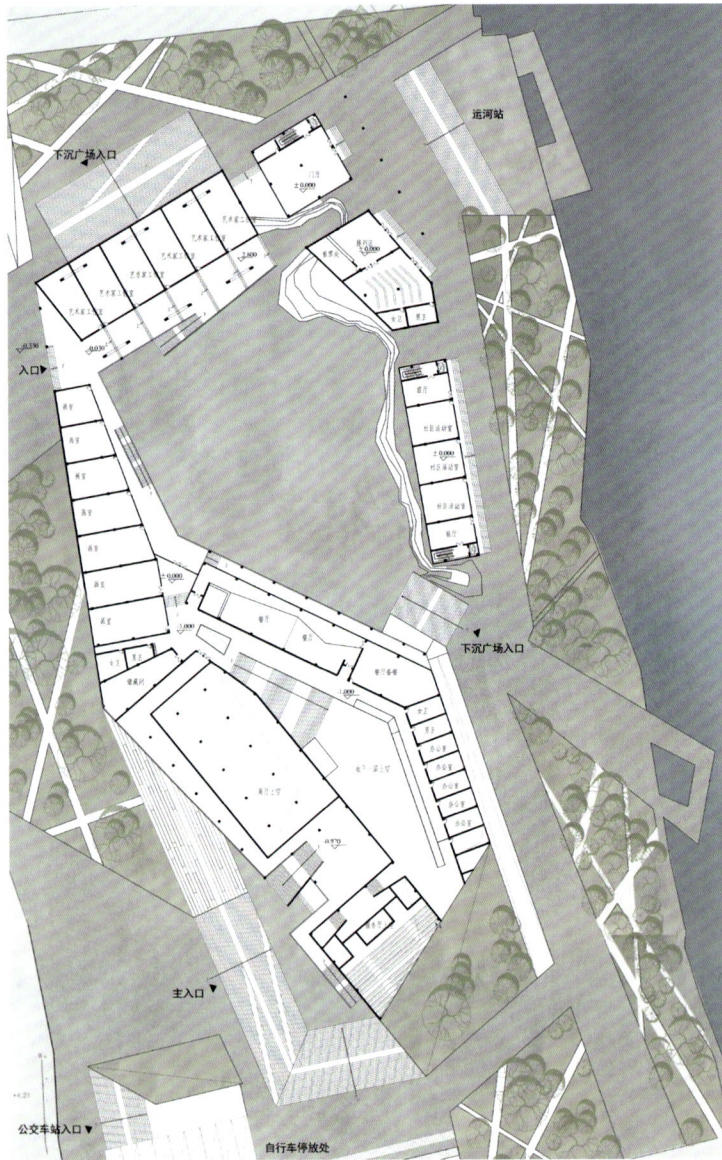

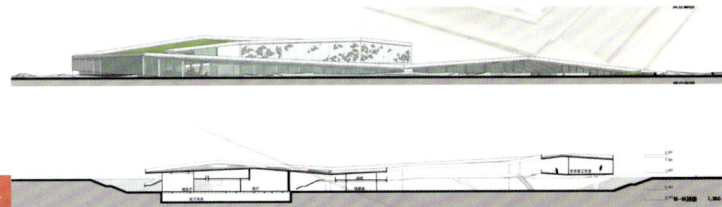

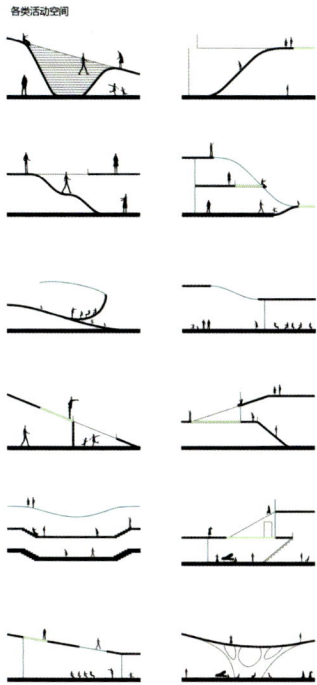

各类活动空间

屋顶体系

钢架结构体系

幕墙体系

绿化体系

步行体系

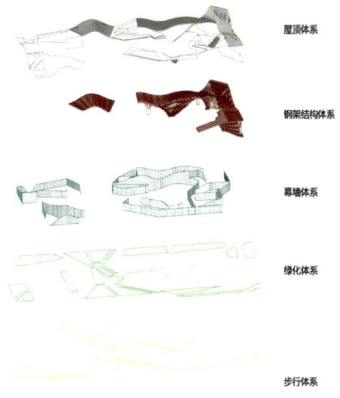

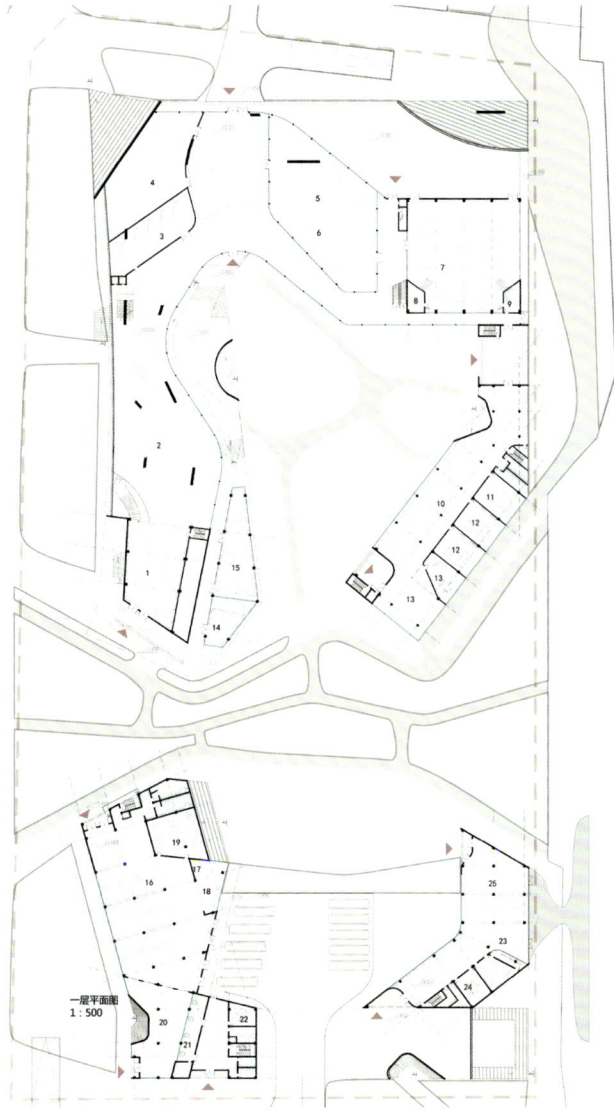

一层平面图
1：500

Entrance

Logistics entrance

Furry Station Entrance

Entrance

Muti-media
Center Entrance

Bus Station Entrance

Main Entrance

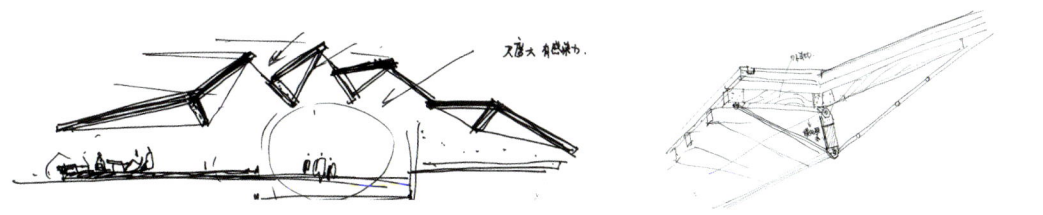

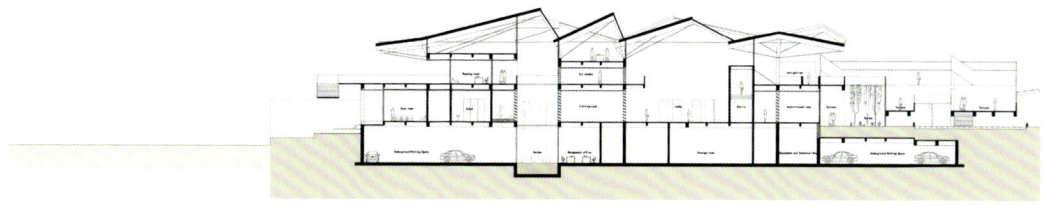

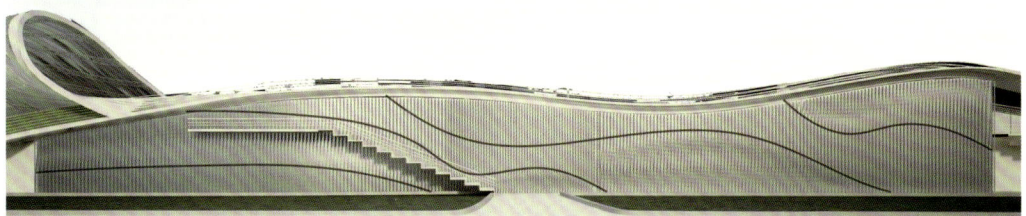

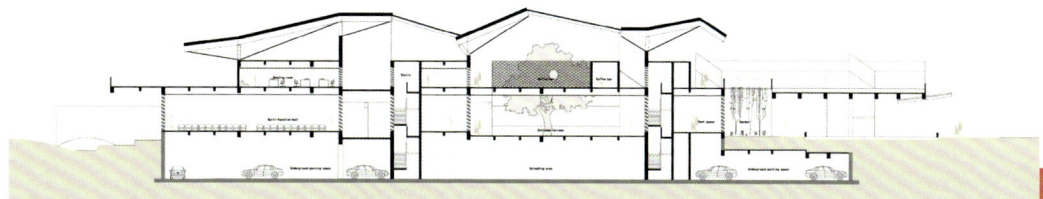

CENTER FOR SPANISH CRAFTWORK 西班牙手工艺中心 TALLERES PARA LA ARTESANÍA ESPAÑOLA

CEU TEACHERS / CEU 老师 / PROFESORES CEU

Eduardo de la Peña Pareja

Aurora Herrera Gómez

Rodrigo Núñez Carrasco

CEU STUDENTS / CEU 学生 / ALUMNOS CEU

Paula Arce Isla

Ana Cristina Hormaechea Arias

María Ros Puche

ZJU TEACHERS / ZJU 老师 / PROFESORES ZJU

高裕江 Gao Yujiang

吴璟 Wu Jing

金方 Jin Fang

ZJU STUDENTS / ZJU 学生 / ALUMNOS ZJU

朱力涵 Zhu Lihan

杨佳音 Yang Jiayin

叶姝文 Ye Shuwen

骆昕 Luo Xin

余力谨 Yu Lijin

秦阗怡 Qin Tianyi

CHINCHÓN (SPAIN)
40.1399848, -3.4174617

CHINCHÓN (SPAIN)
40.135621, -3.4237664

CHINCHÓN (SPAIN)
40.1448052, -3.4185548

CHINCHÓN (SPAIN)

Chinchón is located in a natural area called The Alcarria, which includes part of the provinces of Guadalajara, Cuenca, and Madrid. It is a singular landscape, made of flat plateaus with broad valleys, shaped by rivers crossing from north to south; the area has been the setting for many literary masterpieces as it is very rich in local culture.

In 1498, due to a mosquito infection, the settlement was moved from its original location to a nearby hill, causing its complete reconstruction. At that time began the construction of the galleried houses surrounding the magnificent main square, which were not completed until 1683. Many relevant buildings belong to the Baroque age (18th century). King Alfonso XIII in the 20th century granted the title of town (very few villages in Spain have been recognized with this title) and in 1974 it was officially declared a Historic-Artistic Site.

Although it is a well-known tourist destination because of its architecture and tradition, it still keeps a quiet atmosphere.

APPROACH

After a long time acclaiming high technology, steel and glass construction techniques, synthetic materials, robotized buildings, and refrigeration units, nowadays, due to the concern about sustainability, low-tech systems, traditional construction methods, and craftwork are retaken as a way of establishing a global ecology, both social and material.

Therefore it seems convenient to propose an exercise respectful of this condition, in a rural context with a strong craftwork tradition, which could introduce this tendency and also rely on the academic experimentation background.

SITES

The design of a center for the promotion and teaching of Spanish craftwork is proposed. The student must choose one of these three possible locations:

1. The first one is on top of a hill located on the outskirts of the town, next to the road that leads to Madrid and is linked to the natural surroundings. The site offers nice views of the town and the distance to Portland Valderrivas Cement Manufacturer.

2. The second one is connected to the city, adjacent to its south border. There is a strong slope towards the north and good views of the town.

3. The third one is a flat ground facing Cabrera Counts Castle, with very good views of the town. It is intersected by a road that takes to Villaconejos village.

钦琼镇（西班牙）

钦琼镇坐落于一个叫作阿尔卡拉的自然风景区内，这个风景区的范围包括瓜达拉哈拉、昆卡和马德里省的一部分。它拥有奇特的自然景观：平坦的高原，宽阔的山谷，奔腾的河流从北向南穿流而过；由于拥有独特而丰富的地域文化，这片土地成为许多文学名著中故事的发生地。

1498年，由于一场由蚊子传播的疾病的爆发，人们从原来的栖居地搬到了附近的山谷，开始了村庄整体的重建。正是从那个时候，镇子中心壮观的主广场周边带回廊的建筑开始建设，一直到1683年才最终完成。钦琼镇上的许多建筑都属于巴洛克时期风格（18世纪）。它在20世纪被国王阿方索八世批准为"镇"（西班牙很少有村庄能被承认为镇），在1974年被官方宣布为历史艺术遗产。

虽然由于独特的建筑风格和传统文化，钦琼成了著名的旅游胜地，但它依然保持着宁静平和的氛围。

项目机遇

经过长时间对高技派、玻璃幕墙技术、合成材料、机器人建造和制冷设备等的痴迷，今天，出于对可持续性的担忧，无论从社会层面还是物质层面，作为建立全球生态系统的一种手段，低技术体系、传统建造方式和传统手工艺都出现了回归。

在这一具有深厚传统手工艺文化传统的乡村环境之下，提出一个顺应时代主题的题目似乎是自然而然的，这个题目既能够引入可持续发展趋势的概念，又能够依托于高校的背景展开研究。

基地

设计题目为"西班牙手工艺推广与教育中心"，每位同学可以在推荐的三块基地中选择一块进行设计。

1. 第一块基地在钦琼镇外围一座小山的山顶上，靠近通往马德里的主干道，与周边自然环境紧密相连。场地具有相当好的视线，能俯瞰全镇，与波特兰瓦尔德里瓦墓地有一定距离。

2. 第二块基地和城市相连，毗邻镇子的南侧边界。场地内有一个向北的大斜坡，面向城镇有很好的视线。

3. 第三块基地是一块平坦的场地，面向卡布雷拉伯爵城堡，望向镇子同样具有很好的视野。有一条通向维拉霍内罗斯村的小路穿过基地。

EMPLAZAMIENTO CHINCHÓN (ESPAÑA)

Chinchón pertenece a la comarca natural de La Alcarria, que comprende parte de las provincias de Guadalajara, Cuenca y Madrid. Su paisaje característico, compuesto por páramos calizos cortados de norte a sur por ríos que forman valles fértiles, ha hecho de esta zona el marco de numerosas obras literarias y de una cultura material muy rica.

La ciudad, en la que aun hay vestigios de influencia musulmana, se desplazó a una colina vecina en 1498 con motivo de una infección de mosquitos, lo que obligó a su reconstrucción total. En esa época también fue construida su magnífica plaza mayor, que no fue completada hasta 1683. Cuenta además con importantes edificios barrocos del s. XVIII. Ya en el s. XX, Alfonso XIII le concedió el título de "ciudad", y en 1974 fue declarada Conjunto Histórico Artístico.

En los últimos años la ciudad ha experimentado un interés turístico creciente y una puesta en valor de sus riquezas artesanales y gastronómicas.

PLANTEAMIENTO

Tras años de exaltación de la alta tecnología, la construcción en acero y vidrio, los materiales sintéticos, los edificios robotizados y las frigorías, la preocupación por la sostenibilidad está recuperando los sistemas low-tech, las tradiciones constructivas locales y las prácticas artesanales como medios para la instauración de una ecología global, tanto material como social.

Parece oportuno, por tanto, proponer un ejercicio que parta de esta situación, en un ambiente rural con gran potencial turístico fundado en su cultura artesanal, que pudiera ejemplificar esta tendencia para, al mismo tiempo, impulsarla desde la experimentación académica.

EMPLAZAMIENTOS

Se propone el diseño de unos talleres para la enseñanza y promoción de la artesanía española. El alumno deberá elegir unos de estos tres posibles emplazamientos:

1. El primero se sitúa junto a la carretera de Madrid, en un alto a las afueras de la ciudad vinculado al paisaje natural. Vistas a la ciudad, a la vega y a la fábrica de cementos Portland Valderrivas.

2. El segundo se encuentra dentro del límite sur de la ciudad y relacionado con ella. Tiene una fuerte pendiente hacia el norte y vistas a la ciudad en las partes altas.

3. El tercero se encuentra frente al castillo de los Condes de Cabrera, con muy buenas vitas a la ciudad. Está a travesado por un camino que conduce a Villaconejos.

CENTER FOR SPANISH CRAFTWORK María Ros Puche | Ana Cristina Hormaechea Arias

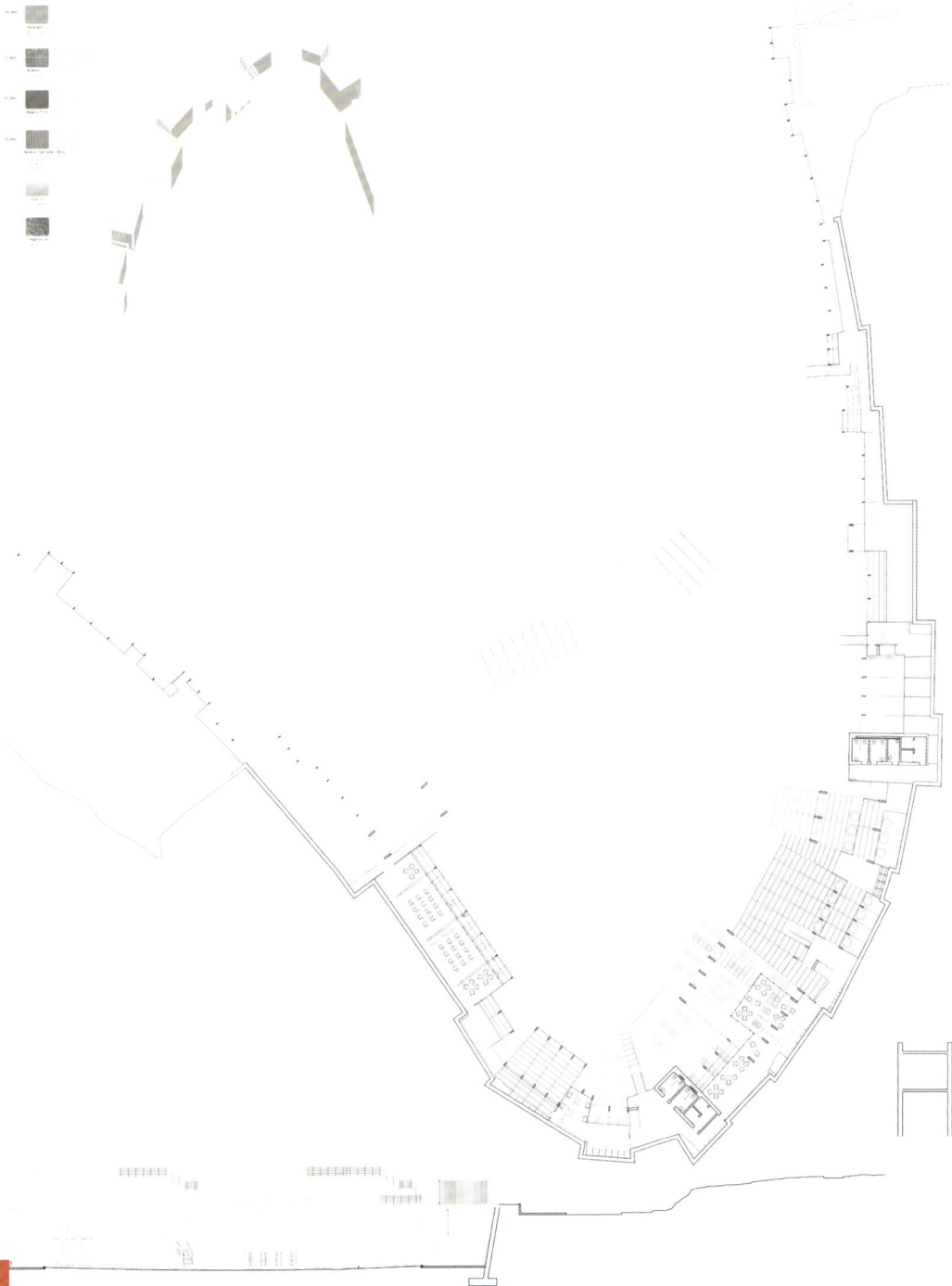

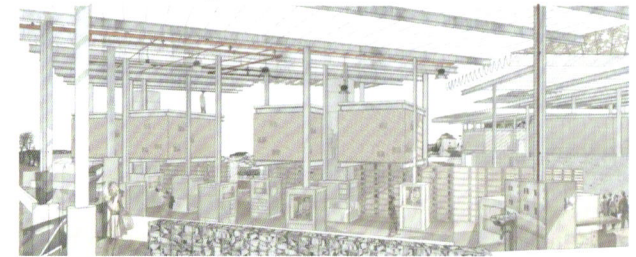

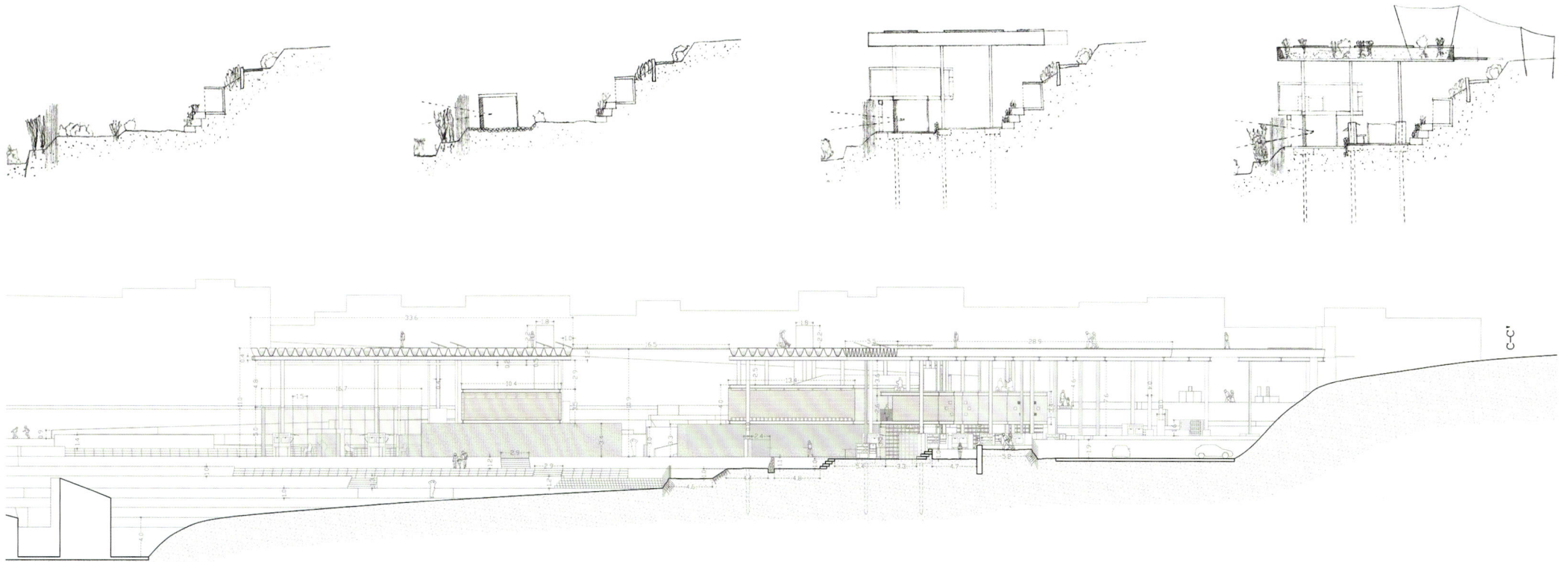

Se genera un área de cultivos de vid en la zona
Norte de la parcela, aprovechando el desnivel y
soleamiento.

CENTER FOR SPANISH CRAFTWORK Paula Arce Isla

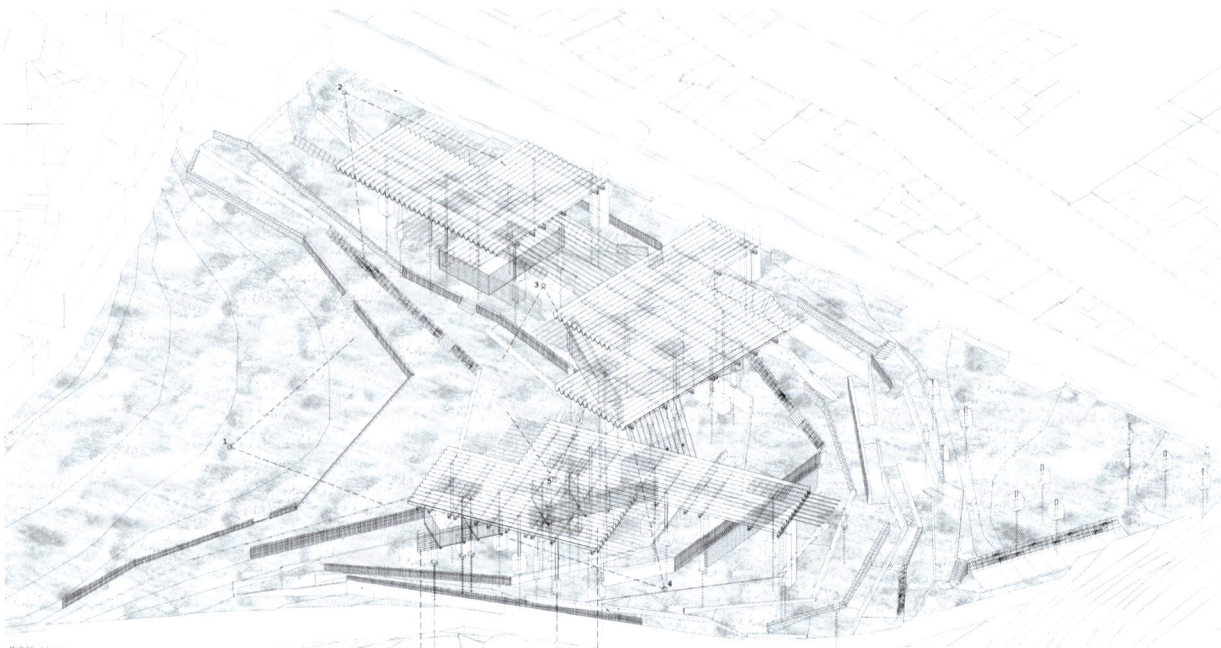

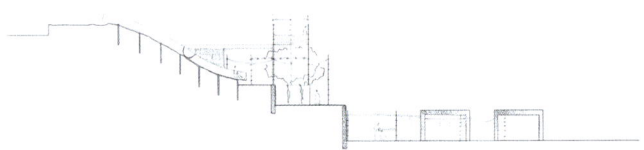

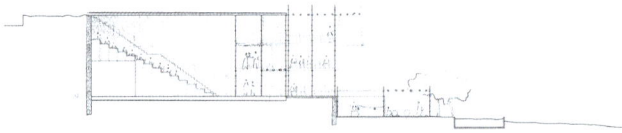

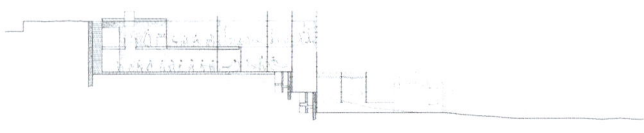

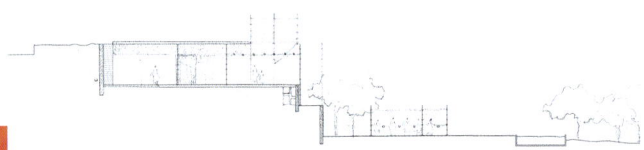

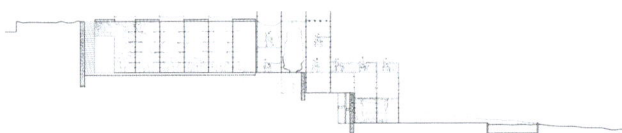

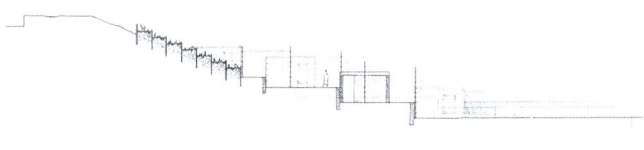

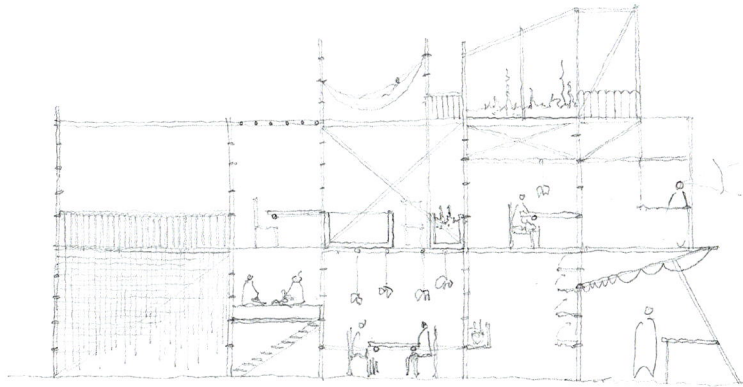
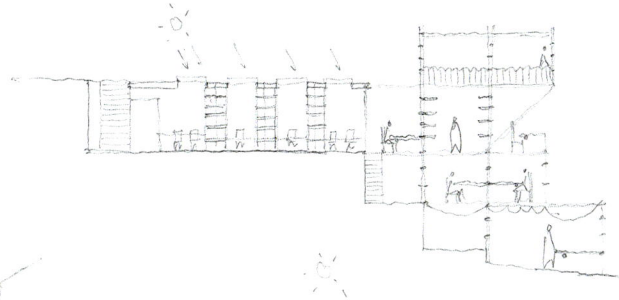
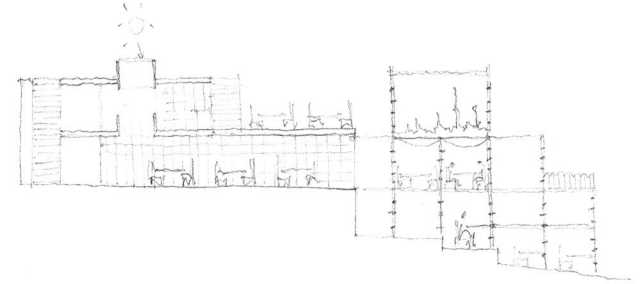
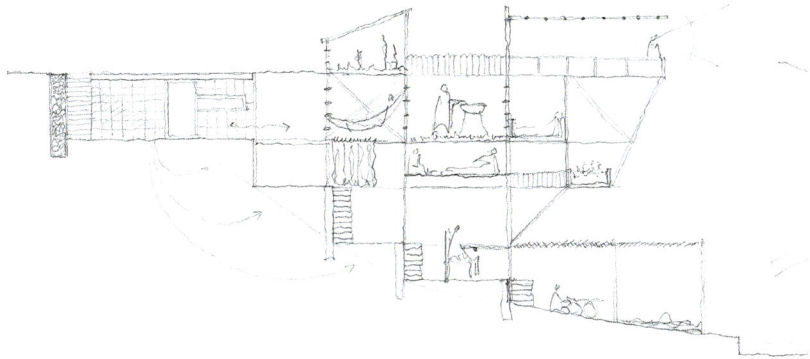
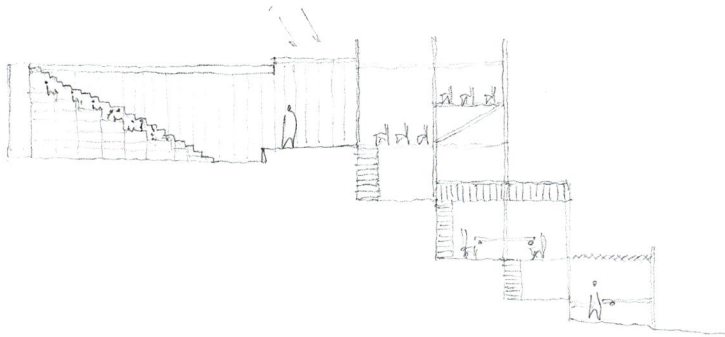
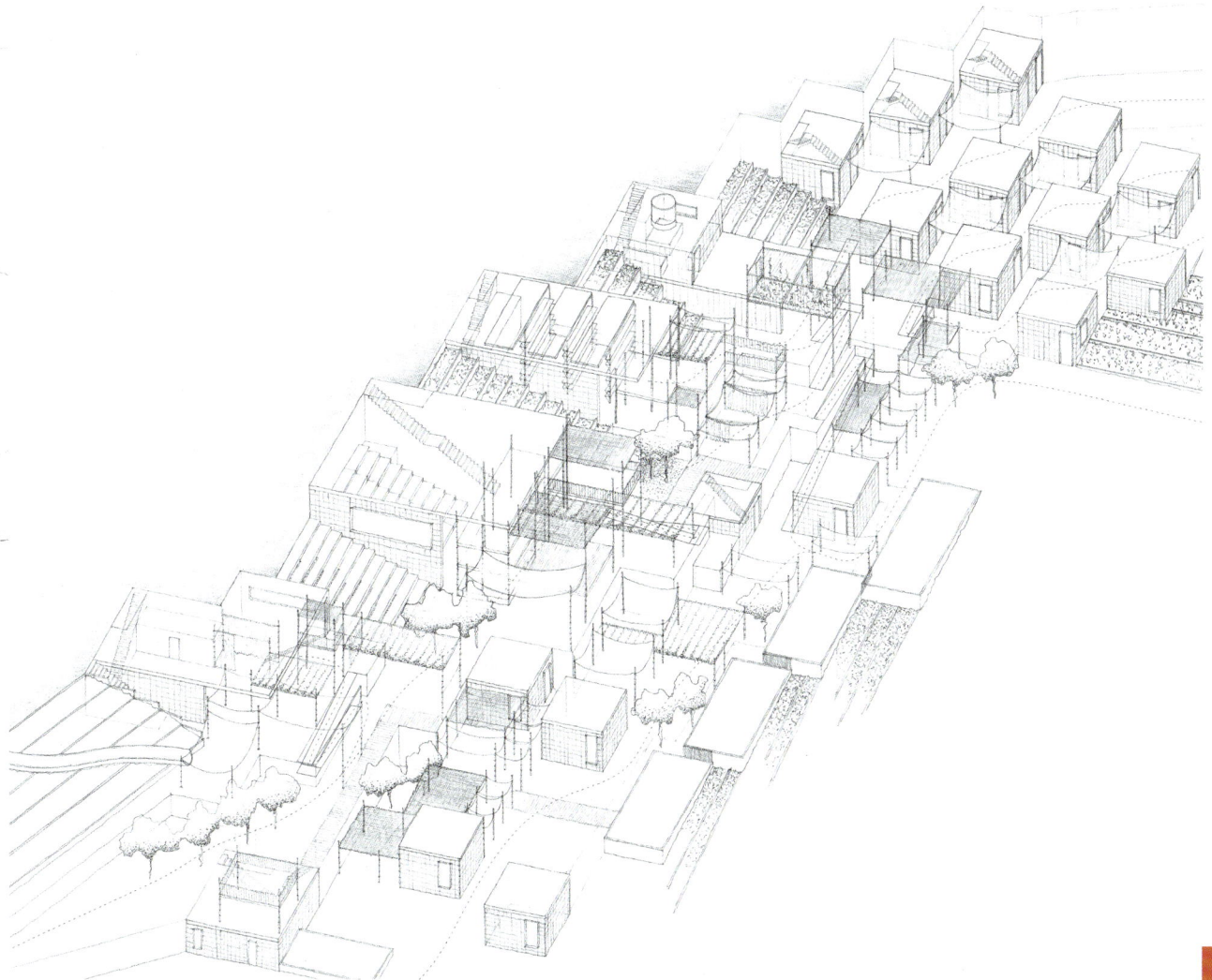

CENTER FOR SPANISH CRAFTWORK 朱力涵 Zhu Lihan

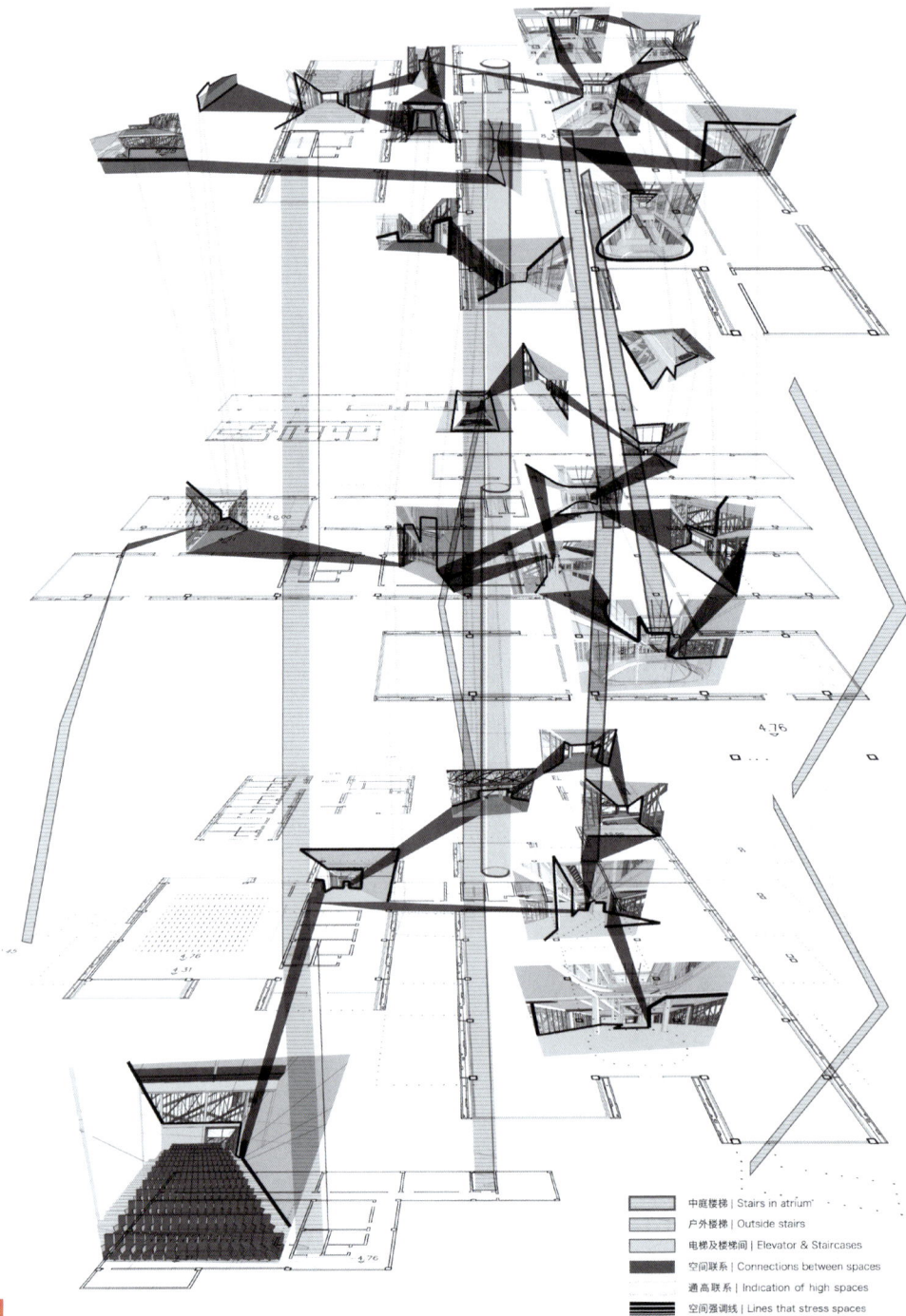

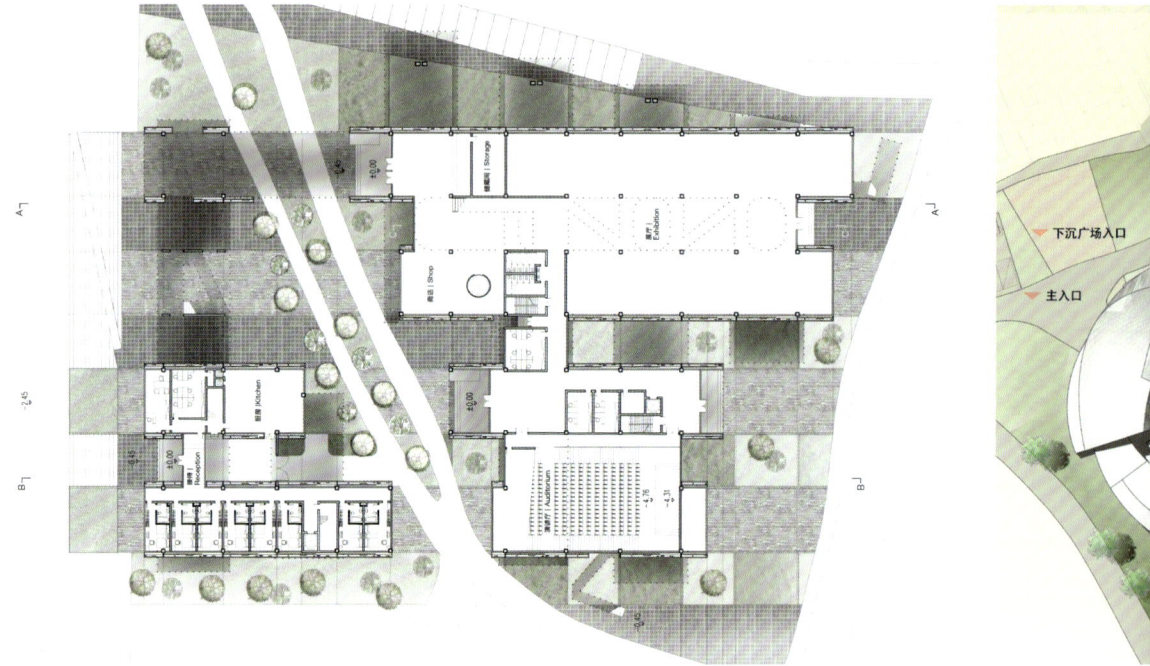

下沉广场入口
主入口

	中庭楼梯 | Stairs in atrium
	户外楼梯 | Outside stairs
	电梯及楼梯间 | Elevator & Staircases
	空间联系 | Connections between spaces
	通高联系 | Indication of high spaces
	空间强调线 | Lines that stress spaces

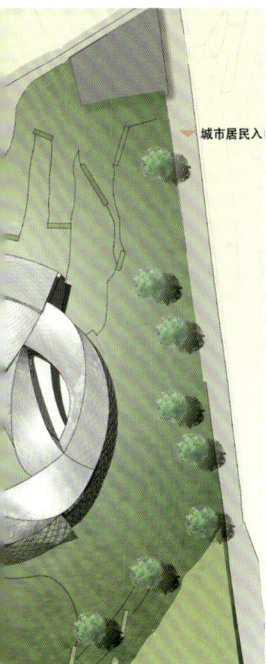

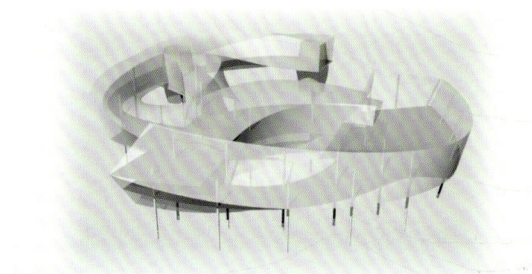

建筑主体——钢框架结构

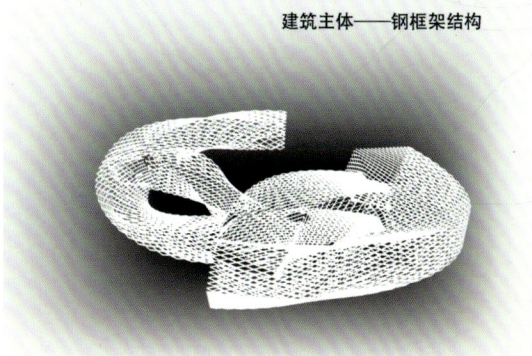

表皮铝合金空间网架结构

北立面 1:300

A-A 剖面 1:300

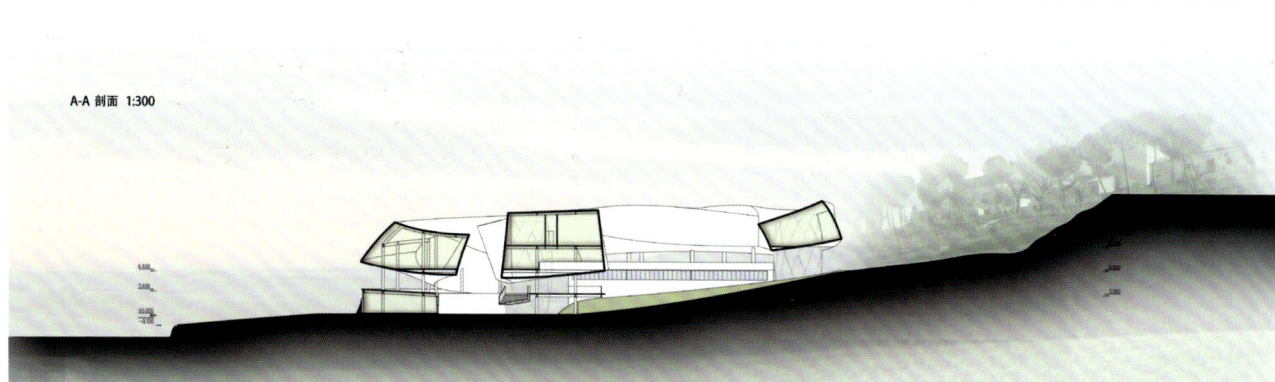

城市居民入

CENTER FOR SPANISH CRAFTWORK 杨佳音 Yang Jiayin

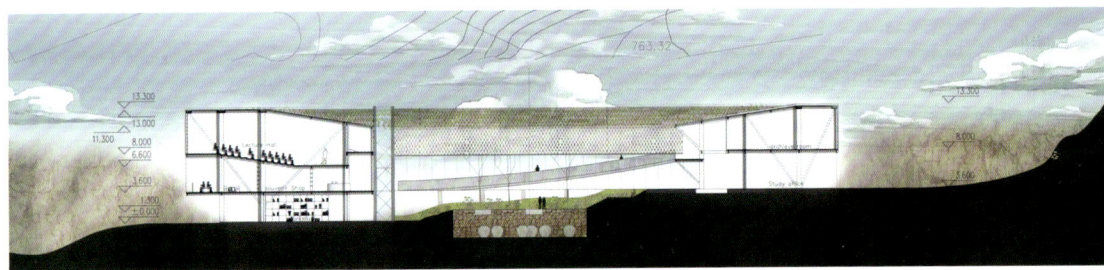

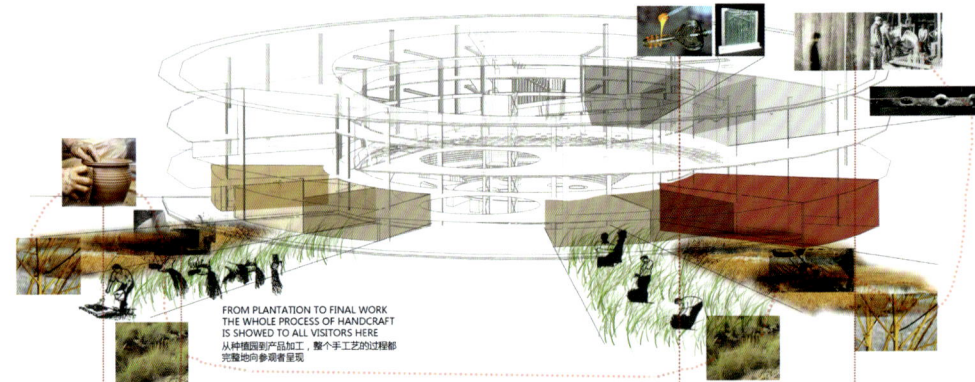

HISTORICAL EXPAND OF CHINCHON
chinchon镇的扩张历史

TRAFFIC ANALYSE ABOUT CHINCHON
chinchon镇及周边交通分析

TYPICAL TYPE OF SPACAE IN CHINCHON(CHINCHON AS A RING)
chinchon当地的典型空间类型（中心围环状）

COLOR ANAYLISE ABOUT SITE 2
场地2的色彩分析

TYPICAL FACADE 1:300

FROM PLANTATION TO FINAL WORK
THE WHOLE PROCESS OF HANDCRAFT
IS SHOWED TO ALL VISITORS HERE
从种植园到产品加工，整个手工艺的过程都
完整地向参观者呈现

WICKER AND ESPARTO USED
AS ELEMENT IN INSIDE AND
OUTSIDE DECORATION
藤杆和藤草的编织肌理应用在建
筑的室内装饰上（展厅内分隔）

LOCAL METAL CRAFTWORK
USED IN DESIGN
当地的金属工艺应用

CEREMIC USED AS ELEMENT IN LANDSCAPE DESIGN
陶艺花瓶使用在内庭院的景观小品设计上

GLASS HANDCRAFT USED IN DESIGN
当地特色的彩绘玻璃应用

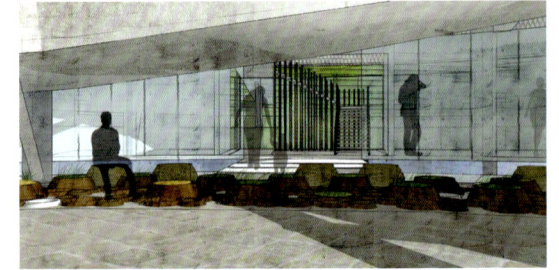

UNFOLD SECTION 1:250

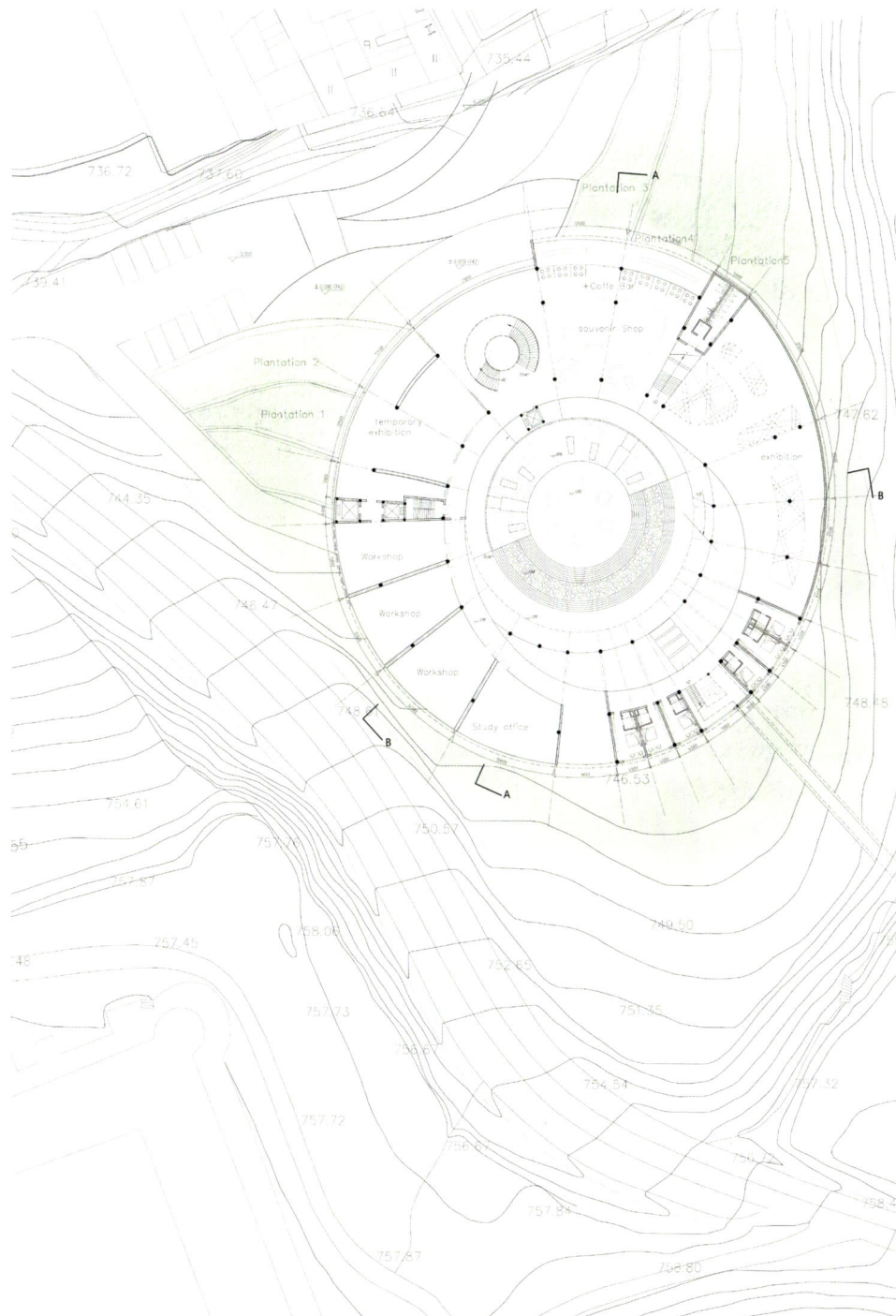

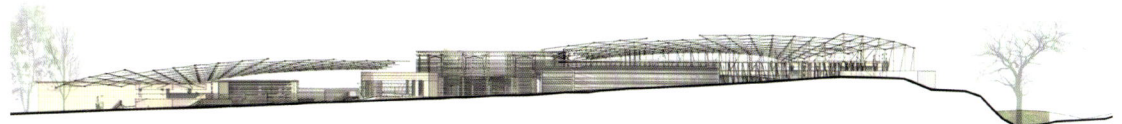

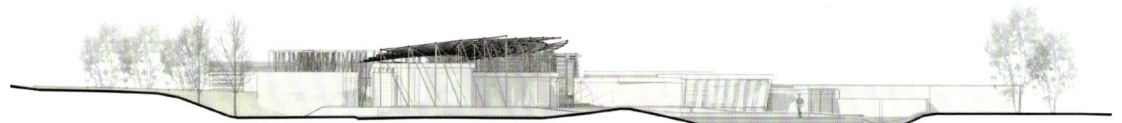

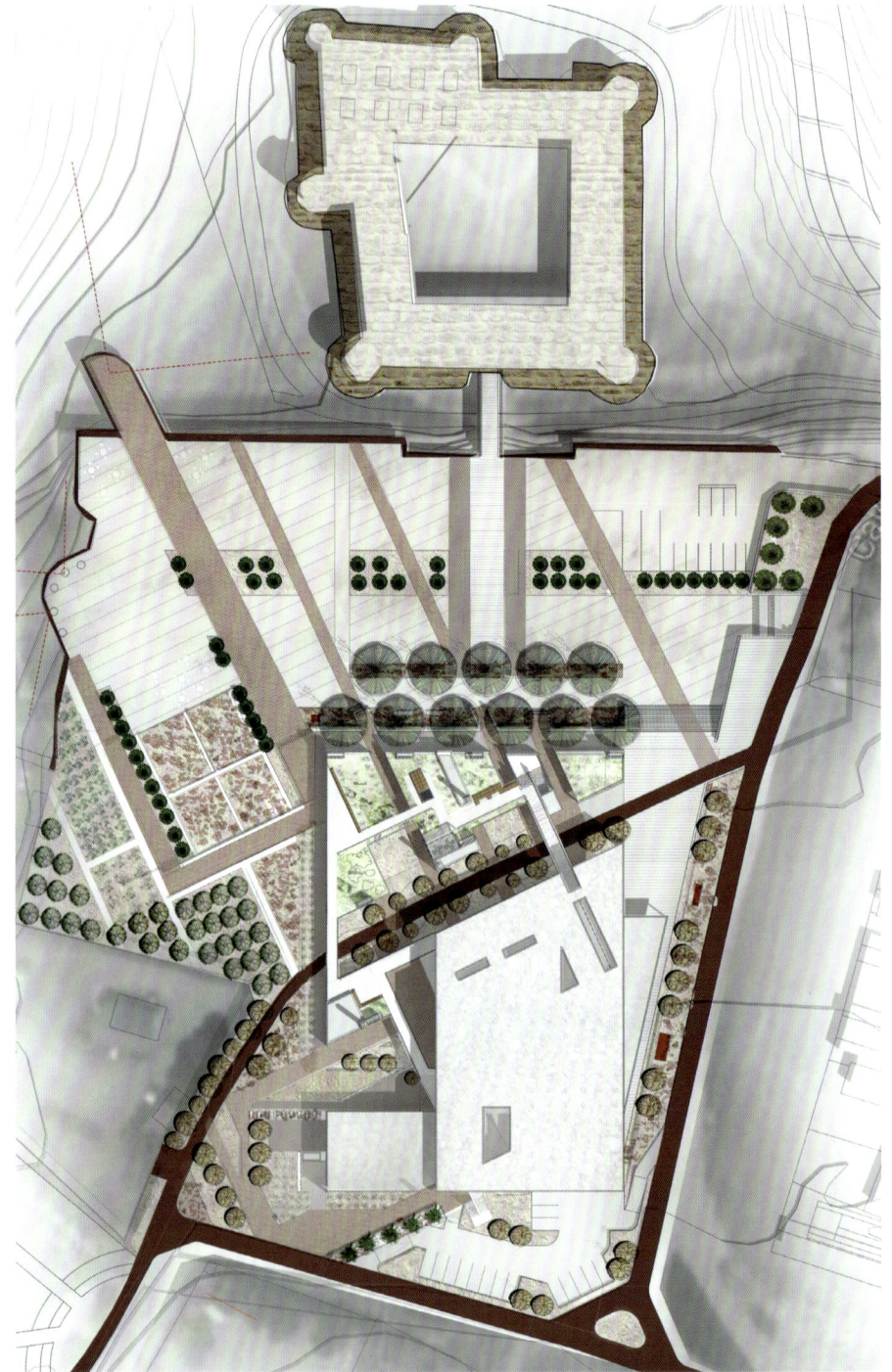

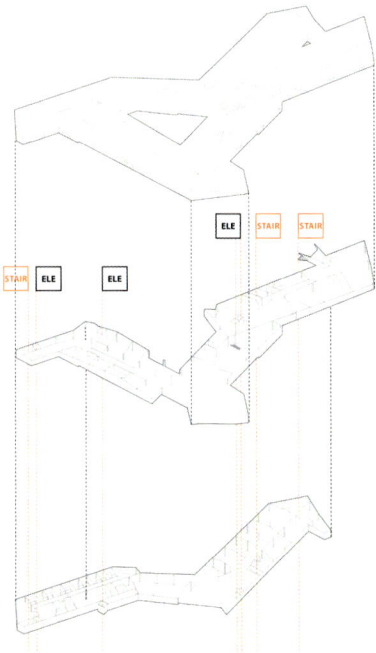

剖面图 A-A 1:250 SECTION A-A

墙身大样 1:20 WALL DETAIL

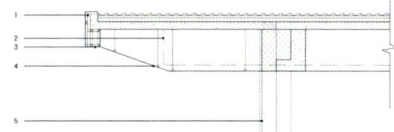

1 密封胶 Sealant
2 梁 Beam
3 覆盖描口的生态木 GreenerWood covers Cornice
4 加固的水泥天花板 Cement Pressure Plate Ceiling
5 隐框玻璃幕墙 Hidden Framing glass Curtain Wall

FLOOR PLAN

南立面图 1:250 SOUTH ELEVATION

FACILITIES FOR TOURISTS 旅游综合服务设施 INSTALACIONES PARA TURISTAS

CEU TEACHERS / CEU 老师 / PROFESORES CEU

Eduardo de la Peña Pareja

Aurora Herrera Gómez

CEU STUDENTS / CEU 学生 / ALUMNOS CEU

Santiago del Águila Ferrandis

Virgilio Salvador Ortiz Javaloyes

Paula Salas Sánchez

ZJU TEACHERS / ZJU 老师 / PROFESORES ZJU

李文驹 Li Wenju

吴璟 Wu Jing

金方 Jin Fang

ZJU STUDENTS / ZJU 学生 / ALUMNOS ZJU

吕悠 Lü You

吴彬彬 Wu Binbin

黄小非 Huang Xiaofei

杨企航 Yang Qihang

杨含悦 Yang Hanyue

DENGGAO (CHINA) 29.53141; 119.90602

DENGGAO VILLAGE (CHINA)

Denggao village is a small village on the way from Pujiang to Mount Xianhua, with an altitude of more than 400 meters. It is located in a very special place surrounded by Mount Xianhua to the east, and other mountains, named Bijia, Bajiao, etc. The name of the village "Denggao" means "ascending uphill", because it is hard for visitors to see the village until they get to the top of those mountains.

With 180 families, it has a population of 550 people. The core of the village which has survived is a series of traditional wooden-structure buildings with courtyards, which were built in the Qing Dynasty (1636 -1912AD). Among them, the most important one is the large Ancestral Hall of Zhao's Family, where the villagers whose surname was Zhao gathered to discuss public affairs, and held weddings and funerals in the past.

CHALLENGES AND OPPORTUNITIES

During the process of urbanization in the past 30 years, more and more young people left their homes in villages and moved to cities in the hope of better jobs and educational opportunities. Those who are still living in villages are only the old. Due to the lack of young population, villages lose their ability to develop agriculture and craftwork. The immigration of many villagers to the cities left many ruins in the village. The insufficient income of those who still live in the village results in a lot of buildings being out of repair. So many villages in China are declining rapidly with their traditional culture fading at the same rapid speed. Denggao village is one of these villages.

On the other hand, the demand for tourism in cities has increased rapidly in China in recent years. Besides sightseeing, more and more people spend their vacations embracing nature and experiencing other things they are interested in. Therefore some villages that have beautiful sceneries, clean air and water, and have kept their cultural heritage are gradually becoming tourist destinations.

Because of its distinctive characteristics, Denggao village is noticed by more and more tourists. Young people come here for hiking and camping. Aging people from cities such as Hangzhou and Shanghai come and stay here for several weeks during summer. Some art lovers come here for painting and photography. Unfortunately, there are not enough facilities in the village and tourists are not happy with them.

So in this exercise, we have the opportunity to design comprehensive service facilities that may benefit both tourists and the villagers.

登高村 (中国)

登高村坐落在海拔超过400米的山腰，位于从浦江县城去往仙华山的必经之路。村庄所在位置独特，可西眺仙华山主峰，并被笔架山、八角尖等群山环绕。村子因"山下不曾见，登高才可见"的独特选址而得名。

登高村现有村民约180户，550人。村庄的核心部分尚存一系列建于清代（公元1636—1912年）的传统木构房屋和院落。其中最重要的是一个鲜见的七进宗祠赵氏祠堂，过去赵姓村民们年节议事、婚丧嫁娶，都在此进行。

挑战与机遇

随着过去30年中国城市化进程的发展，农村青壮年为了获得更好的工作和教育机会，大量外出发展，留在村里的都是老年人，许多村庄人口的老龄化非常严重。由于年轻人口的流失，农业发展退化，传统手工艺失传；而经济陷于被动，更造成了村中大量房屋年久失修，公共设施严重缺乏。伴随着许多村庄的快速凋敝，地方传统文化也面临着失散和后继无人的窘境。登高村正是其中的一个典型样本。

另一方面，近年来中国国内旅游市场发展迅速，特别是在观光式旅游之外，乡村度假式旅游与体验式旅游开始吸引越来越多的城里人。因而一些拥有优美的自然风光、空气清新、气候怡人，并且保存了较为完好的物质文化遗产的村落逐渐成为旅游目的地。

登高村凭借地理位置的独特，已经开始吸引游客，并有越来越多的趋势。年轻人来到这里露营和登山；杭州、上海等地的老年人来这里避暑；一些艺术爱好者来此写生或摄影。但村内公共服务设施的缺乏，已成为旅游业发展的瓶颈。

因此本课题旨在通过设计惠及村民与游客双方的综合性服务设施，寻找乡村振兴的契机。

EMPLAZAMIENTO: DENGGAO VILLAGE (CHINA)

Denggao es un pequeño pueblo en el camino de Pujiang al Monte Xianhua, a una altitud de más de 400 metros. Se encuentra en un lugar muy especial rodeado por el Monte Xianhua, al este, y otras montañas llamadas Bijia, Bajiao, etc. El nombre del pueblo, "Denggao", significa "ascender cuesta arriba", porque es difícil para los visitantes ver el pueblo antes de llegar a la cima de esas montañas.

Con 180 familias, tiene una población de 550 habitantes. En el núcleo del pueblo han sobrevivido una serie de edificios tradicionales de estructura de madera con patios, que fueron construidos en la dinastía Qing (1636-1912dC). Entre estos edificios, el más importante es el Salón Ancestral de la familia Zhao, que era el lugar para que los aldeanos apellidados Zhao discutieran asuntos públicos.

DESAFÍOS Y OPORTUNIDADES

Durante el proceso de urbanización de los últimos 30 años, cada vez más jóvenes abandonaron las aldeas para mudarse a las ciudades con la esperanza de conseguir mejores empleos y oportunidades educativas. Los que todavía viven en las aldeas son solo los mayores. Muchas aldeas en China están viendo su cultura tradicional desvanecerse a la misma velocidad. Debido a la falta de población joven, las aldeas pierden su capacidad de desarrollar la agricultura y la artesanía. La inmigración de muchos aldeanos a las ciudades está dejando muchas ruinas en los pueblos. Los ingresos insuficientes de los que se quedan hacen que muchos edificios no se puedan reparar. El pueblo de Denggao es uno de estos pueblos.

Por otro lado, la demanda de turismo ha aumentado rápidamente en China en los últimos años. Además de hacer turismo, cada vez más personas pasan sus vacaciones abrazando la naturaleza y experimentando otras cosas que les interesan. Por lo tanto, algunos pueblos que tienen hermosos paisajes, aire y agua limpios y han mantenido su patrimonio cultural se están convirtiendo gradualmente en destinos turísticos.

Debido a sus características distintivas, cada vez más turistas se interesan por Denggao. Los jóvenes vienen aquí para hacer senderismo y acampar. Las personas mayores de ciudades como Hangzhou y Shanghai vienen y se quedan aquí durante varias semanas durante el verano. Algunos amantes del arte vienen para pintar y hacer fotografías. Desafortunadamente, no hay suficientes instalaciones en el pueblo y los turistas no están contentos con ellas.

Por lo tanto, en este ejercicio, tenemos la oportunidad de diseñar instalaciones de servicios integrales que puedan beneficiar tanto a los turistas como a los aldeanos.

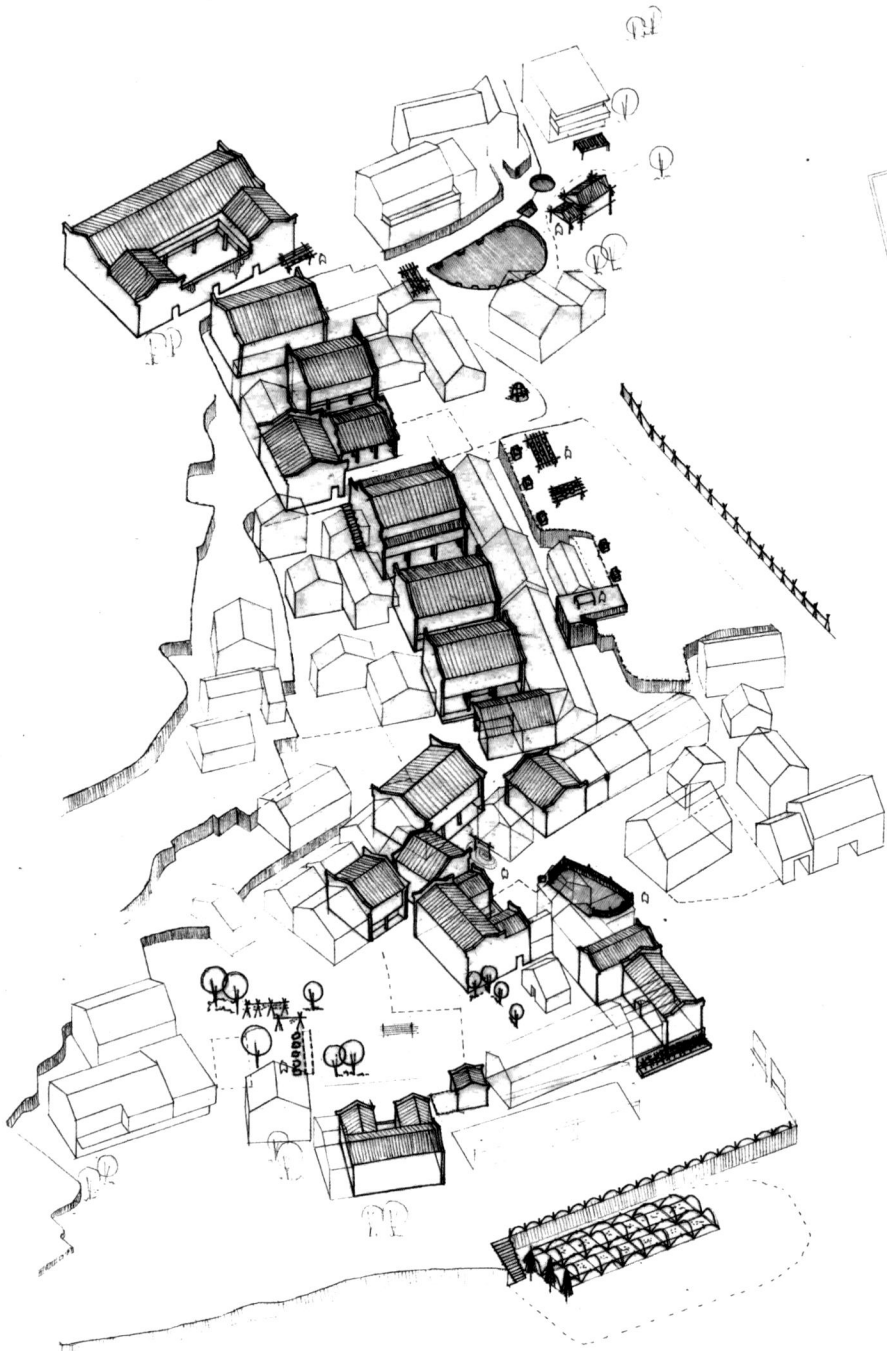

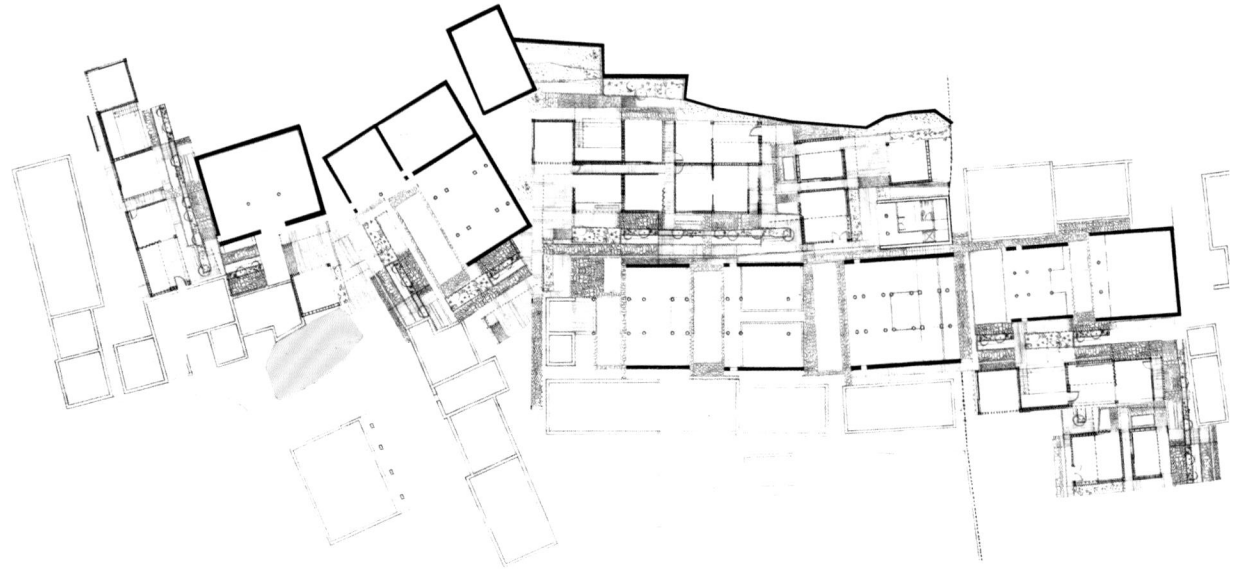

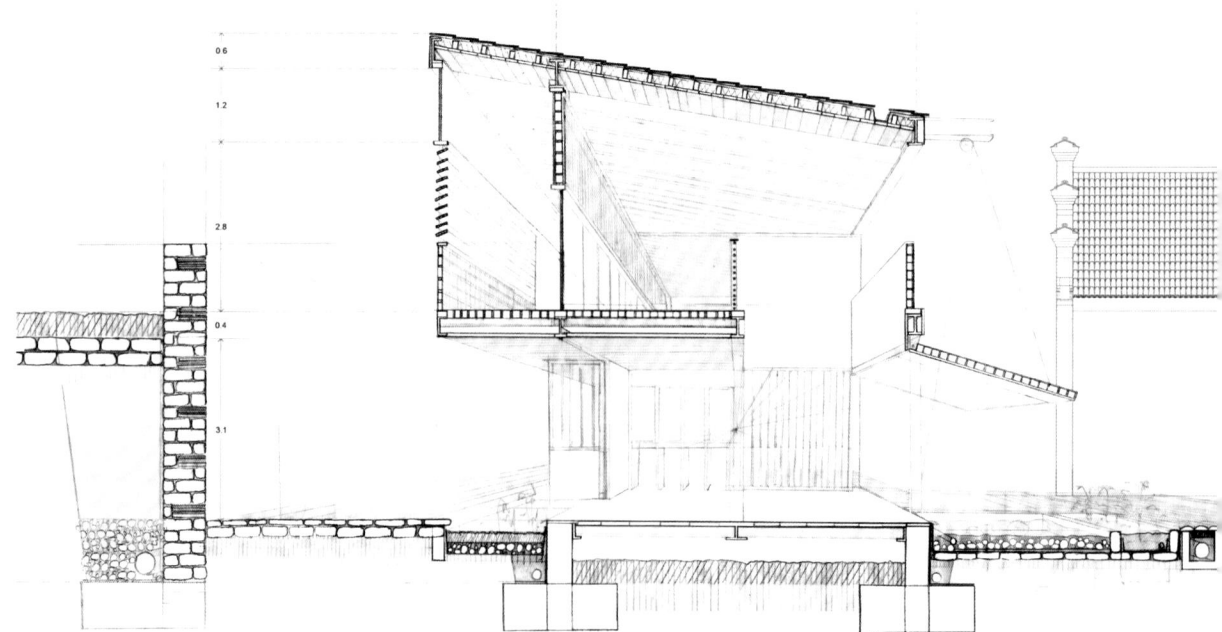

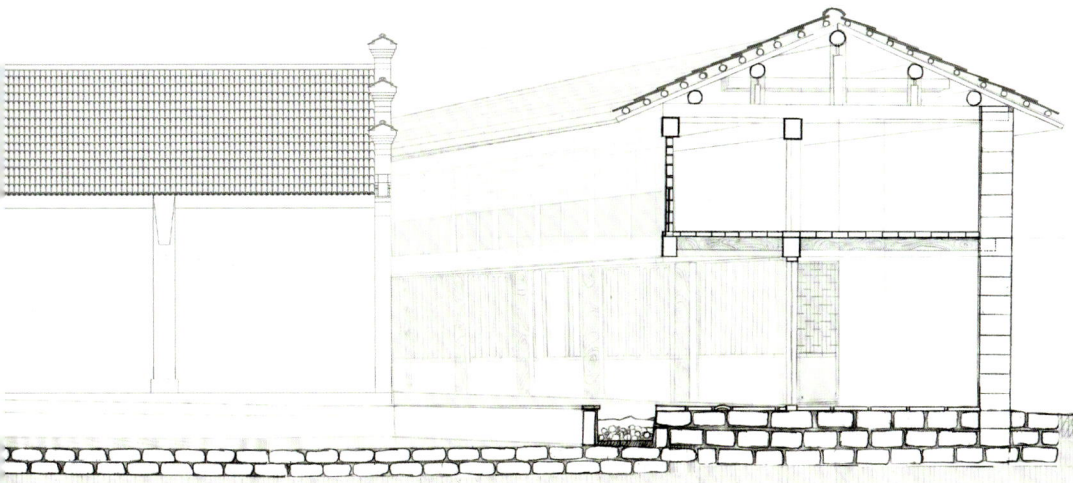

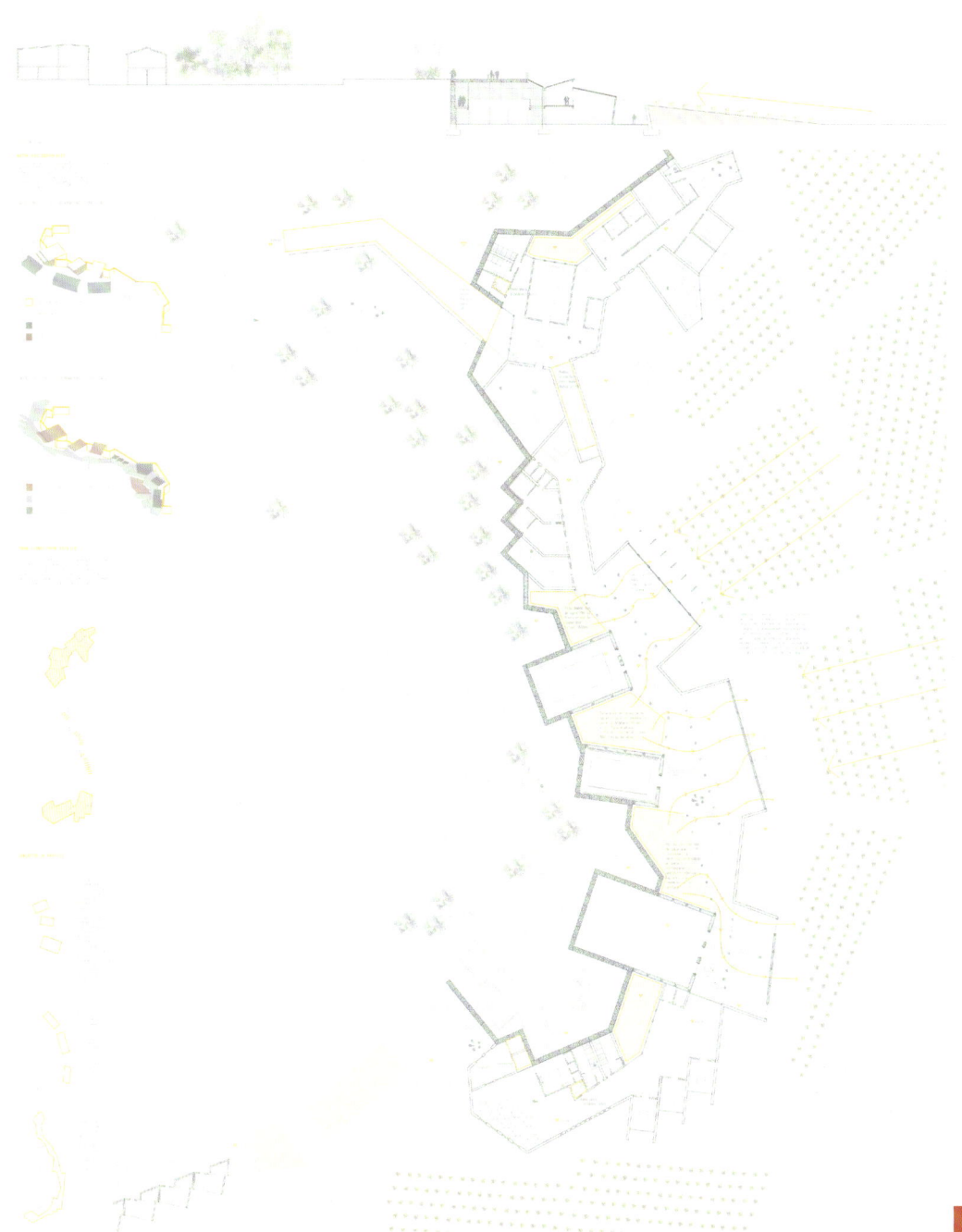

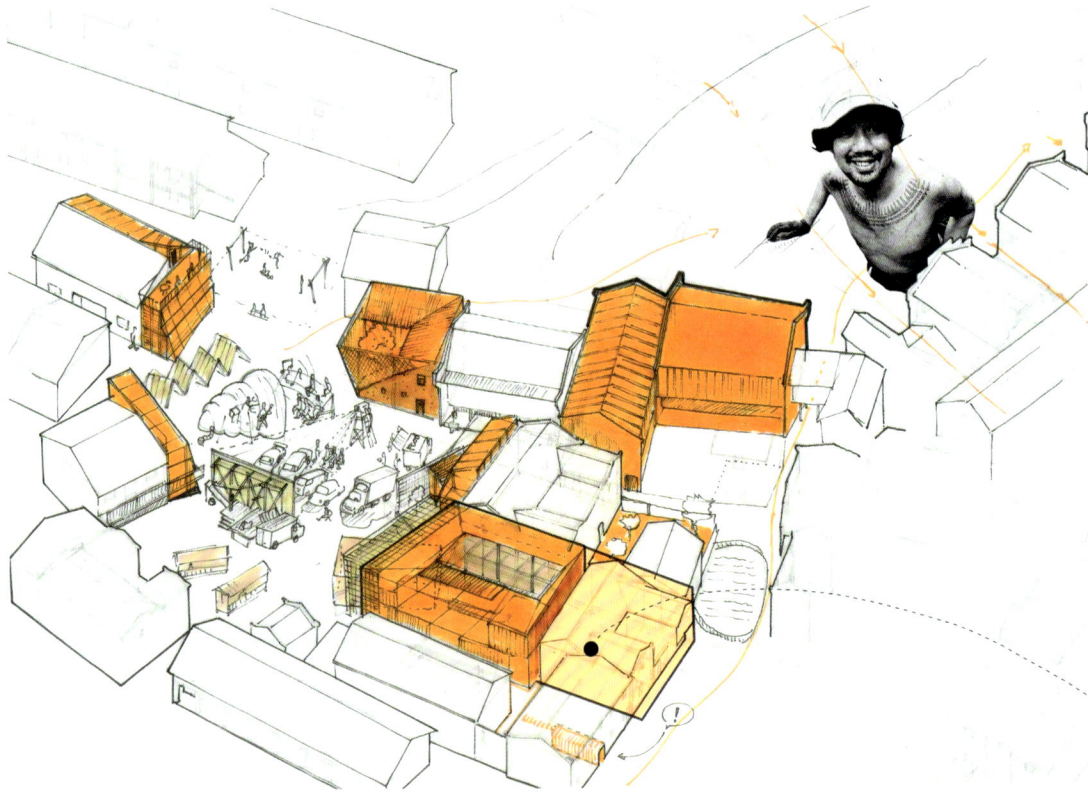

CASA PARÁSITA
La seccion no tiene el ultimo s estructural

PISO AMPLIADO

D1

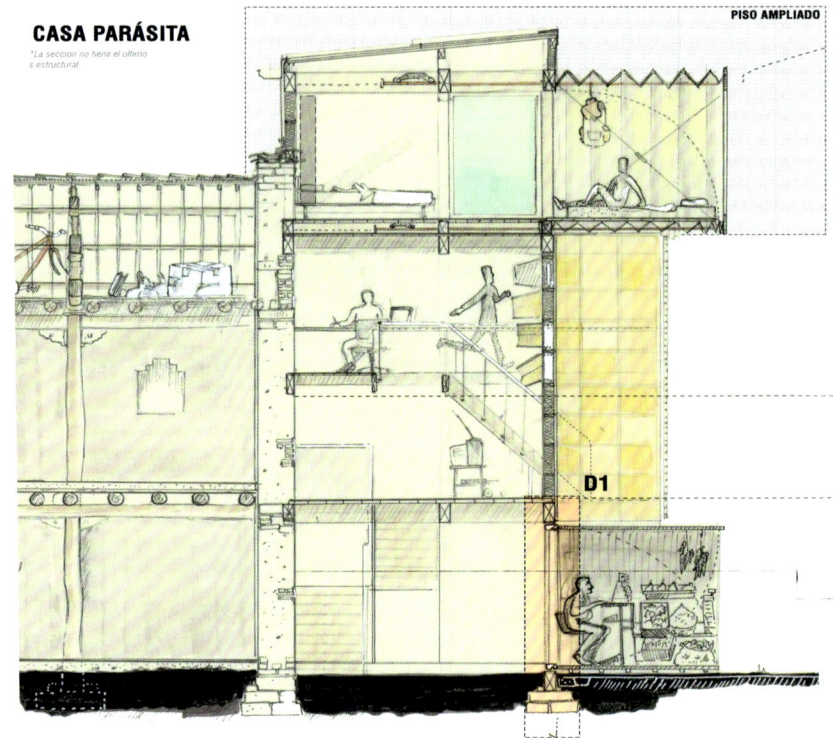

E 1:100

MERCADO PLAZA

Estado actual.

Reforma.

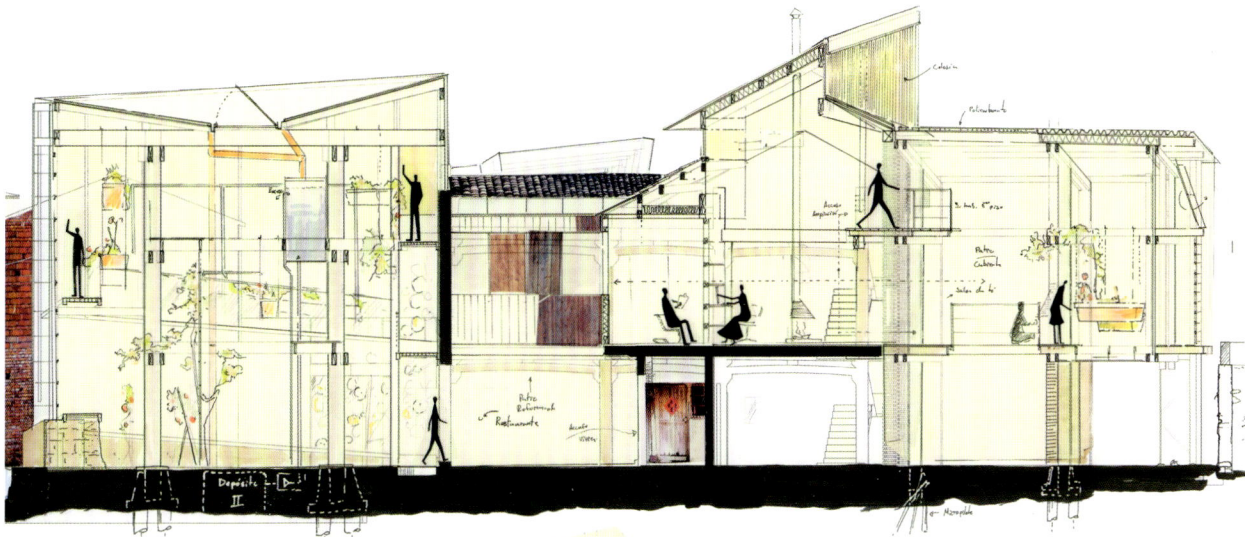

FACILITIES FOR TOURISTS 黄小非 Huang Xiaofei

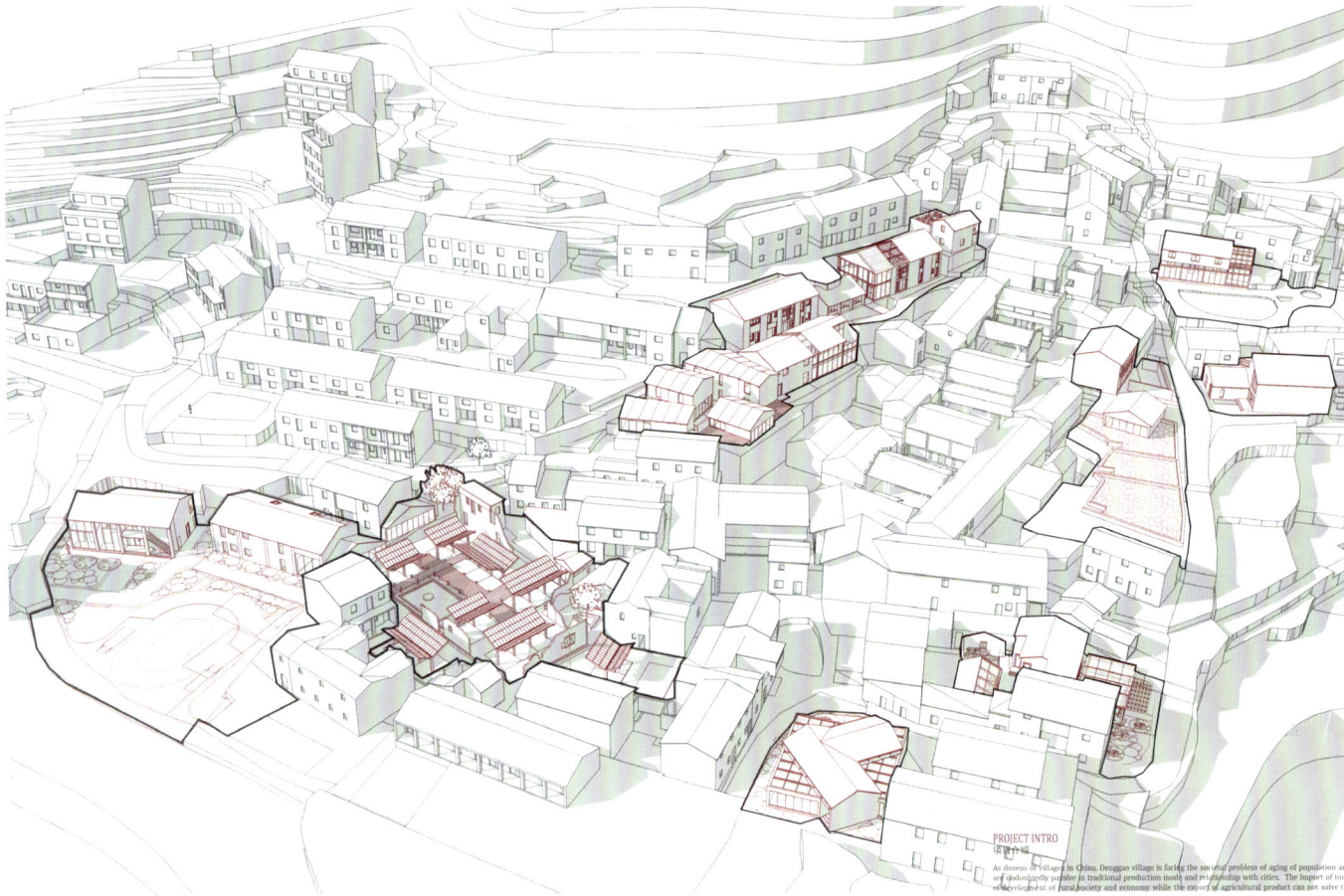

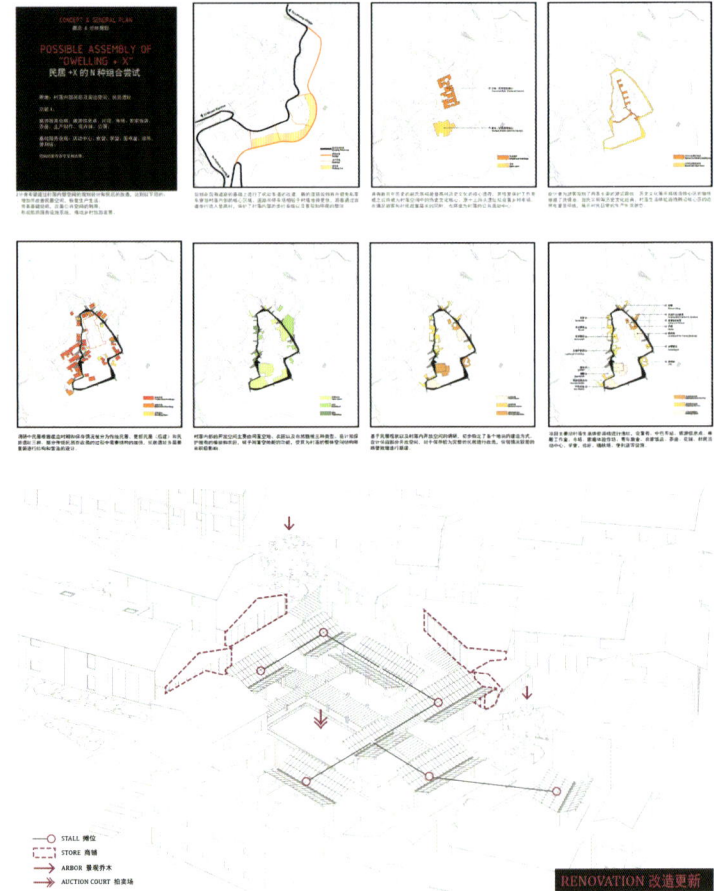

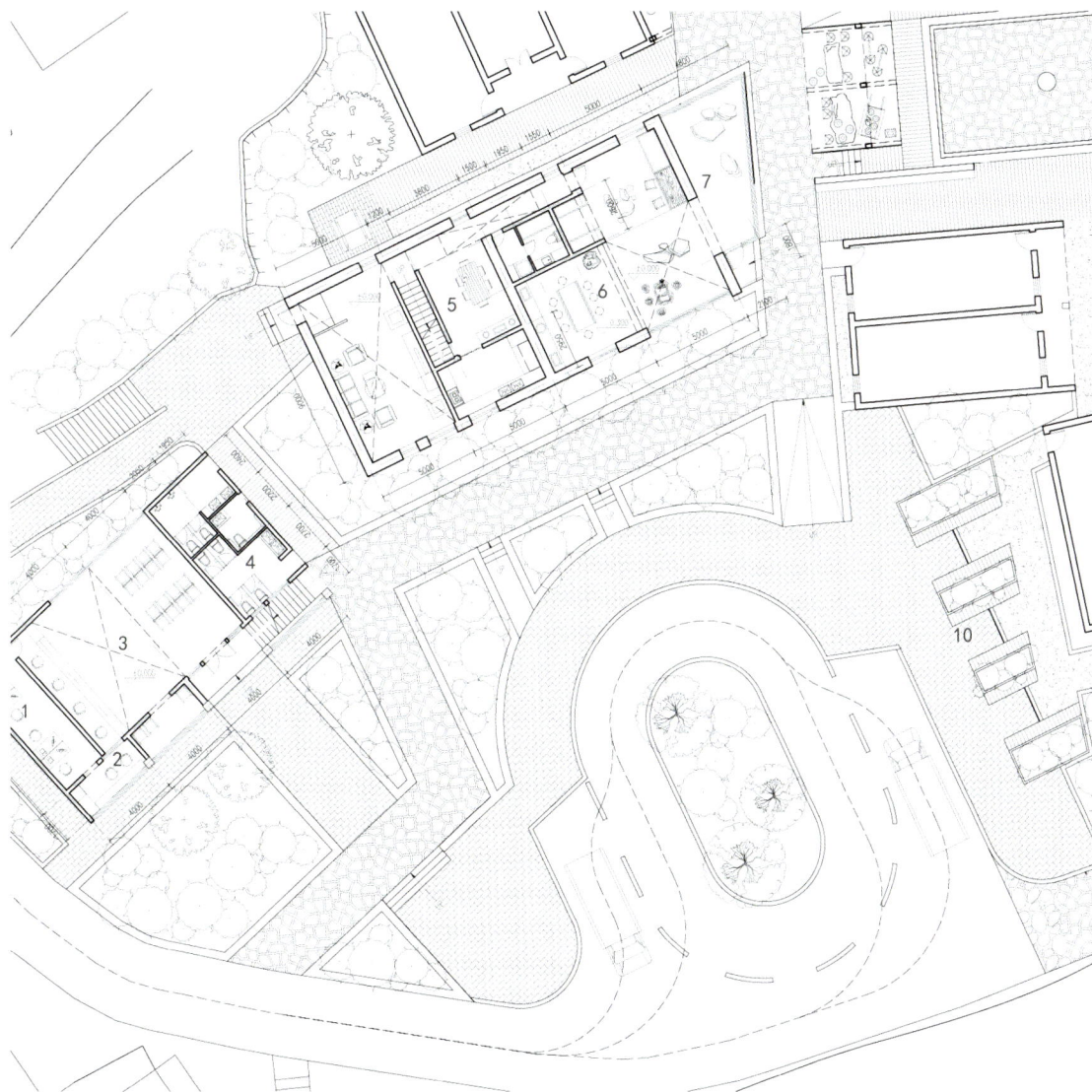

STRUCTURE RENOVATION

结构改造

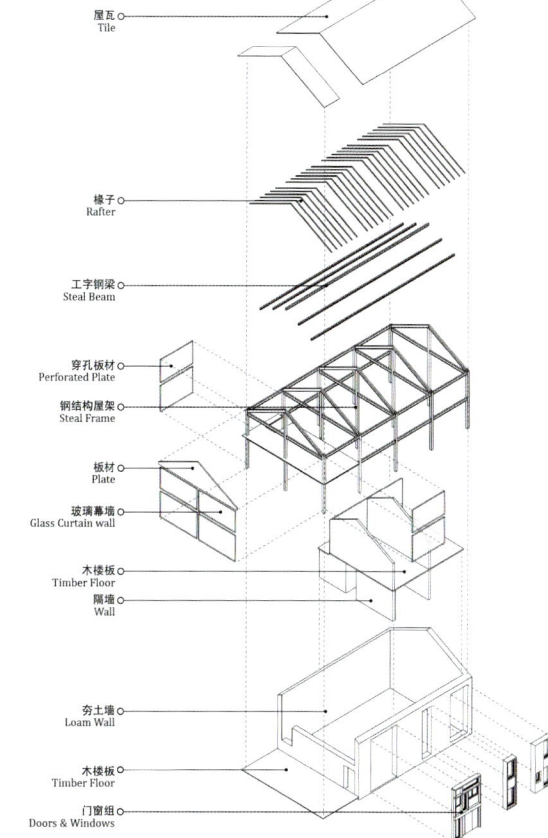

屋瓦
Tile

椽子
Rafter

工字钢梁
Steal Beam

穿孔板材
Perforated Plate

钢结构屋架
Steal Frame

板材
Plate

玻璃幕墙
Glass Curtain wall

木楼板
Timber Floor

隔墙
Wall

夯土墙
Loam Wall

木楼板
Timber Floor

门窗组
Doors & Windows

WALL DETAIL

墙身大样 1:20

SECTION

剖透视 1:100

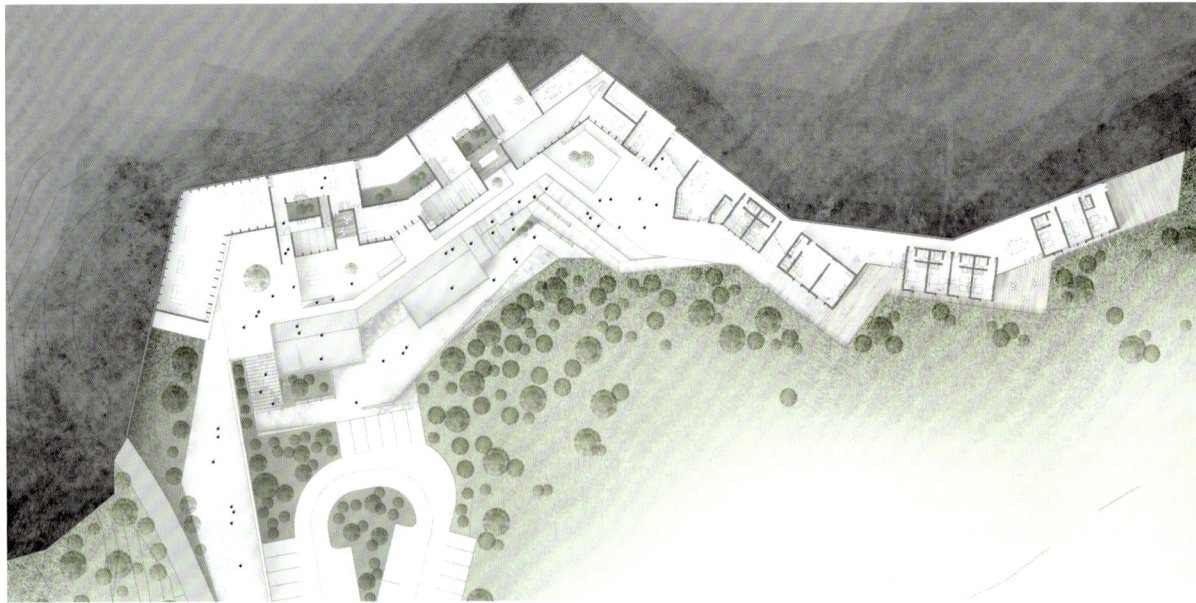

登高村

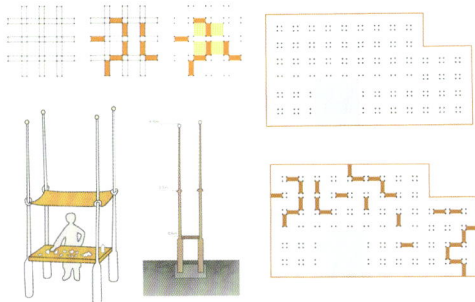

TOURIST CENTER FOR THE ART FESTIVAL

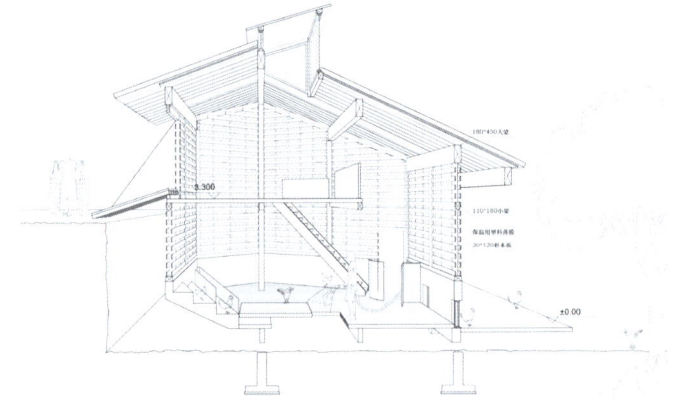

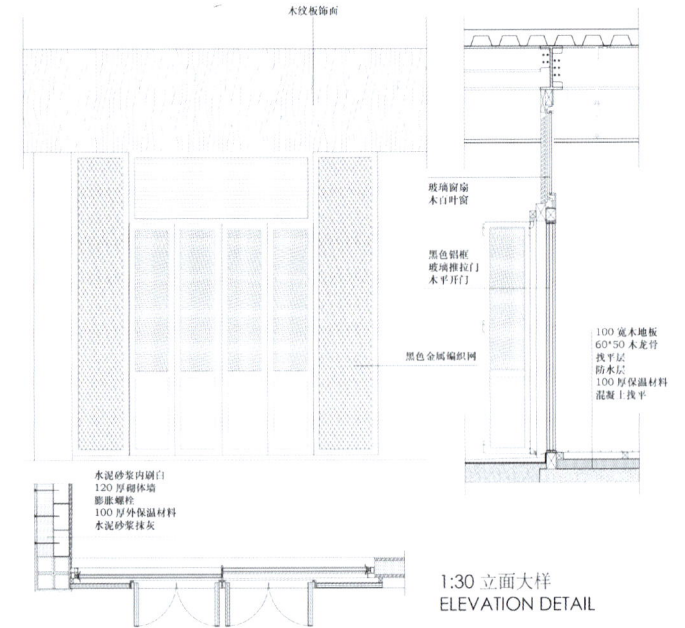

1:30 立面大样
ELEVATION DETAIL

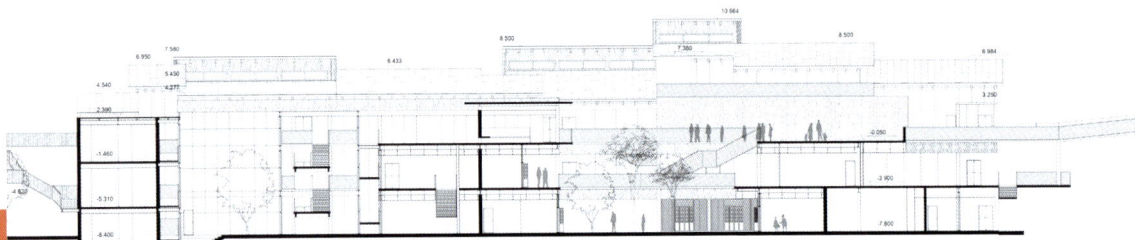

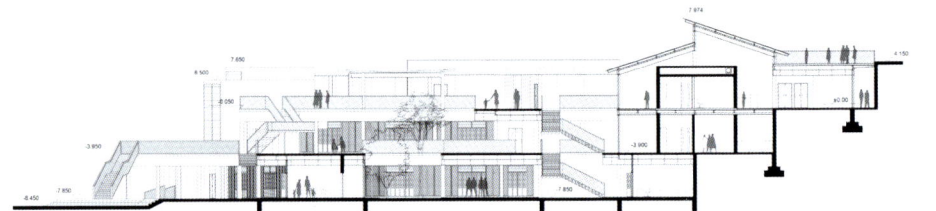

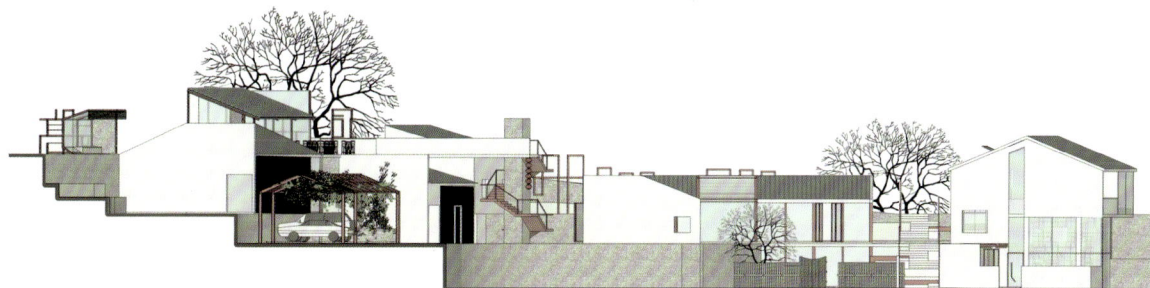

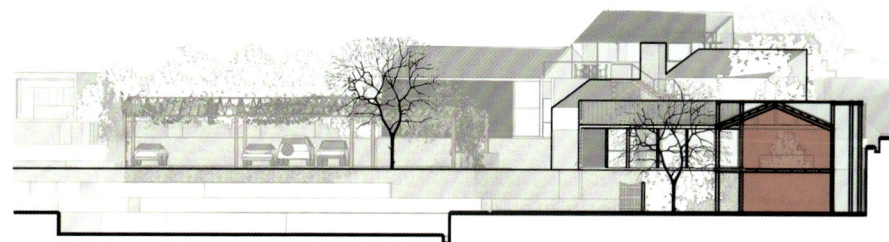

保留民居　　　　小轿车停车位*9　　　特产店　　　　车站　（信息、水吧、厕所）蔬菜店　民宿改造

DIGITAL DETOX CENTER 网瘾戒除中心 CENTRO DE DESINTOXICACIÓN TECNOLÓGICA

CEU TEACHERS / CEU 老师 / PROFESORES CEU

Eduardo de la Peña Pareja

Rodrigo Núñez Carrasco

CEU STUDENTS / CEU 学生 / ALUMNOS CEU

Fernando Bello Bermejo

Marta Cuesta Sanz

Luis García Grech

Macarena González Carrasco

Clara Lucía Martínez-Conde Rubio

Federico Martínez de Sola Monereo

ZJU TEACHERS / ZJU 老师 / PROFESORES ZJU

李文驹 Li Wenju

王晖 Wang Hui

裘知 Qiu Zhi

ZJU STUDENTS / ZJU 学生 / ALUMNOS ZJU

夏明杰 Xia Mingjie

周昕怡 Zhou Xinyi

丁培宇 Ding Peiyu

汤舒雅 Tang Shuya

罗琪 Luo qi

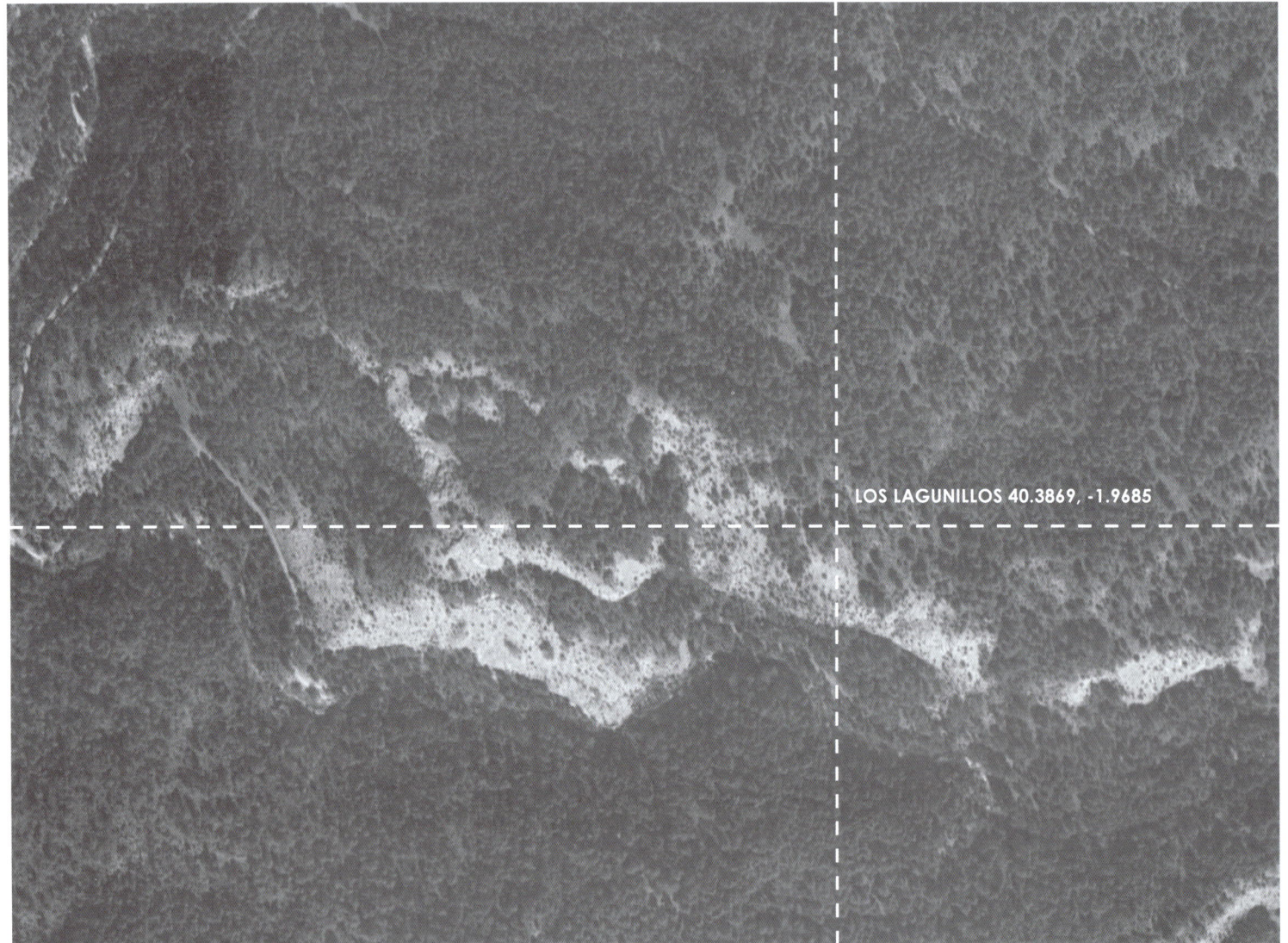

LOS LAGUNILLOS 40.3869, -1.9685

SITE

Cuenca mountain range is a scenic area not too far away from Madrid, the main feature of which is a steep landscape although the average altitude is not very high. Oddly, because of historical reasons, the whole area belongs to Cuenca municipality.

The specific location for the exercise is called "Lagunillos" (small ponds). It is placed in a remote area with some small buildings provided for youth camping. Close to a nearby stream, there are some sinkhole ponds. The site is suitable to emphasize the concept of disconnection because of its isolation.

NEW ADDICTIONS

The internet and the digital web are contemporary achievements that offer applications and contents within reach of everybody, in addition to connecting people and groups all over the world.

However, it has also globalized disorders originating in uncontrolled use, especially among the young population. This problem, which is as universal as the web itself, was identified in 1979, but it worsened after the height of personal computers and internet broadcasting since 1995. Nowadays it is one of the most common causes of obsessive behaviour and its consequences are harmful to many people's family and social relationships. Addictions, as some experts say, are not restricted to the dependency on chemicals.

REHAB FACILITIES

A specific kind of architecture fitted for this pathology has not been carried out yet. The treatment usually takes place at general rehabilitation facilities. Under the motto "disconnect for reconnecting", most of them are based on digital disconnection and are placed on sites of high scenic value or at least far from big cities, where the therapeutic value of silence can be enjoyed. The common prototype is similar to hotels with additional rooms for psychotherapies and large areas to talk and walk.

CHALLENGE FOR ARCHITECTS

Our contribution as architects to the digital detox process is a contemporary challenge still pending. A specifically designed space can be very powerful. Some spaces are therapeutic and some make people sick. Our duty consists in knowing human needs and making them more bearable through architectural layout.

基地

昆卡山区是一个虽然平均海拔不高但地形陡峭的风景区，尽管离马德里不远，但由于历史原因，整个区域却属于昆卡自治区。

本次设计的基地在一个叫作"拉古尼洛"（意为小水池）的地方。这个地方十分偏僻，场地上有一些提供给年轻人野营的小房子。靠近附近的一条小溪边有一些落水洞形成的池塘。由于与世隔绝，这个基地十分适合表现关于"断开连接"的概念。

新嗜好

互联网和数字网络作为当代的技术成就，除了可以连接来自世界各地的人和群体，还为我们每个人提供了触手可及的应用和内容。

然而，它也因不加控制带来了全球化的网络成瘾问题，尤其在年轻人群中。这个问题跟网络本身一样具有普遍性，它在1979年被发现，自1995年个人电脑和网络传播不断推向高峰的同时，问题也变得越来越严重。如今，它已经成为沉迷行为最常见的原因之一，它所带来的后果对人们的家庭和人际关系造成了损害。正如一些专家所说，上瘾并不仅限于对化学品的依赖。

康复设施

目前还没有建成适合这种病理学的特定种类的建筑。这种治疗方法通常在一般的康复设施中实施。在"断开是为了再连接"这一倡议的影响下，大多数康复设施都以数字化断开为基础，被置于风景名胜地带或者至少远离大城市的地方。在那里病人可以享受具有治疗意义的宁静。其通用原型类似于酒店，但还拥有额外的心理治疗房间和大量供散步闲谈的区域。

建筑师面临的挑战

作为建筑师，戒除网瘾仍是当代一项尚未解决的问题，是对我们的挑战。专门针对戒断所设计的空间会非常有效。有的空间具有治疗效果，而有的则会致病。我们的任务是了解人们的需求并通过建筑设计帮助他们提高忍耐力。

EMPLAZAMIENTO

La Serranía de Cuenca es un paraje de gran valor paisajístico no muy lejos de Madrid, cuya principal cualidad es la de contar con escenarios muy abruptos a pesar de tratarse de monte bajo. Curiosamente, y por motivos históricos, pertenece al término municipal de Cuenca.

Lagunillos se sitúa en un recóndito paraje dotado de algunas construcciones de apoyo para acampadas. Al riachuelo acompañan algunas lagunas torcales. Su difícil comunicación lo hace apto para subrayar la intención de la desconexión.

NUEVAS ADICCIONES

Internet y la red digital han sido un gran logro de las últimas décadas que ha conseguido poner al alcance universal aplicaciones y contenidos, además de conectar entre sí a personas y grupos de todo el mundo.

Pero también ha globalizado trastornos derivados de su empleo descontrolado, especialmente entre la población más joven. El problema, de ámbito tan universal como la propia red, fue identificado ya en 1979 pero se agudizó especialmente a partir de los 90, con el auge de los ordenadores personales y la difusión del internet desde 19951. Hoy día es una de las causas de comportamientos obsesivos más comunes y sus consecuencias afectan visiblemente a las relaciones familiares y sociales de muchas personas. Las adicciones, señalan algunos, no se limitan a las dependencias generadas por sustancias químicas.

CENTROS DE TRATAMIENTO

No se ha desarrollado todavía un tipo de arquitectura específica para esta patología. Habitualmente los tratamientos se llevan a cabo en centros que se ocupan de otras patologías psicológicas o adictivas. Bajo el lema "desconectar para reconectar", la mayoría se basa en la desconexión digital, para lo cual se buscan emplazamientos de calidad paisajística o al menos alejados de las grandes urbes, donde se pueda disfrutar del valor terapéutico del silencio. El modelo suele ser el del hotel con las necesarias salas para las psicoterapias y amplias áreas libres para pasear y conversar.

RETOS PARA EL ARQUITECTO

La contribución de un arquitecto a tal proceso de desintoxicación es un reto de plena actualidad todavía pendiente. Un espacio intencionalmente diseñado tiene un poder que es posible enfocar hacia objetivos concretos; hay espacios terapéuticos y espacios que enferman. Se trata de conocer en profundidad las necesidades humanas para ofrecer respuestas que las hagan más llevaderas.

DIGITAL DETOX CENTER Alvaro García-Murillo Varela

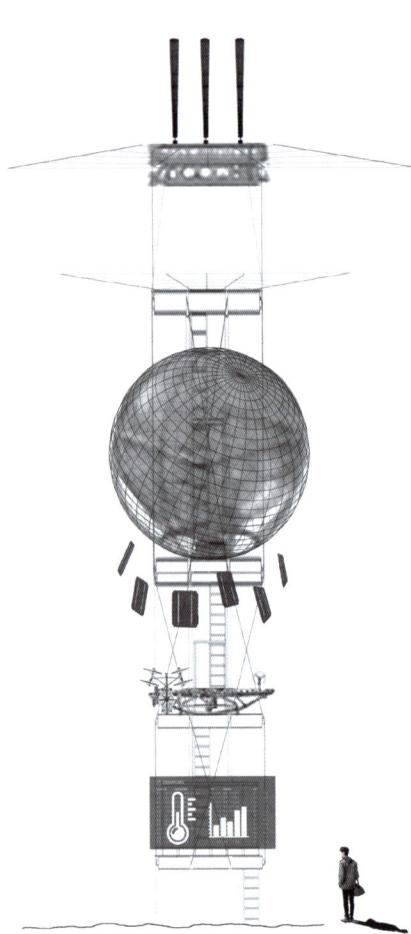

AEROGENERADORES
Energía eólica sacada de los molinos sin aspas de Vortex que no tienen succión dañina para las aves. Con una capacidad de 4Kw.

NIDO
Faro aves del lugar, fomento de que vuelvan tras ser dañado su habitat por culpa de elementos químicos

DEPÓSITO DE AGUA

PANELES FOTO-VOLTAICOS

MEDIDORES
Instrumentos medidores atmosféricos: barómetro, higrómetro y anemómetro.

TABLERO INFORMATIVO
Con los instrumentos anteriores se conectan los resultados a una pantalla que predice el tiempo atmosférico.

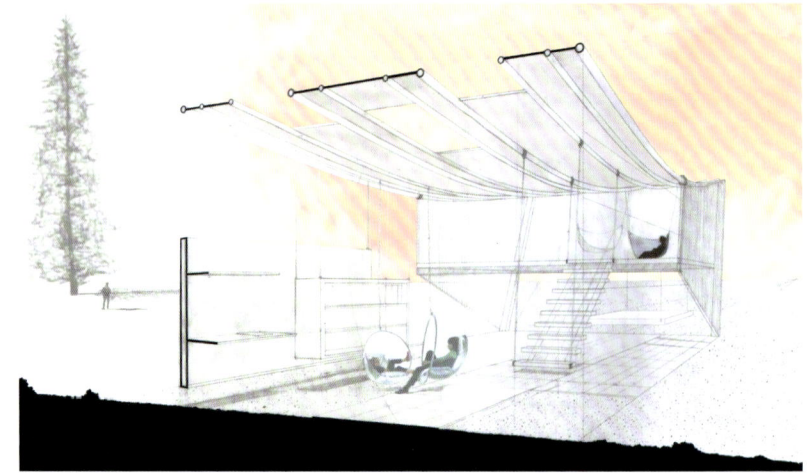

E: 1/500

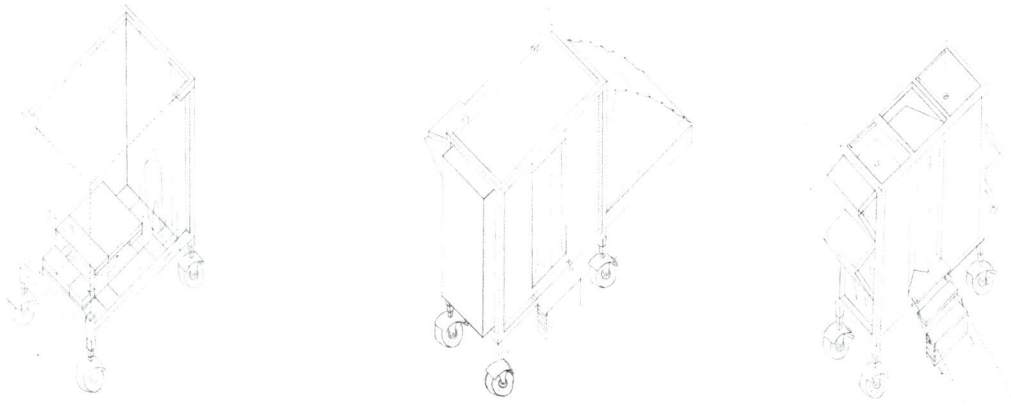

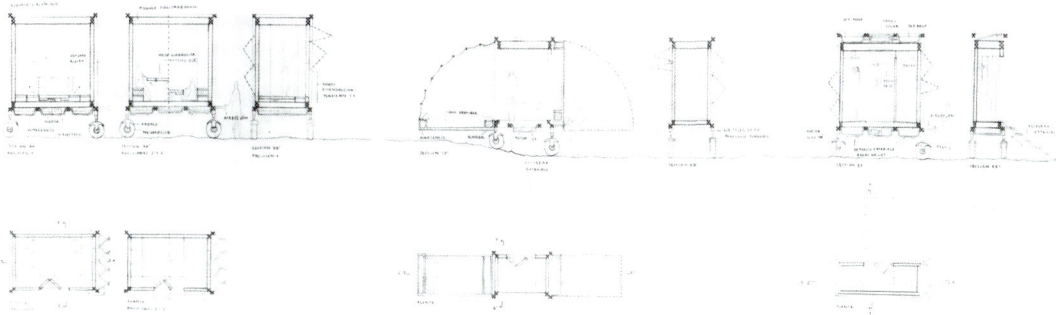

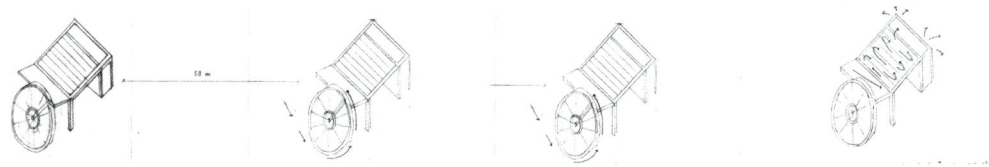

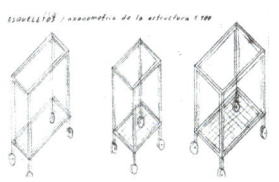

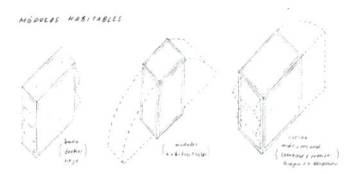

NECTARIFERO

ESQUELETO / axonometria de la estructura 1:100

MÓDULOS HABITABLES

DIGITAL DETOX CENTER Federico Martínez de Sola Monereo

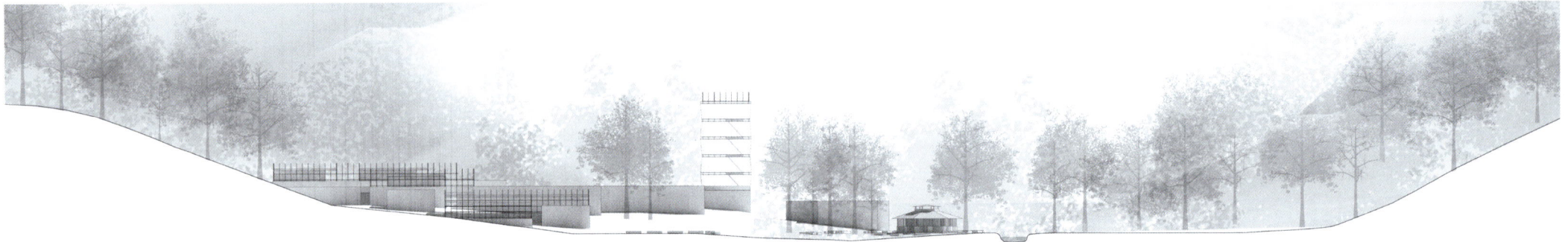

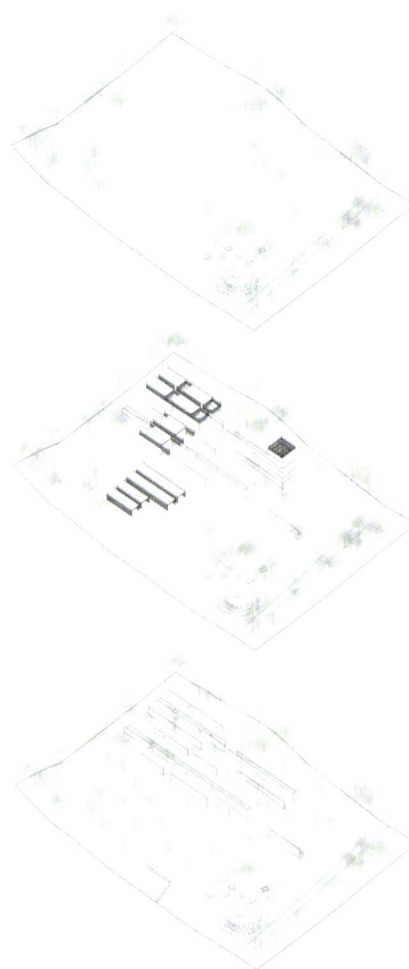

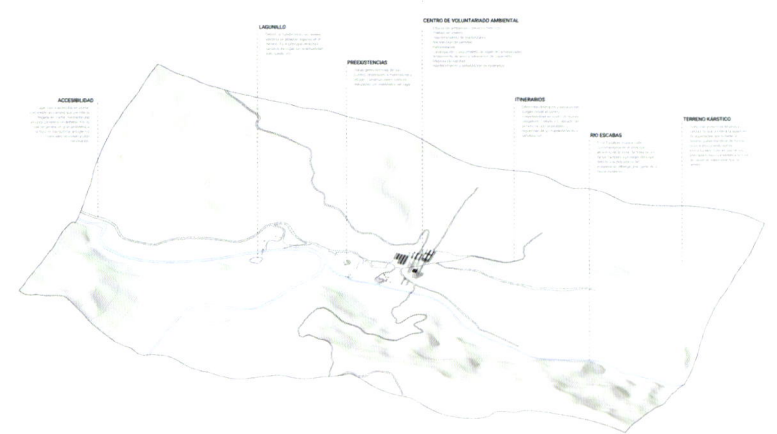

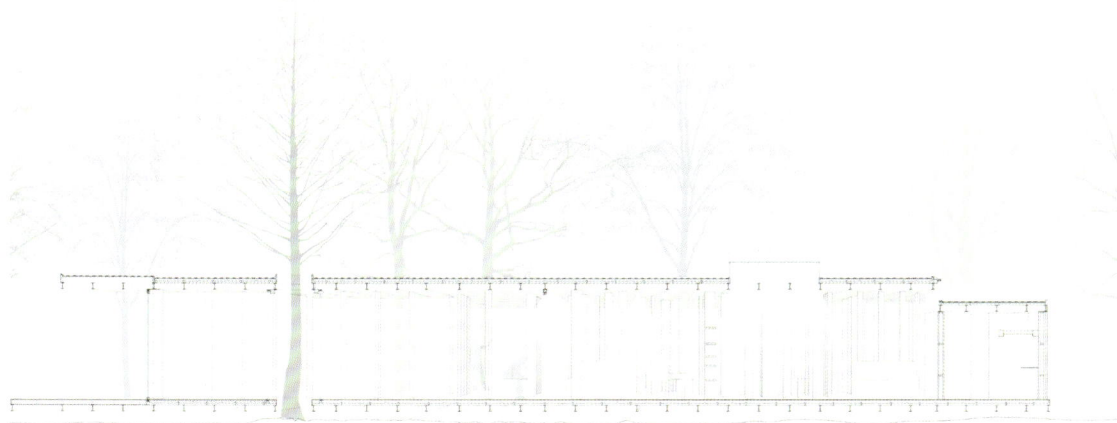

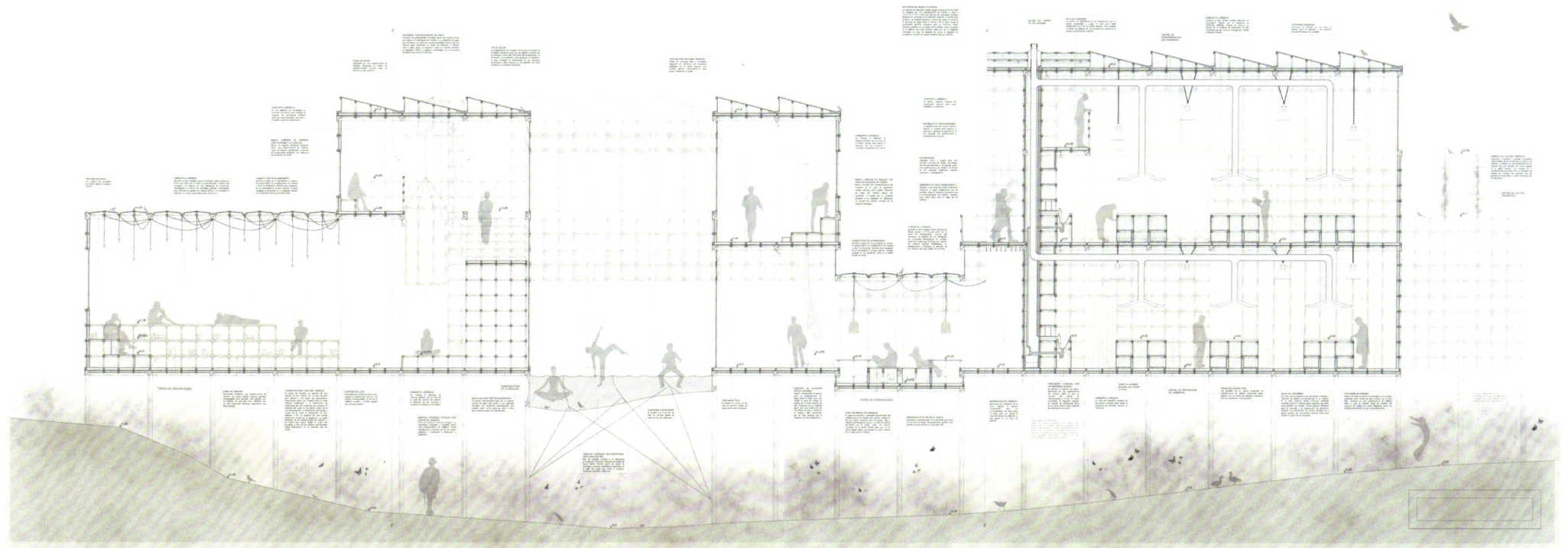

CATÁLOGO PÓRTICOS

PC Pórtico Camino: pórtico tubular acero galvanizado. Exterior

PM Pórtico Mirador: pórtico tubular acero galvanizado. Exterior

PS Pórtico sonoro: pórtico tubular acero galvanizado. Exterior

PD Pórtico dormitorio: pórtico escuadría maciza de madera de Pino.

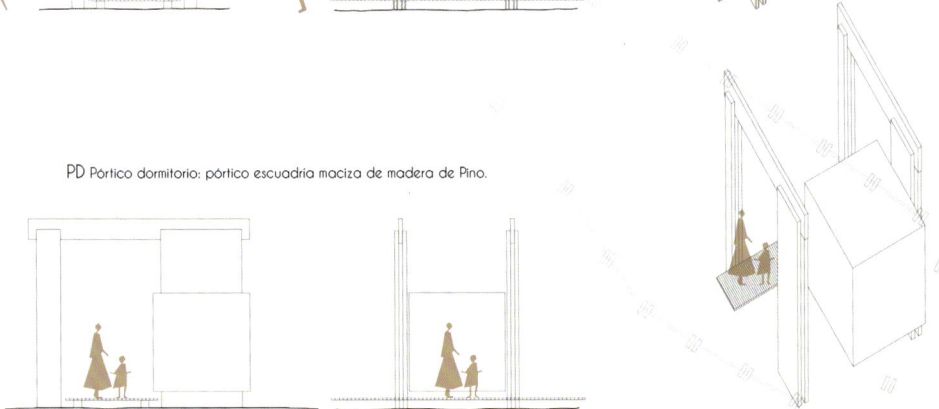

El cam
crean
entorn

Se crean espacios interferencia durante el
recorrido para mejorar la estimulación

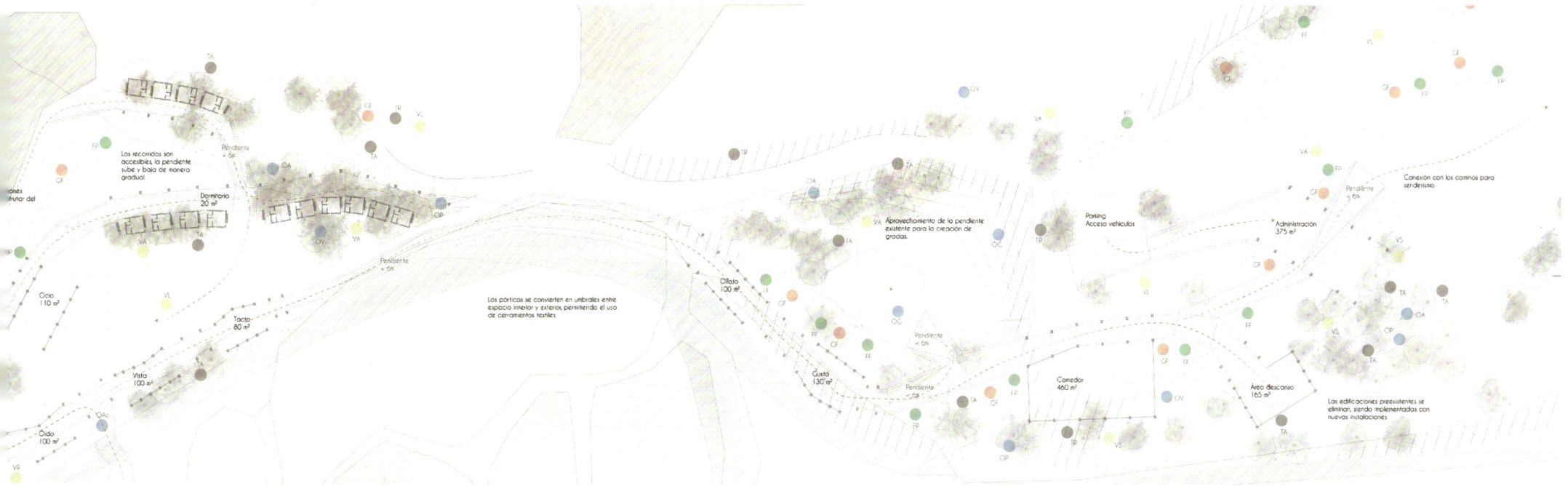

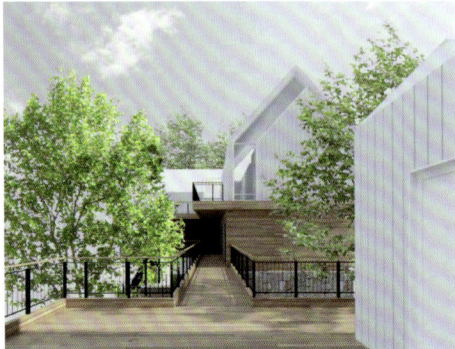

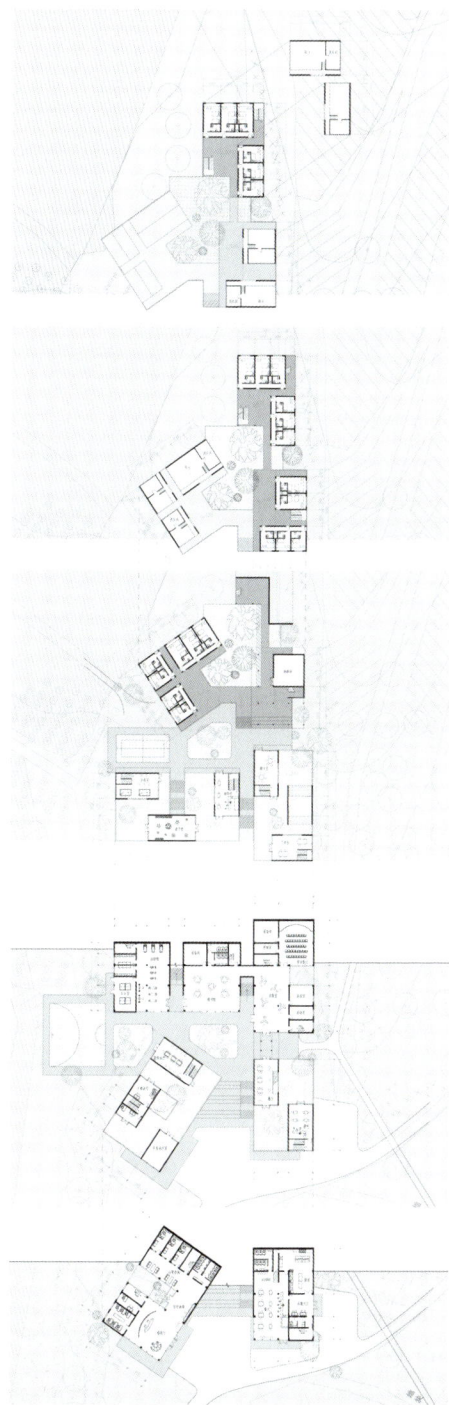

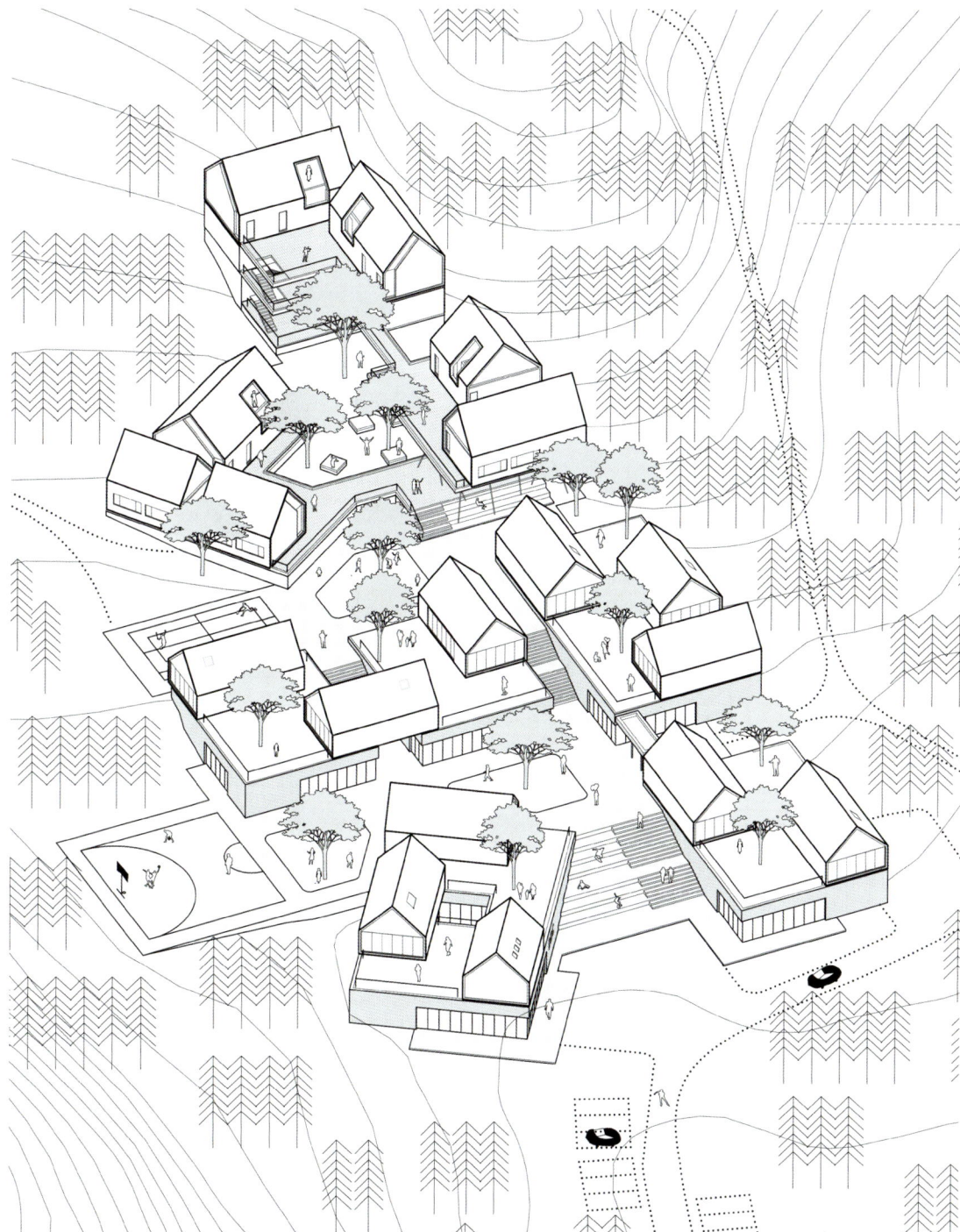

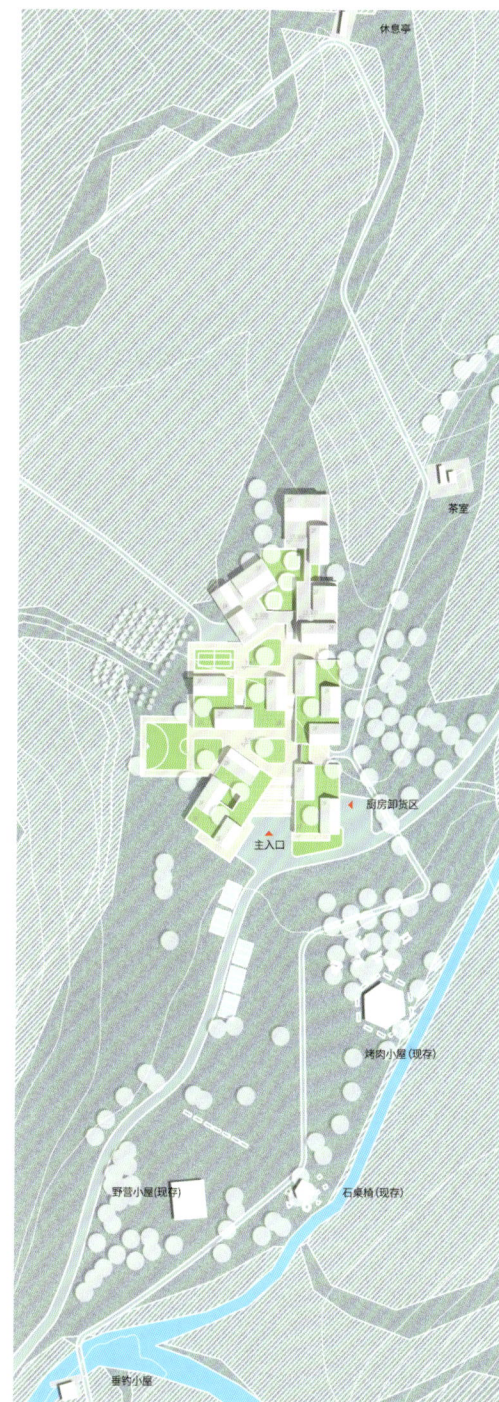

DIGITAL DETOX CENTER 周昕怡 Zhou Xinyi

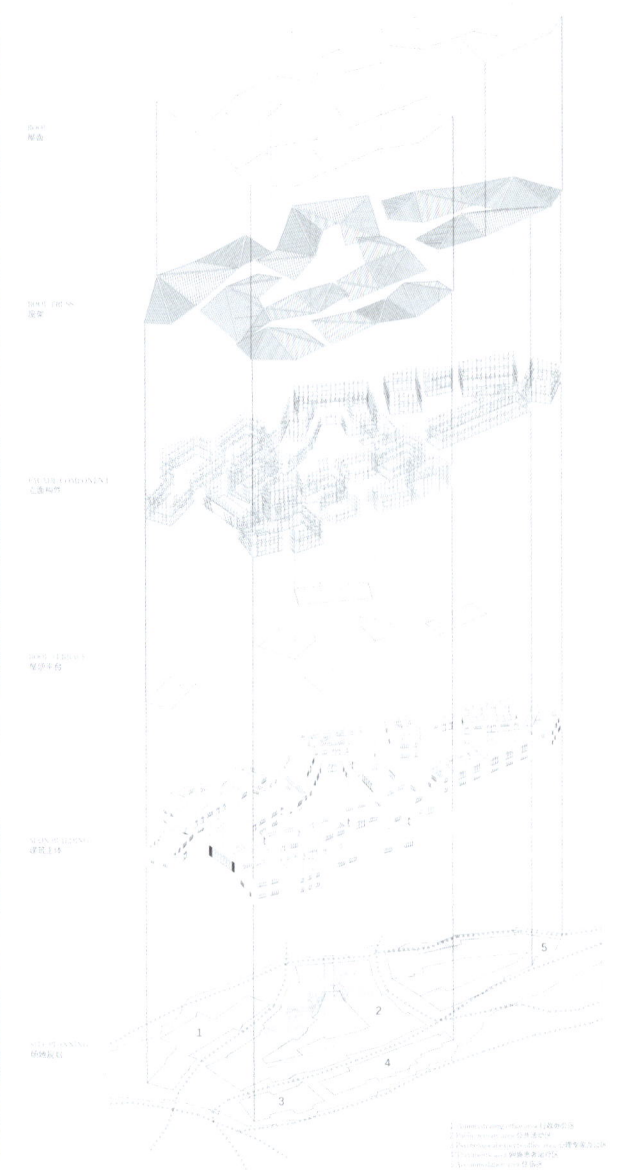

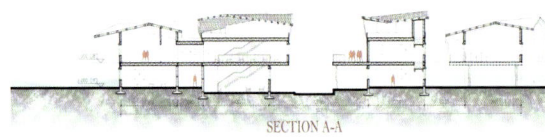

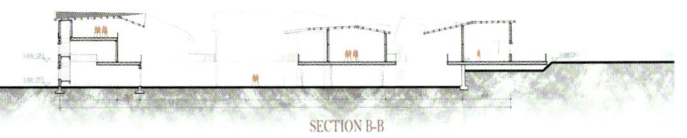

ELEVATION

SECTION A-A

SECTION B-B

交往空间｜西班牙昆卡网瘾戒除中心设计

Social space| Therapeutic qualities of architecture on rich landscape
environments in Cuenca, Spain

丁培宇 3120103800
指导教师：裴知

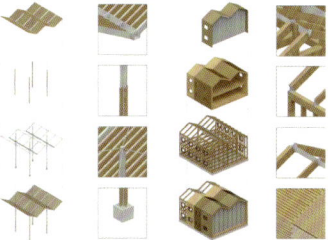

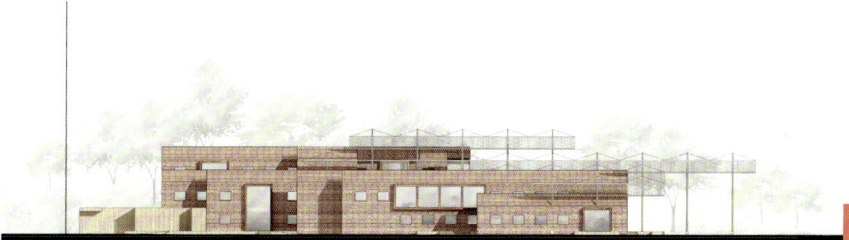

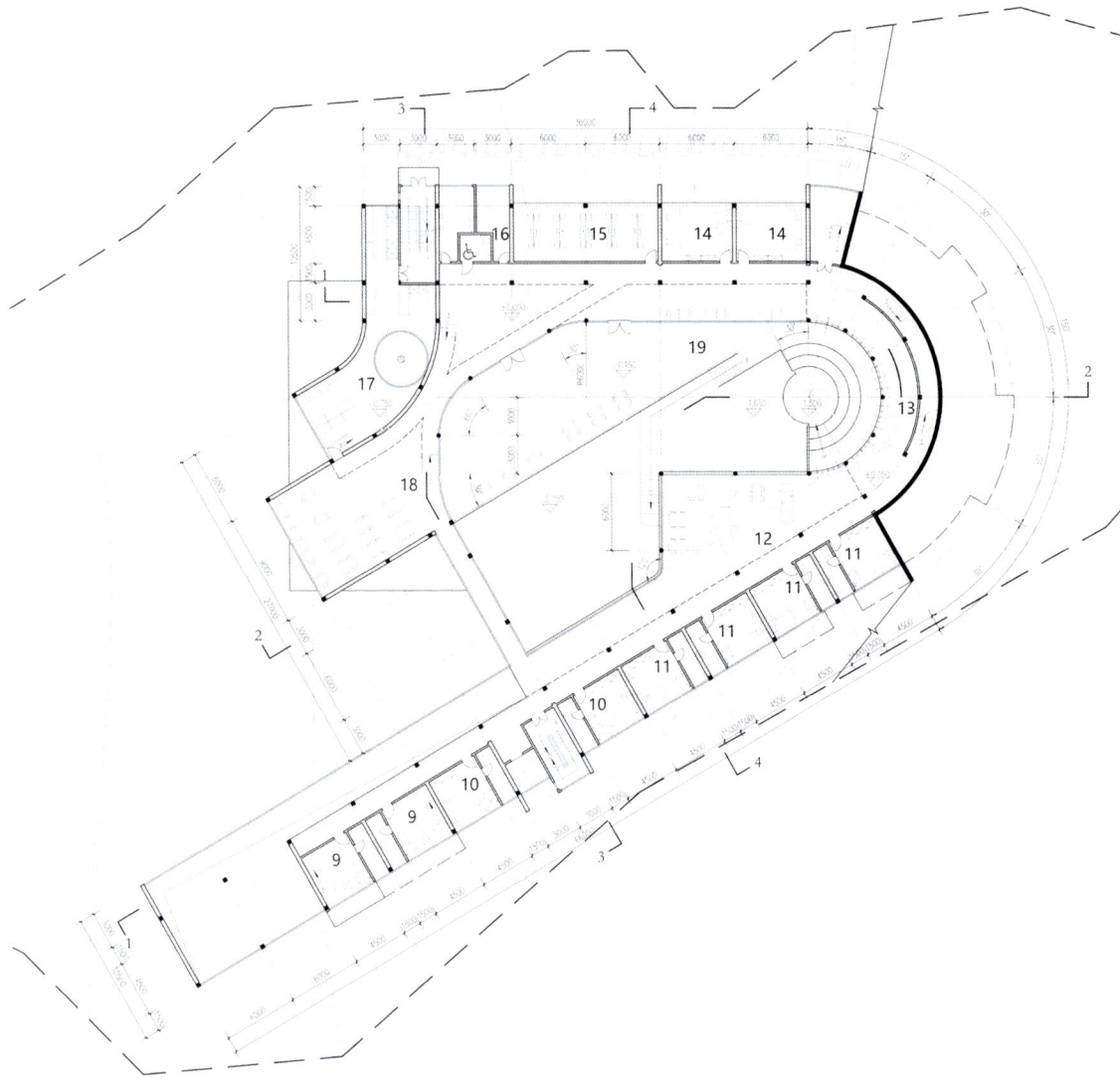

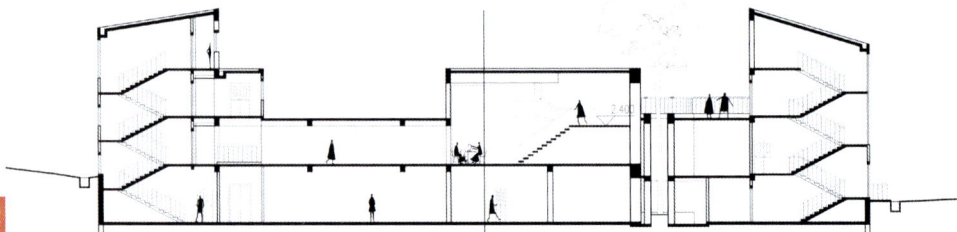

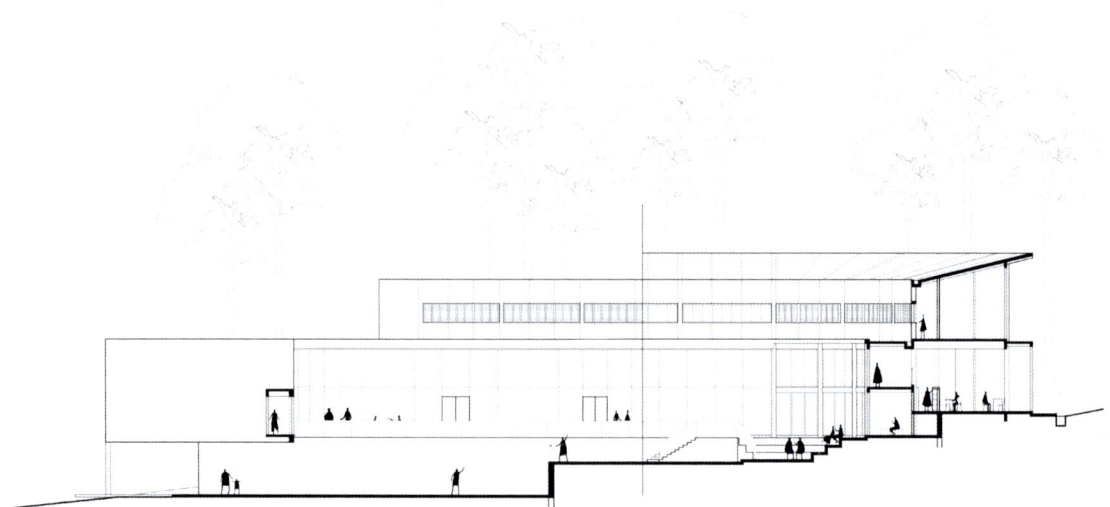

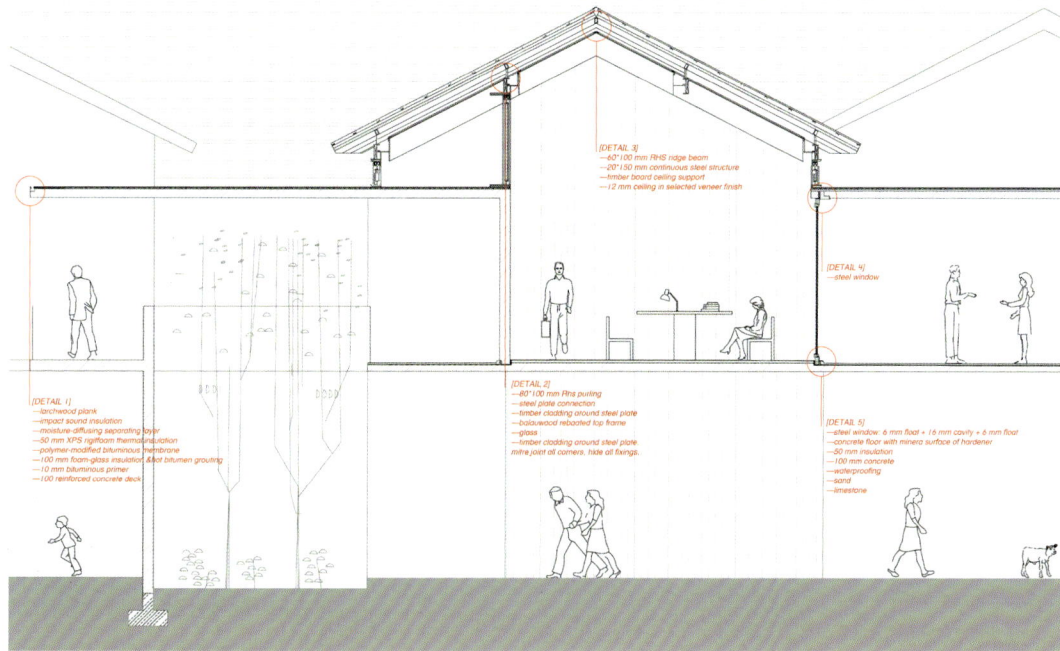

[DETAIL 3]
—60*100 mm RHS ridge beam
—20*150 mm continuous steel structure
—timber board ceiling support
—12 mm ceiling in selected veneer finish

[DETAIL 4]
—steel window

[DETAIL 1]
—larchwood plank
—impact sound insulation
—moisture-diffusing separating layer
—50 mm XPS rigidfoam thermal insulation
—polymer-modified bituminous membrane
—100 mm foam-glass insulation & hot bitumen grouting
—10 mm bituminous primer
—100 reinforced concrete deck

[DETAIL 2]
—60*100 mm Rhs purling
—steel plate connection
—timber cladding around steel plate
—balauwood rebated top frame
—glass
—timber cladding around steel plate
mitre joint all corners, hide all fixings.

[DETAIL 5]
—steel window: 6 mm float + 16 mm cavity + 6 mm float
—concrete floor with minera surface of hardener
—50 mm insulation
—100 mm concrete
—waterproofing
—sand
—limestone

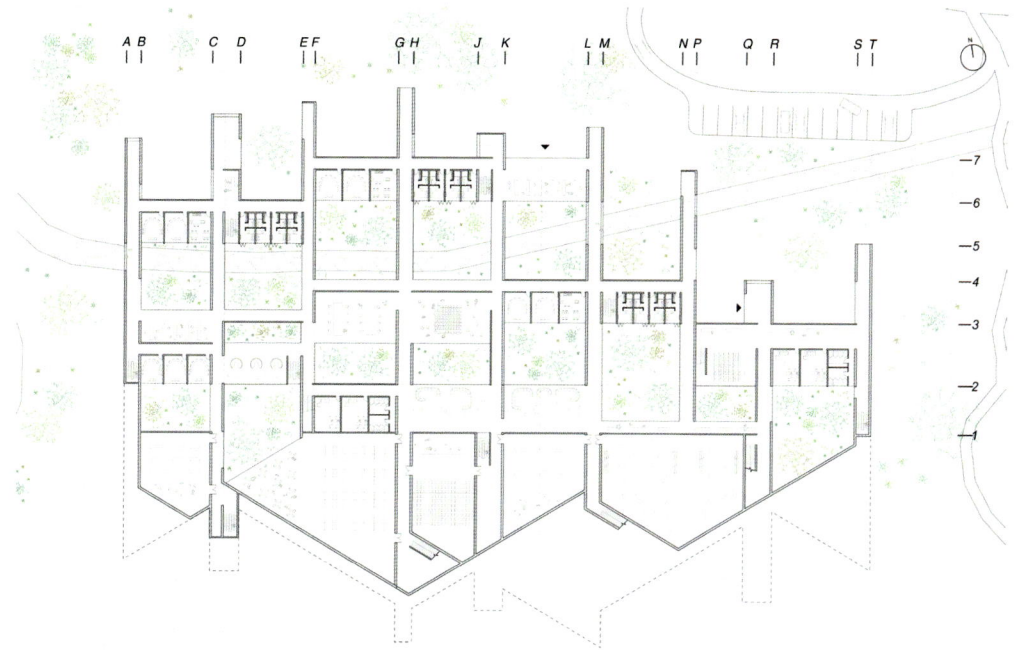

A B C D E F G H J K L M N P Q R S T

—7
—6
—5
—4
—3
—2
—1

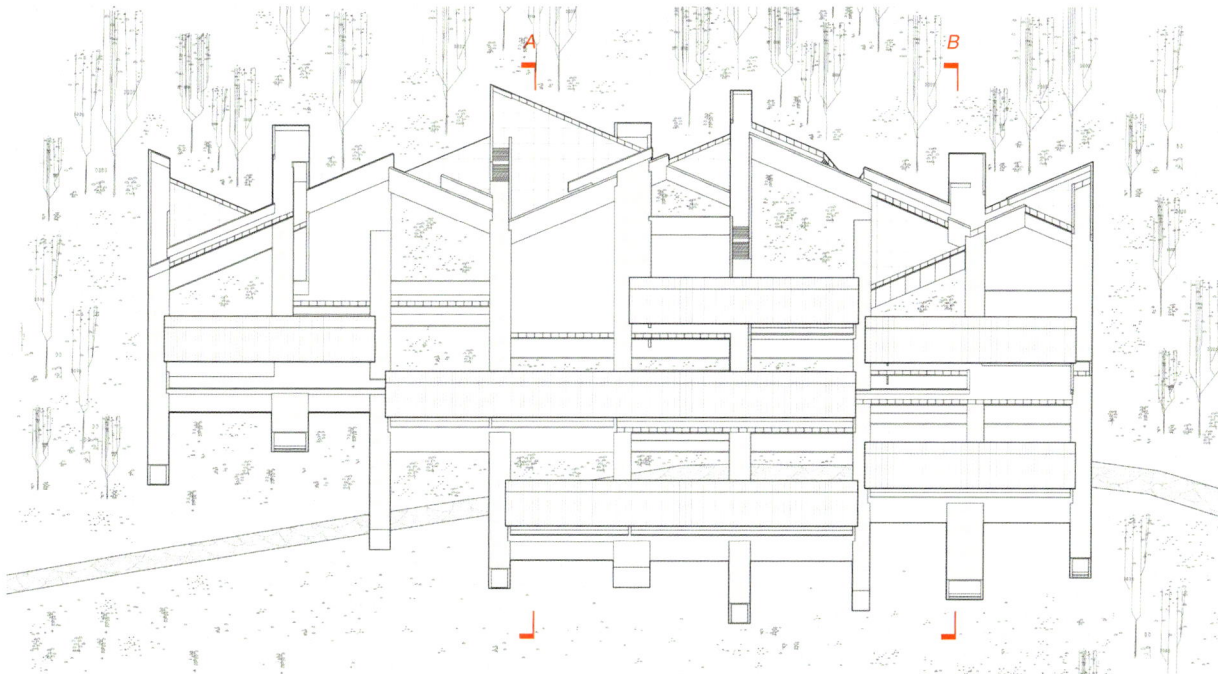

A   B

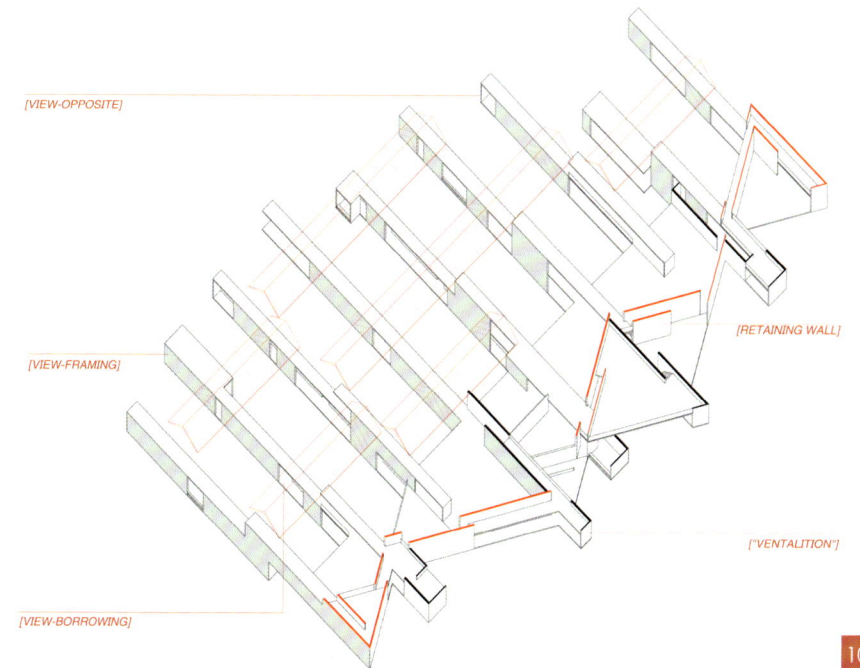

[VIEW-OPPOSITE]

[RETAINING WALL]

[VIEW-FRAMING]

["VENTALITION"]

[VIEW-BORROWING]

HANGZHOU BUDDHIST ACADEMY 杭州佛学院扩建 ACADEMIA BUDISTA DE HANGZHOU

CEU TEACHERS / CEU 老师 / PROFESORES CEU

Eduardo de la Peña Pareja

Aurora Herrera Gómez

CEU STUDENTS / CEU 学生 / ALUMNOS CEU

Pablo Correa Amador

María López González

Carmen Sotoca Sevilla

ZJU TEACHERS / ZJU 老师 / PROFESORES ZJU

余健 Yu Jian

金方 Jin Fang

ZJU STUDENTS / ZJU 学生 / ALUMNOS ZJU

丁一 Ding Yi

王乔玮 Wang Qiaowei

汤朱妙 Tang Zhumiao

郝雨晨 Hao Yuchen

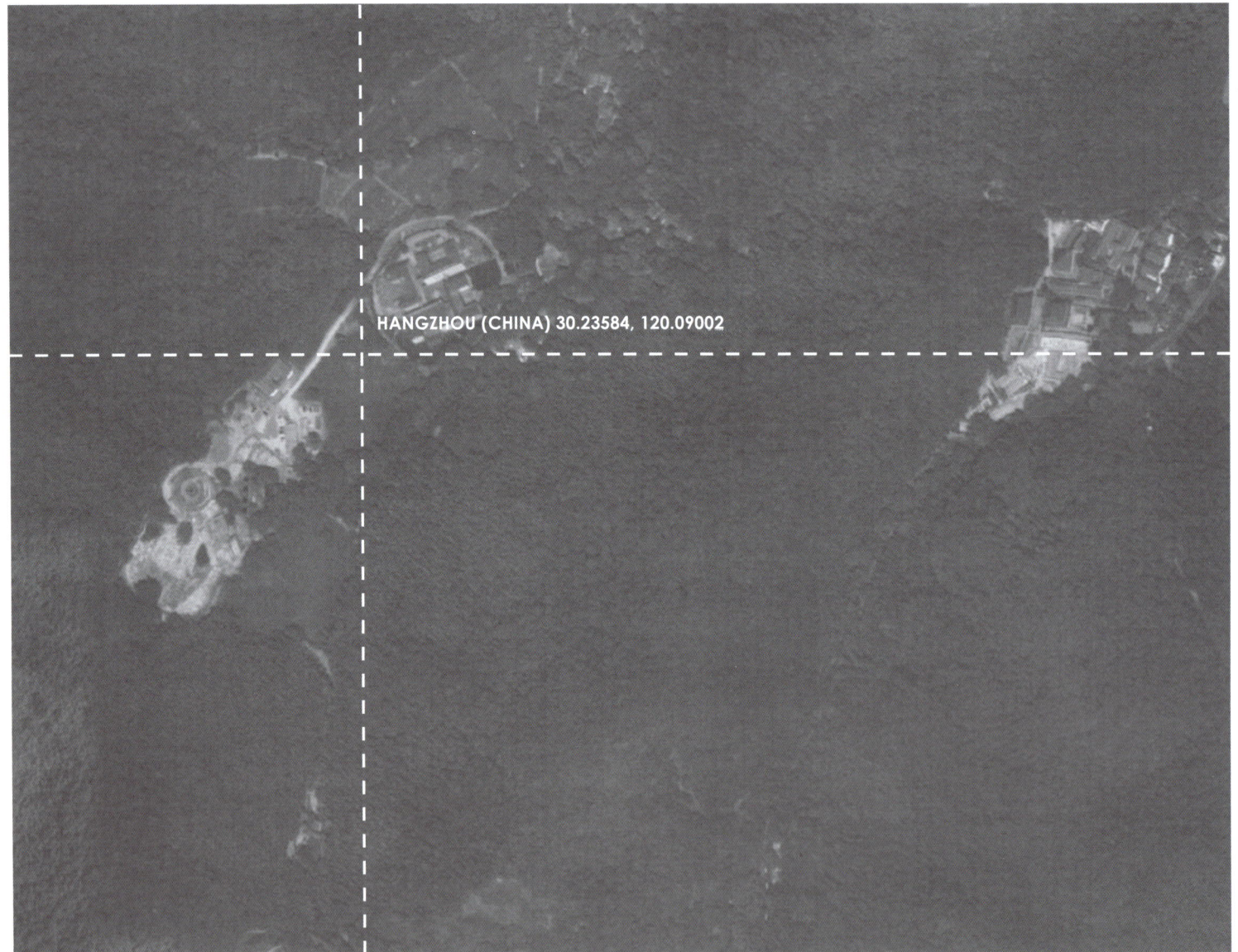

HANGZHOU (CHINA) 30.23584, 120.09002

HANGZHOU BUDDHIST ACADEMY

Hangzhou Buddhist Academy was founded in 1998, with two schools, namely School of Buddhist Ethics and School of Buddhist Arts. Besides the basic knowledge of Buddhism and various theories from different factions, students can learn a lot of other courses, such as the History of Buddhism, Ancient Chinese Language, Sanskrit, Sociology of Religion, Formal Logical, Chinese Classical Arts, and Chinese Martial Arts(Kung Fu). The building of Academy was built in 2010, with a total surface area of 9,300 m². It is composed of four parts, with a form of "卍" which has the meaning of intelligence in Buddhism. There are Meditation Hall, Monastic Dinning Hall, Tripitaka Sutra Pavilion (library), various classrooms, administration offices, and dormitories for teachers and 120 students now. While the number of students increasing, the Academy needs more space to teach and accommodate students. The extension plan on the west of the campus is to add some buildings to meet the demand of 200 students studying and living in.

SITE

Surrounded by mountains, the Hangzhou Buddhist Academy is located in the zone of the West Lake Cultural Landscape of Hangzhou. The site is in a valley between two mountains, surrounded by many peaks which are not very high. Lingyin Temple, Flying Peak, and Anmen Fayun Hotel which was renovated from a traditional Fayun Village are to the north of the campus. All the mountains are covered with forests in good condition. There is a stream system from the mountains which flows to the northeast and joins the stream Lengquan. The monk students plant a large number of tea trees all over the campus.

A tourist spot "Nine Dragons and Eight Pagodas" was built on our site around the year 2000, and was pulled down now, but the large ruins still exiting there. It was built before the school was and has no axis relation to the school. So using the platform or not and how to use it is a thing that should be considered.

PROGRAM

1. Enlarging the Tripitaka Sutra Pavilion (library) in order to store 300,000 books.

2. Increasing spaces for teaching and study.

3. Increasing rooms for monk students and teachers to live.

4. Outdoor Space for Cultural Activities, which can be combined with the tea garden and the water system on the site.

5. Footing is the main way for monks in the academy. The parking lots are just for visitors which could be added to the existing parking area or set in another place.

杭州佛学院

杭州佛学院创办于1998年，现设教理院和艺术院两个学院。在教授佛学基础及各宗派理论之外，还开设佛教史、古代汉语、梵文、宗教社会学、形式逻辑、中国传统艺术、武术等课程。现有校舍建成于2010年，建筑面积9300平方米。建筑形体由四个部分组成，形成在佛教中具有智慧含义的"卍"字形。佛学院建有禅堂、斋堂（餐厅）、藏经阁（图书馆）、教室、办公室、师生宿舍，现有在校生120人。由于招生人数的增加，现校舍已不能满足使用需要，拟在校园西侧进行扩建，计划扩建后可容纳在校生200人。

基地

杭州佛学院坐落于世界文化遗产——杭州西湖文化景观的遗产区域边界内，地处两山间谷地，西侧为石门山，东南侧为天喜山，四周环伺有美人峰、乌石峰、中印峰、稽留峰以及飞来峰，北隔法云古村（现安缦法云酒店）与灵隐禅寺相望。山中溪流穿过校园，流向东北，汇入灵隐寺前的冷泉。群峰森然，林幽溪清，园内遍植龙井茶树。

2000年前后，扩建用地内曾建造九龙八塔旅游景点，现已拆除，但废墟尚存。其在佛学院现校舍建造之前修建，且轴线方向与现校舍建筑无联系，各自为政。设计中需考虑是否利用及如何利用其残存台基。

功能

1. 扩大藏经阁（图书馆），满足藏书量30万册的要求。

2. 增加教学用房。

3. 增加僧寮（学生宿舍、教职工宿舍）。

4. 举办各类佛教文化活动的室外场地，可考虑与现有茶园、水系的结合。

5. 佛学院内部交通以步行为主，仅考虑访客停车，停车区域可与原有停车场结合，也可另设。

ACADEMIA BUDISTA DE HANGZHOU

La Academia Budista de Hangzhou fue fundada en 1998 y consta de dos escuelas: la Escuela de Ética Budista y la Escuela de Artes Budistas. Además del conocimiento básico del budismo y teorías de diferentes facciones, los alumnos pueden estudiar otras materias como historia del budismo, idioma chino antiguo, sánscrito, sociología de la religión, lógica formal, artes clásicas chinas y artes marciales chinas (Kung Fu). El edificio de la Academia fue construido en 2010, con una superficie total de 9.300 m2. Se compone de cuatro partes, con forma de "卍", que significa inteligencia en el budismo. Hay una Sala de Meditación, un Comedor Monástico, un Pabellón Tripitaka Sutra (biblioteca), varias aulas, oficinas administrativas y dormitorios para maestros y 120 estudiantes. Puesto que el número de estudiantes aumenta, la Academia necesita más espacio para enseñarles y acomodarlos. El plan de extensión consiste en agregar algunos edificios para satisfacer la demanda de 200 estudiantes que estudian y residen allí.

EMPLAZAMIENTO

Rodeada de montañas, la Academia Budista de Hangzhou se encuentra en la zona del Paisaje Cultural del Lago Oeste de Hangzhou. El sitio se halla en un valle entre dos cadenas montañosas, rodeado de varios picos no muy altos. El templo Lingyin, el pico volador y el Anmen Fayun Hotel, que fue renovado a partir de la aldea tradicional de Fayun, se encuentran al noreste del sitio. Todas las montañas están cubiertas de bosque en buenas condiciones. Hay un sistema de arroyos que fluye desde las montañas hacia el noreste y se une al arroyo Lengquan. Los monjes estudiantes plantan una gran cantidad de árboles de té en todo el sitio. El lugar turístico "Nueve dragones y ocho pagodas" fue construido junto a nuestro emplazamiento hacia el año 2000 y ha sido derribado recientemente, pero las ruinas todavía están allí. Es previo a la escuela y no tiene relación con ella; por lo tanto, queda a consideración del alumno contar con los restos o no.

PROGRAMA

1 Ampliación del Pabellón Tripitaka Sutra (biblioteca) para almacenar 300.000 libros.

2 Ampliación de los espacios para la enseñanza y el estudio.

3 Ampliación de los espacios residenciales para estudiantes y maestros monjes

4 Espacios al aire libre para actividades culturales, que se pueden combinar con el jardín de té y el sistema de arroyos del lugar.

5 El paseo es la principal actividad de los monjes en la academia. Los estacionamientos adicionales, que pueden agregarse al área de estacionamiento existente o no, son solo para visitantes.

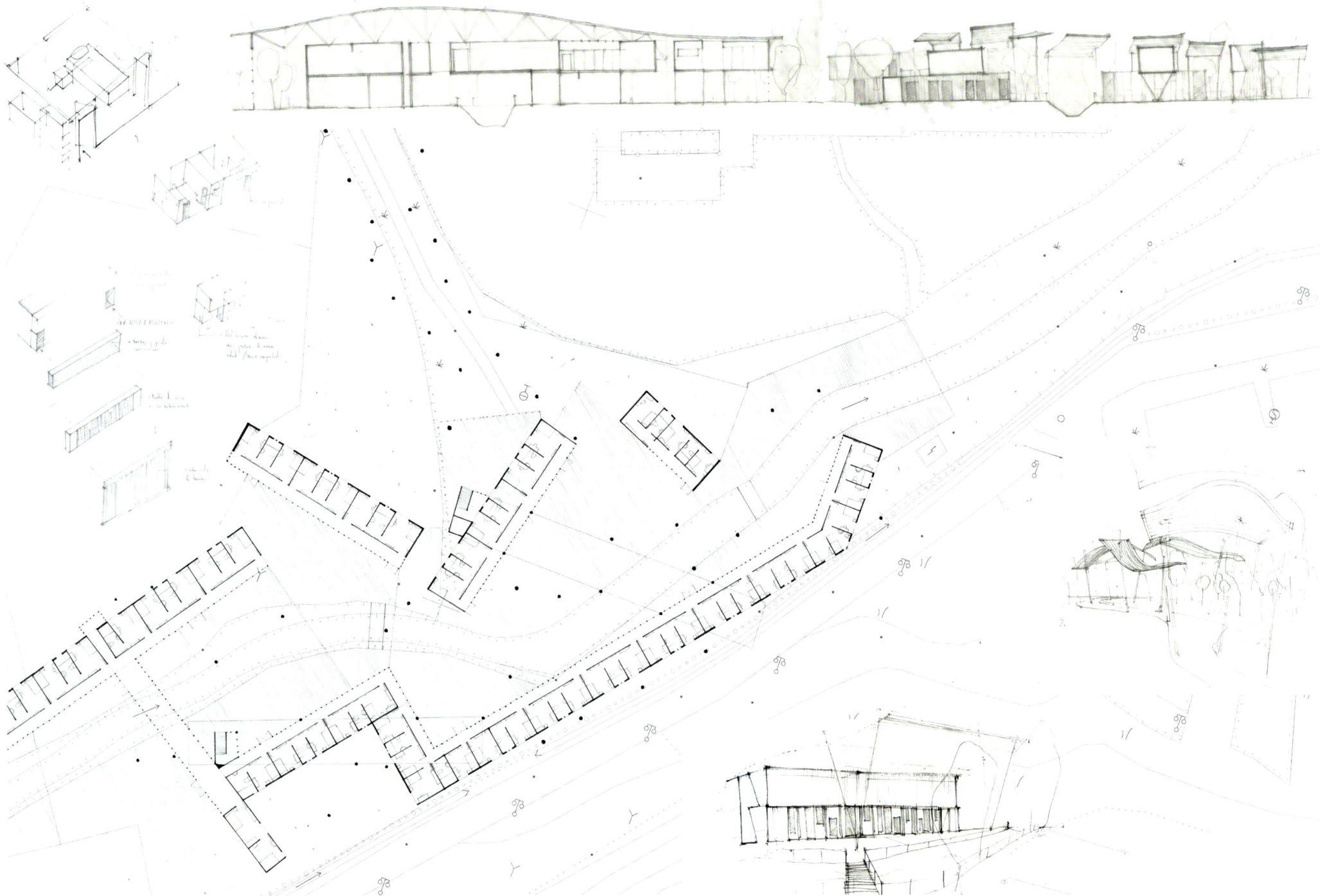

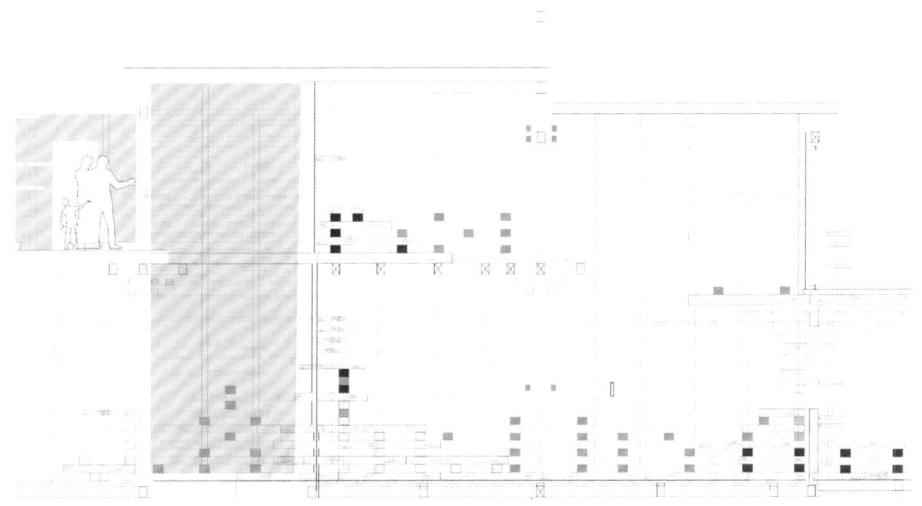

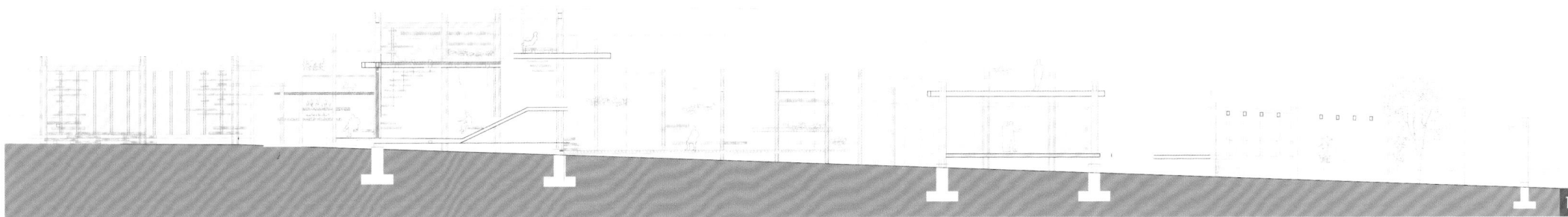

el area de bibioteca es
un area continua
y esta divide tambien las zonas
de comunicacion
de la academia
con la nueva ampliación

la "pieza" habitacional
se conecta mediante dos pasarelas
a la biblioteca.
se divide en una parte para tutores
y otra para los alumnos, con diversos
espacios intermedios.

ACCESOS DE EMERGENCIA/
ZONA EXTERIOR

ACCESOS DE EMERGENCIA/
ZONA EXTERIOR

ACCESOS DE EMERGENCIA/
ZONA EXTERIOR

UNIDAD DE
HABITACION
DE ESTUDIANTES

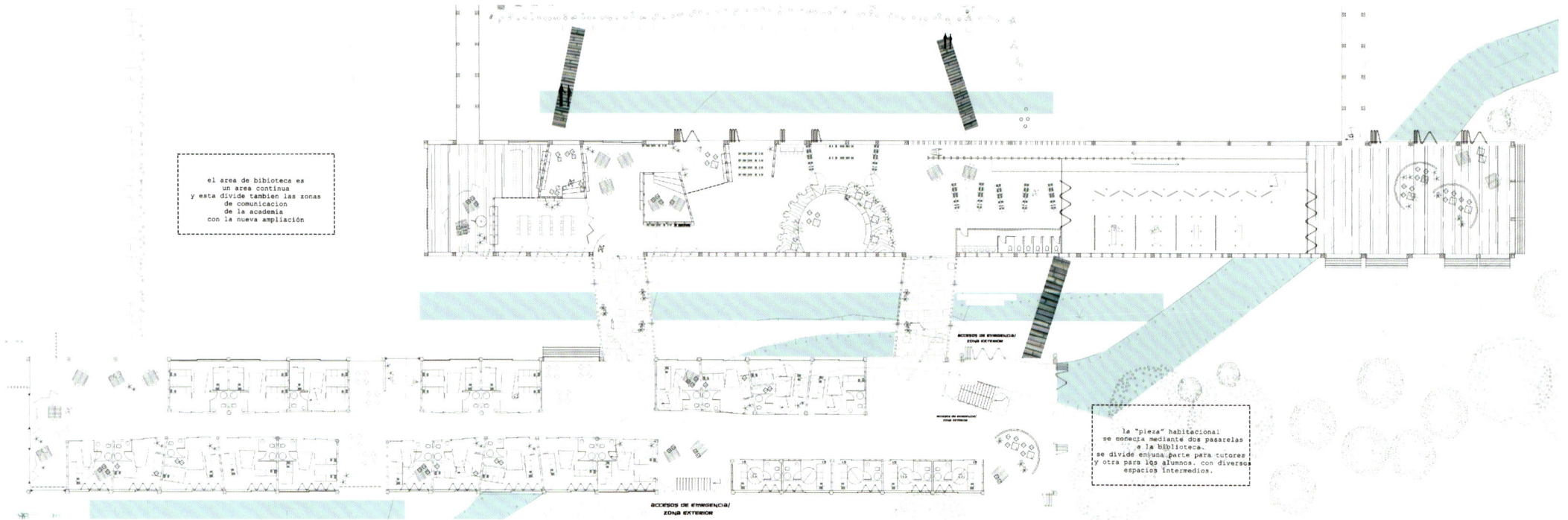

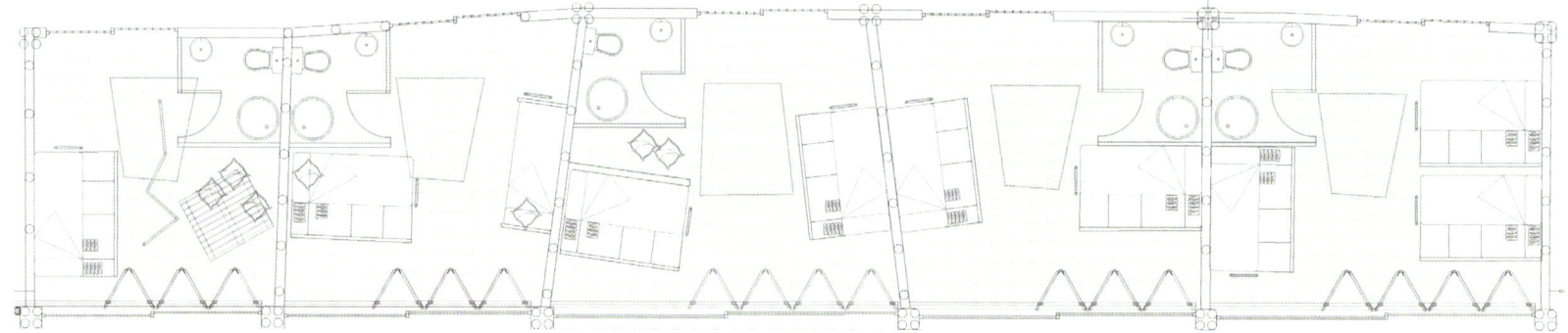

UNIDAD DE
HABITACION
DE PROFESORES

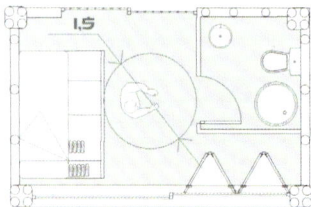

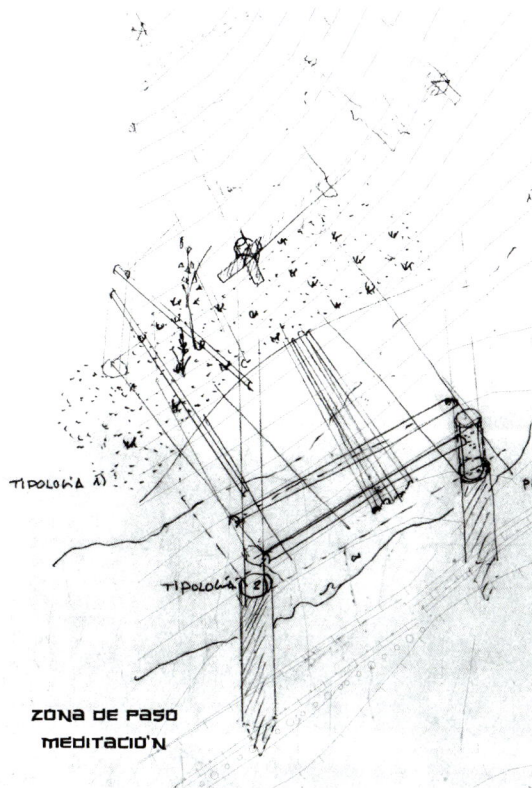

ZONA DE PASO
MEDITACIÓN

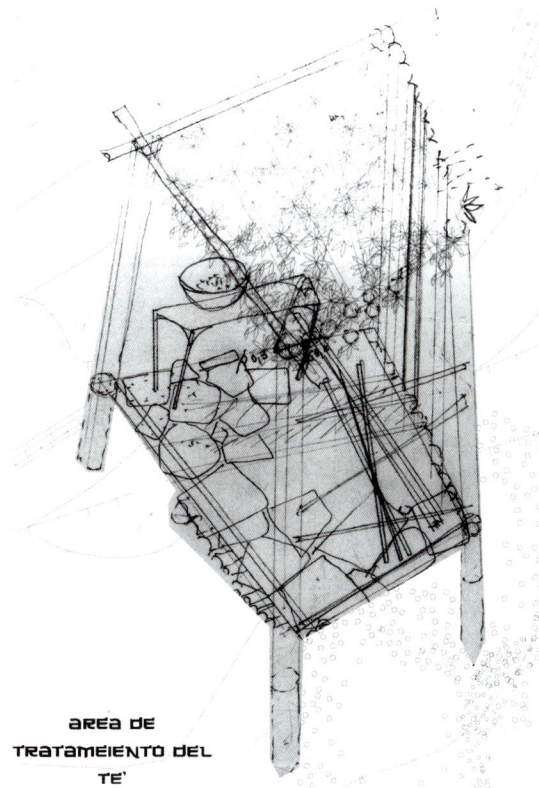

AREA DE
TRATAMEIENTO DEL
TÉ

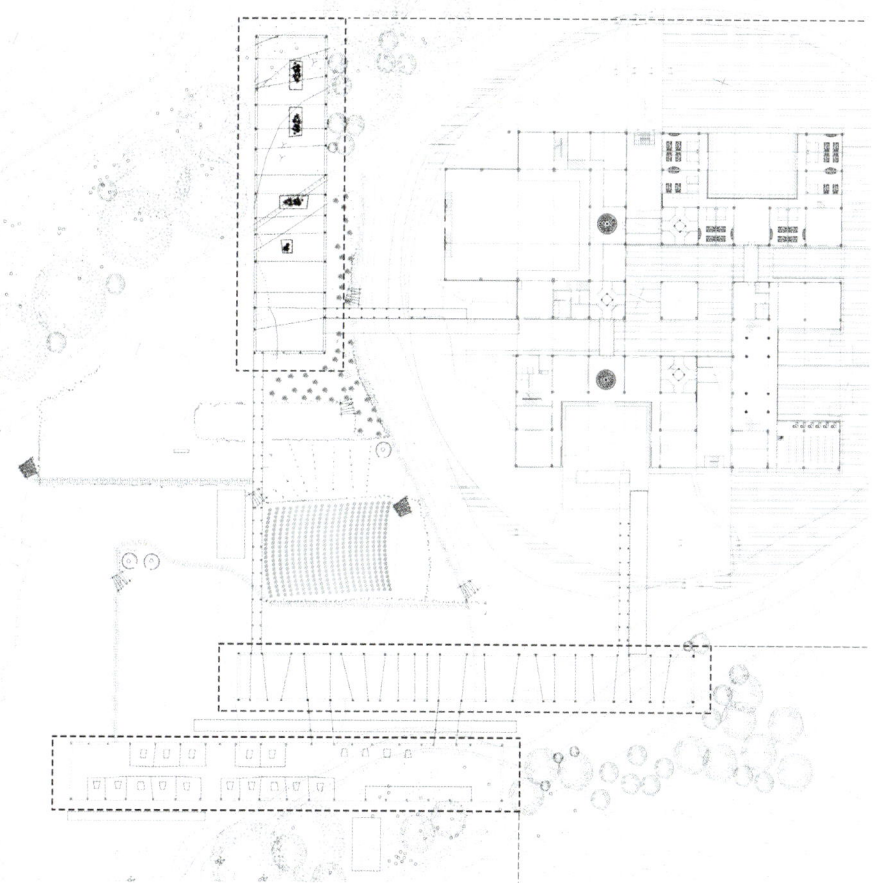

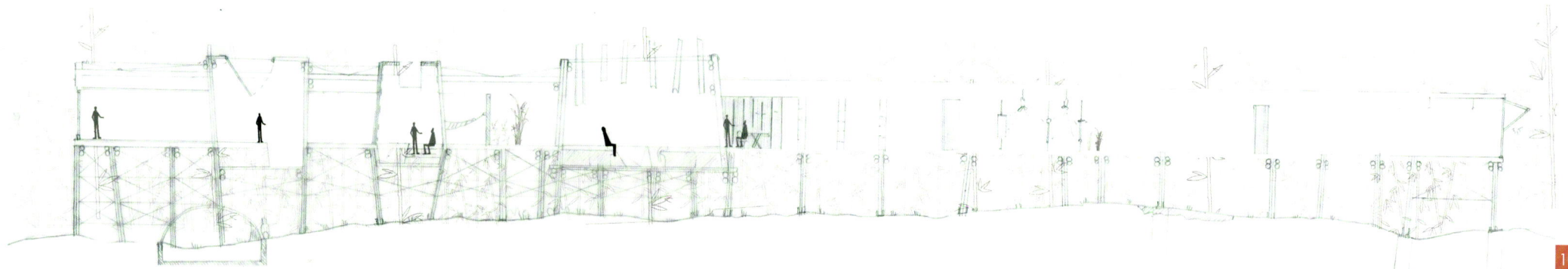

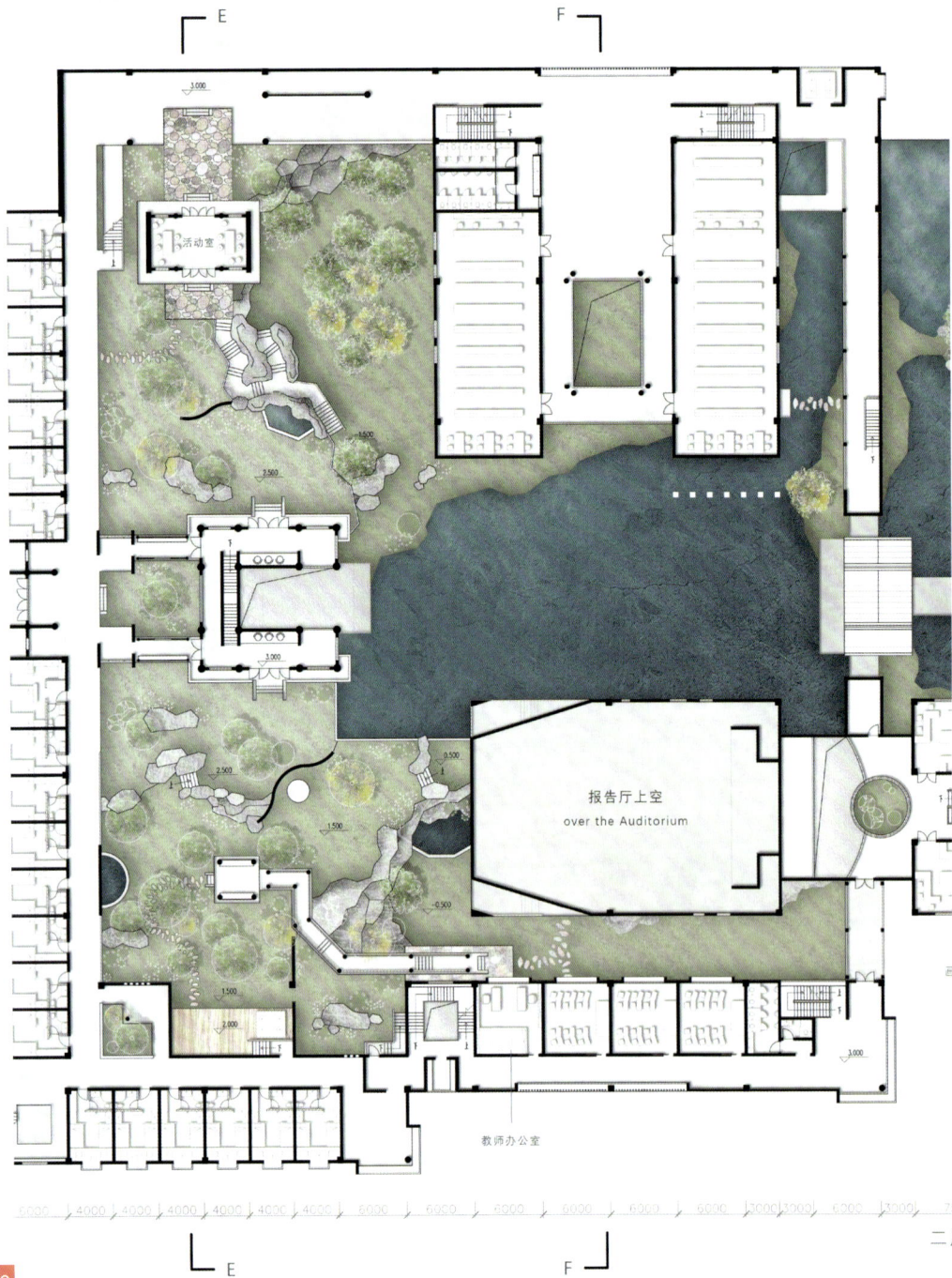

报告厅上空
over the Auditorium

活动室

教师办公室

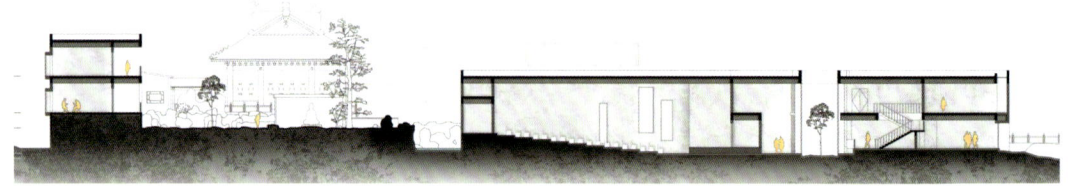

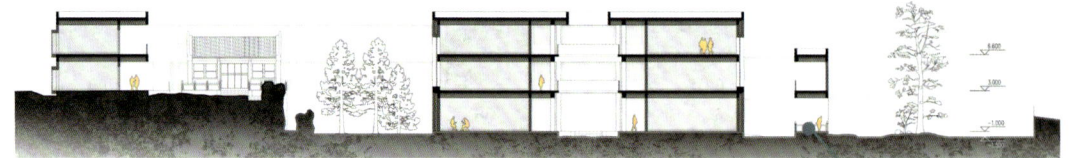

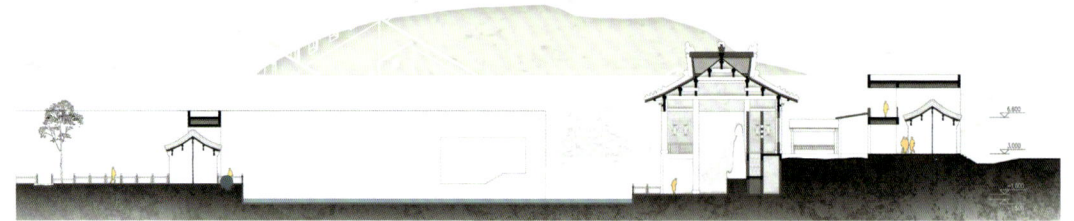

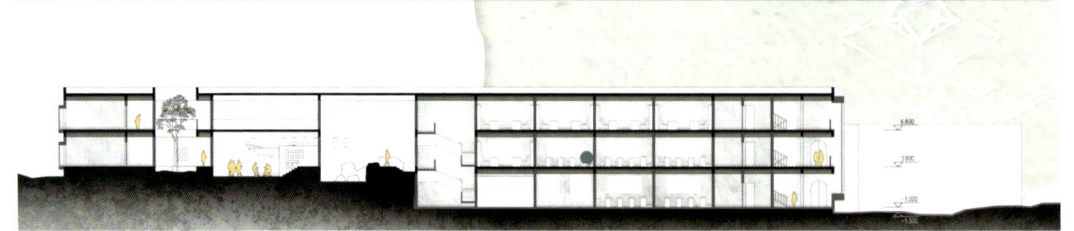

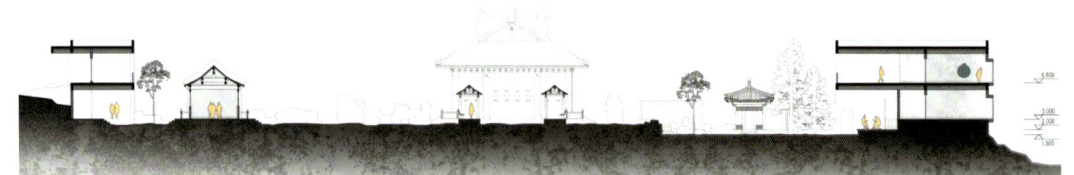

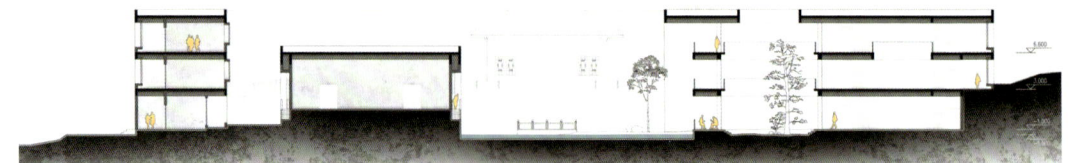

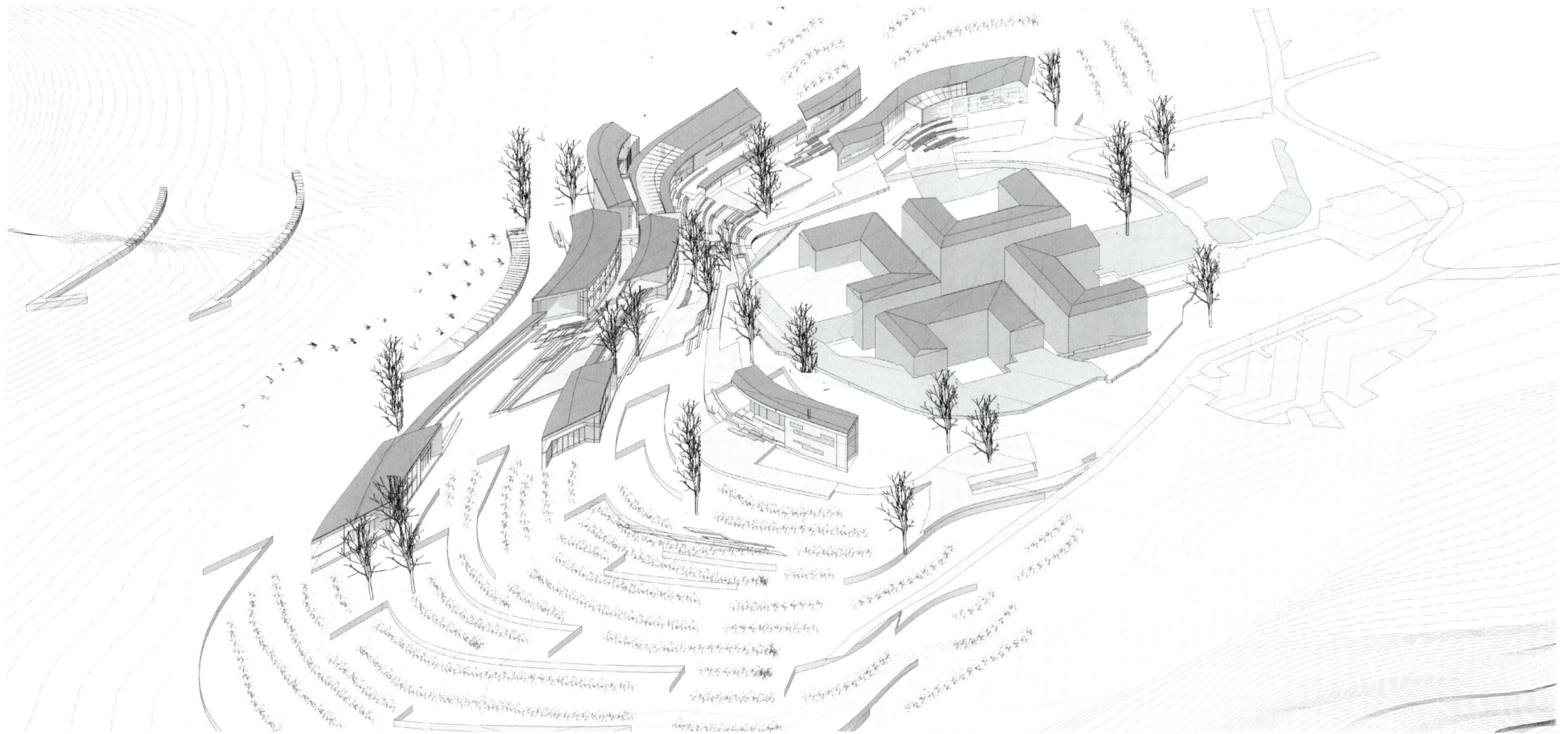

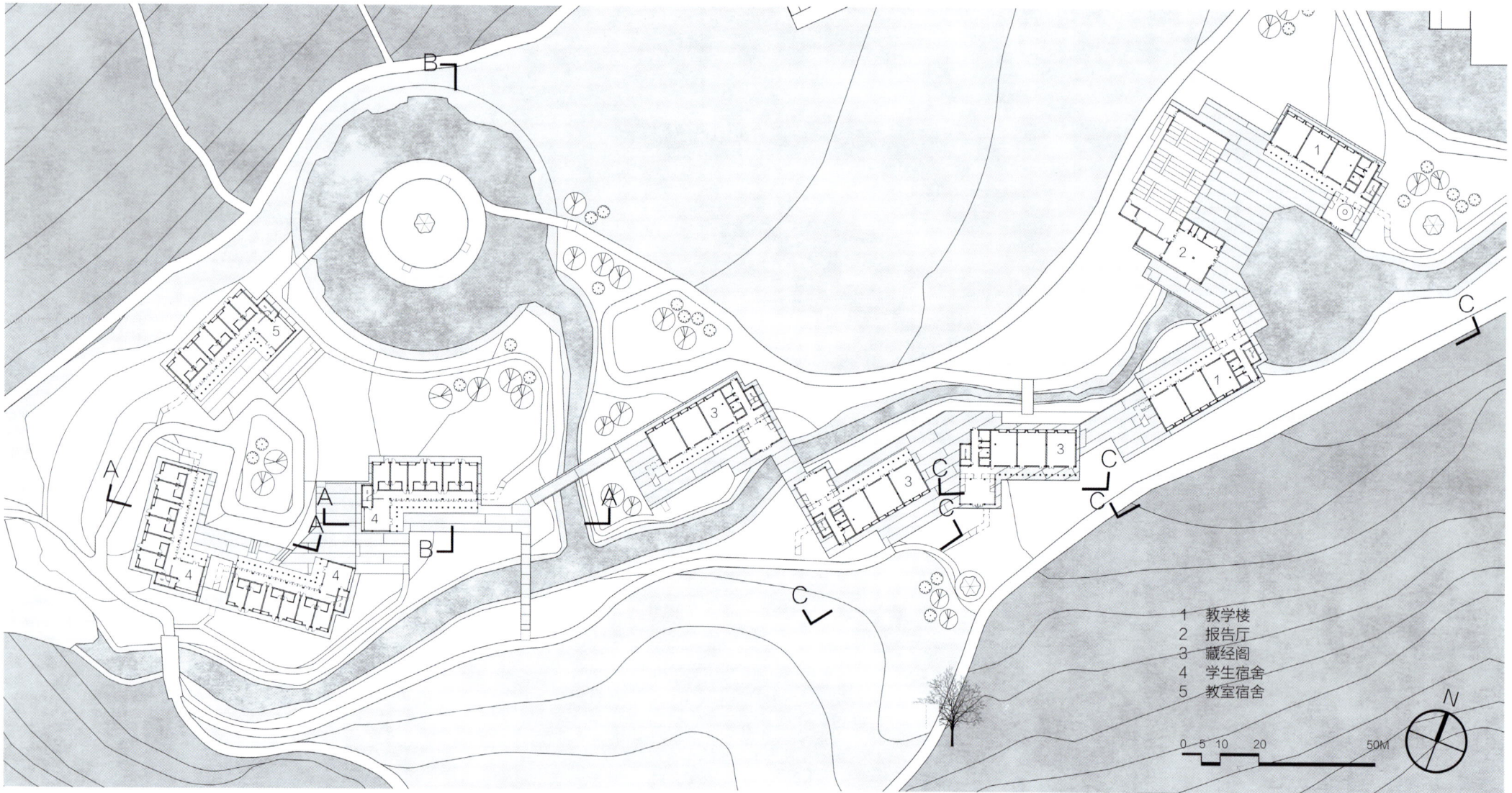

1 教学楼
2 报告厅
3 藏经阁
4 学生宿舍
5 教室宿舍

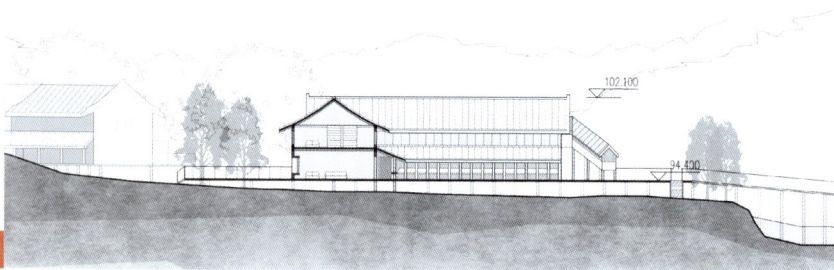

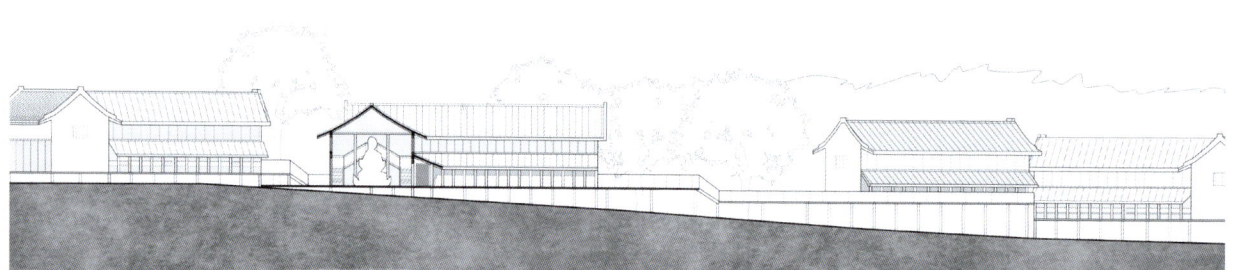

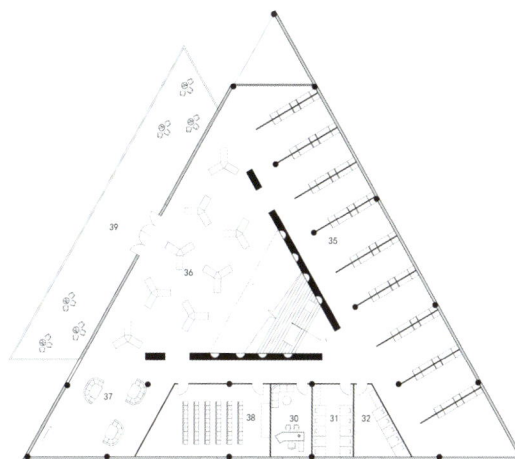

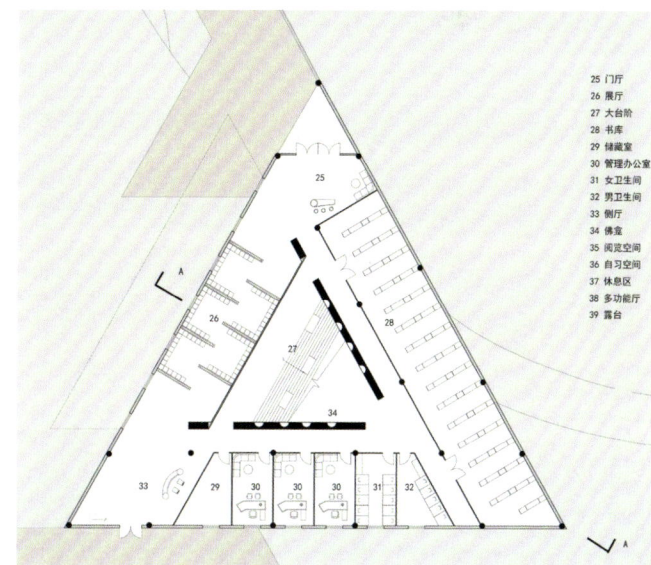

CHINESE-SPANISH CULTURAL CENTER 中西文化中心 CENTRO CULTURAL CHINO-ESPAÑOL

CEU TEACHERS / CEU 老师 / PROFESORES CEU

Eduardo de la Peña Pareja

Aurora Herrera Gómez

CEU STUDENTS / CEU 学生 / ALUMNOS CEU

Sergio Trabanco Temprana

Francisco Javier Valverde Rovirosa

ZJU TEACHERS / ZJU 老师 / PROFESORES ZJU

吴璟 Wu Jing

金方 Jin Fang

ZJU STUDENTS / ZJU 学生 / ALUMNOS ZJU

王驰迪 Wang Chidi

冀旺旺 Ji Wangwang

张国力 Zhang Guoli

童心 Tong Xin

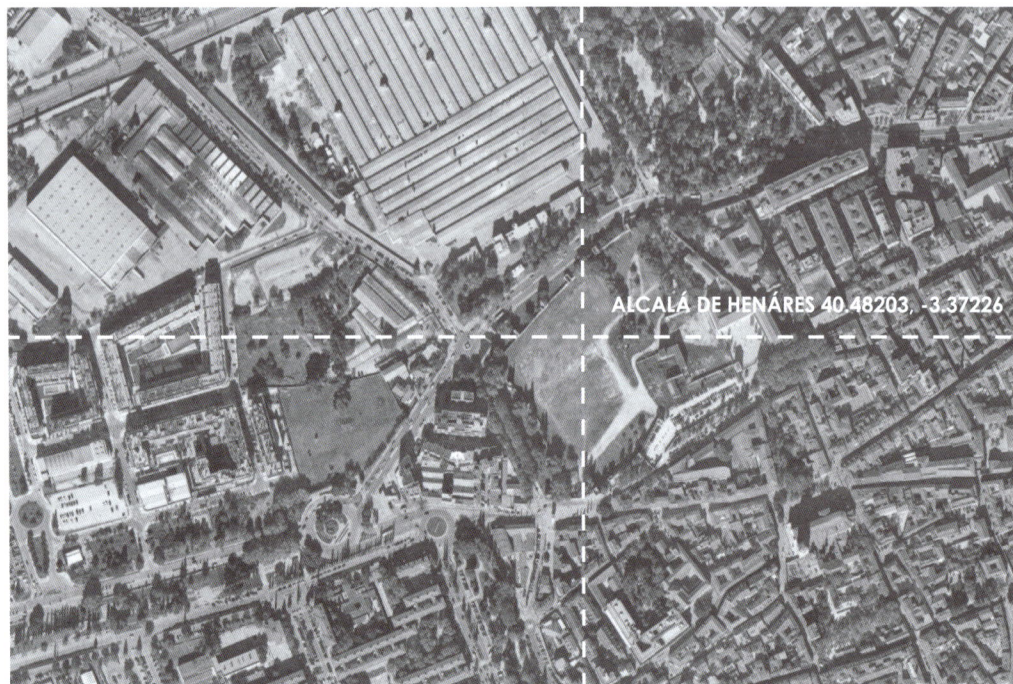

ALCALÁ DE HENÁRES 40.48203, -3.37226

HANGZHOU 30.25897, 120.1575

PROGRAM

The design of a center to express the relations of friendship between both countries is proposed; it should work like a meeting place between Chinese and Spanish citizens in two headquarters, in Alcalá de Henares, and in Hangzhou, with the objective of exchanging knowledge and experiences for mutual enrichment.

HEADQUARTERS IN SPAIN: ALCALÁ DE HENARES

The Spanish headquarters will be in Alcalá de Henares (Madrid), on the grounds next to the Archiepiscopal Palace (that is to say, the house of the Head of the Catholic Church in a city), a 13th-century monument that underwent a devastating fire in 1939. The site was the former garden of the bishop, used for cultivation and recreation of the archiepiscopal court and as an albacar (a refuge of the population in case of war attacks). Currently, it is used to set up the Cervantino Market and to celebrate concerts and medieval jousting tournaments, ephemeral installations that could be compatible with the proposed center. It is surrounded by the only remains of a walled enclosure that has been preserved (the 13th -15th century).

HEADQUARTERS IN CHINA: HANGZHOU

The headquarters in China will be located in Hubin district, Hangzhou (Hubin means the waterfront of the lake) and near the ruin site of Qiantang Gate, one of the ten gates on the old city wall which was torn down during the first half of the 20th century and was dated back to the 12th century (the Southern Song Dynasty), when Hangzhou served as the capital city of China. This area was used to set garrison forces of the Man Eight Banners in the Qing Dynasty (1644 -1911), and gradually became the most prosperous downtown of the city for facing directly to West Lake after the removal of the city wall, gathered many trendy architecture styles in different history period during last 100 years. Urban innovation started at the beginning of the 21st century making it a city parlor where tourists and local people roam in lakeshore parks, and modern fashion and traditional lifestyles are mixed together. The headquarter is supposed as part of the innovation program, and the site is just next to some preserved townhouses built in the 1930's, which have a mixed Chinese and Western style and could be seen as a historical example of interculturalism.

Spanish students worked at the Hangzhou site and Chinese students at Alcalá de Henares.

功能

为表达中、西两国之间的友谊关系，本课题拟计划设计一个文化中心，在阿尔卡拉和杭州各设立一个总部，为中国和西班牙公民提供聚会交流的场所，目的在于相互交流知识和体验，从而促进各自的文化发展。

西班牙总部: 阿尔·卡拉·德·德亨雷斯

西班牙总部设在阿尔·卡拉·德·德亨雷斯 (马德里)，紧邻大主教宫殿 (意思是，城市中天主教会领袖的房子) 遗迹，它曾是13世纪的宏伟建筑，1939年毁于火灾。基地以前是主教的花园，主教廷将其用于种植植物并供人们在园内休息，也用作战时收容难民。现在被用来作为塞万提斯集市赶集的场所，并用于举办音乐会和进行中世纪骑士巡游等市民活动，一些临时设施可以与计划中的中心相互兼容。基地正好被仅存的城墙 (建于13到15世纪) 所包围。

中国总部: 杭州

中国总部位于杭州湖滨地区，离古钱塘门遗址很近。钱塘门是在20世纪前50年内被拆毁的杭州城墙的十个城门之一，城墙的历史可以追溯到12世纪的南宋，那时杭州曾是中国的首都。这一地区在清代是八旗兵营，在城墙被拆除后，由于直接临湖而慢慢成为杭城最繁华的地方，聚集着一百年来各个历史时期的时髦建筑。始于21世纪初的城市更新使这里成为城市的客厅，旅游者和市民在湖滨公园漫步，现代的时尚和传统的生活方式混合在一起。文化中心作为城市更新计划的一部分，基地紧邻建于20世纪30年代的几幢城市住宅，这些住宅的形式中西合璧，本身就可视为跨文化的历史实例。

西班牙学生以杭州为基地展开设计，中国学生以阿尔卡拉为基地展开设计。

PROGRAMA

Se propone la creación de un centro que escenifique las relaciones de amistad entre ambos países, que funcione como un lugar de encuentro entre ciudadanos chinos y españoles en sus dos sedes, en Alcalá de Henares y en Hangzhou, con el objetivo de que intercambien conocimientos y experiencias para el mutuo enriquecimiento.

SEDE EN ESPAÑA: ALCALÁ DE HENARES

La sede española estará ubicada en Alcalá de Henares (Madrid), en concreto en los terrenos junto al Palacio Arzobispal, monumento del siglo XIII que sufrió un devastador incendio en 1939. El lugar era la antigua Huerta del Obispo, utilizada para cultivo y recreo de la corte arzobispal y también como albacara, es decir, refugio de la población en caso de ataques bélicos. En la actualidad se emplea para desplegar el Mercado Cervantino y para celebrar conciertos y torneos de justas medievales, instalaciones efímeras que pueden ser compatibles con el Centro propuesto. Se halla limitado por los únicos restos de recinto amurallado que se conservan (ss. XIII-XV).

SEDE EN CHINA: HANGZHOU

La sede china se localizará en el distrito de Hubin, Hangzhou (Hubin significa frente del lago), y cerca del lugar antes ocupado por la Puerta de Qiantang, una de las 10 puertas con que contaba la muralla de la ciudad, que fue derribada en la primera mitad del s. XX y databa del s. XII (dinastía Song del Sur), cuando Hangzhou era la capital de China. Esta área se usó para agrupar a la guarnición de las Ocho Banderas de la dinastía Qing (1644-1911) y, tras la demolición de la muralla, se transformó gradualmente en la zona más próspera de la ciudad por asomar directamente al lago Oeste; en su arquitectura se pueden ver representadas las tendencias más importantes de los últimos 100 años. La renovación urbana iniciada en el s. XXI hace de ella un escaparate de Hangzhou, repleto de turistas y locales caminando por el paseo que rodea al lago, con formas de vida tradicionales y modernas conviviendo juntas. La sede formaría parte del programa de renovación de la zona. El emplazamiento se encuentra junto a un grupo de viviendas de los años 30 del siglo pasado que presentan un estilo mixto chino-occidental y que podrían entenderse como un ejemplo histórico de interculturalismo.

Los alumnos españoles trabajaron en el emplazamiento de Hangzhou y los alumnos chinos en el de Alcalá de Henares.

CHINESE-SPANISH CULTURAL CENTER Sergio Trabanco Temprana

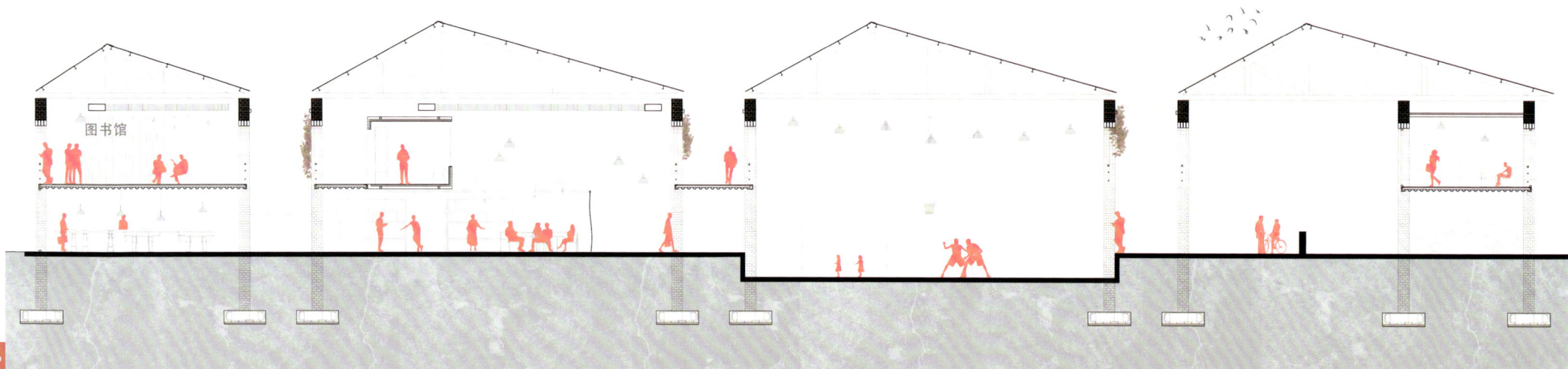

图书馆

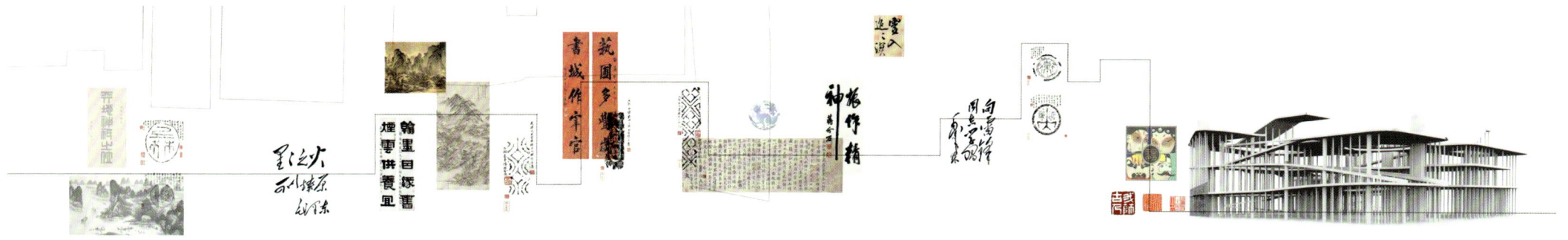

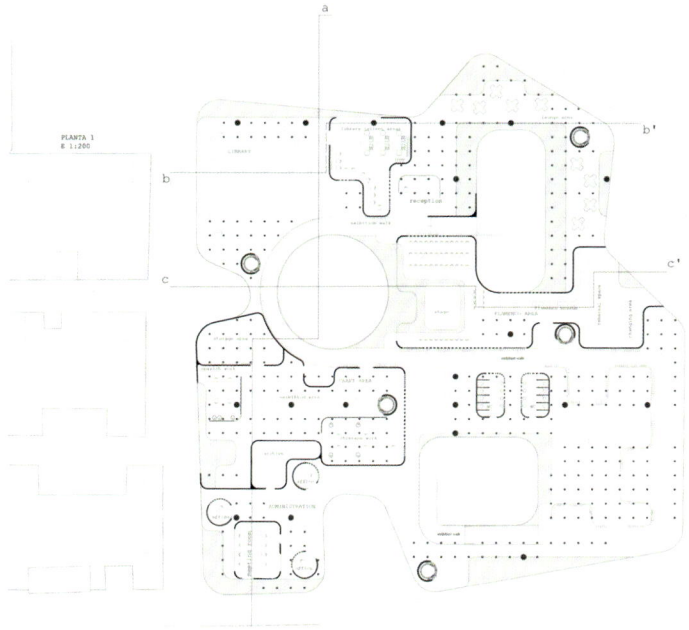

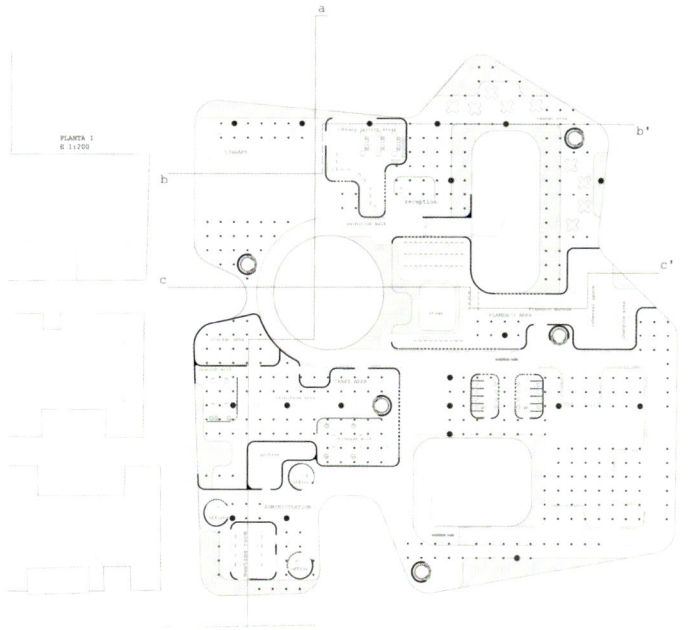

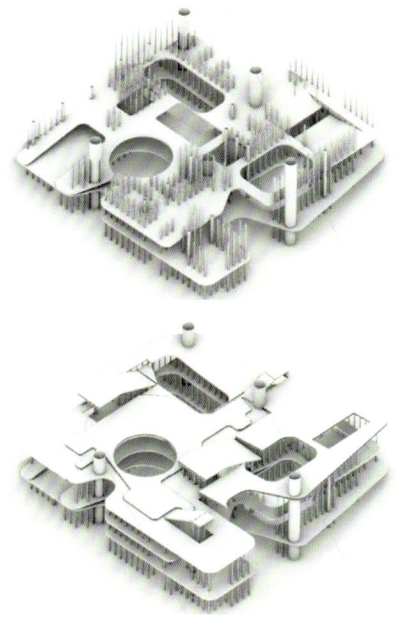

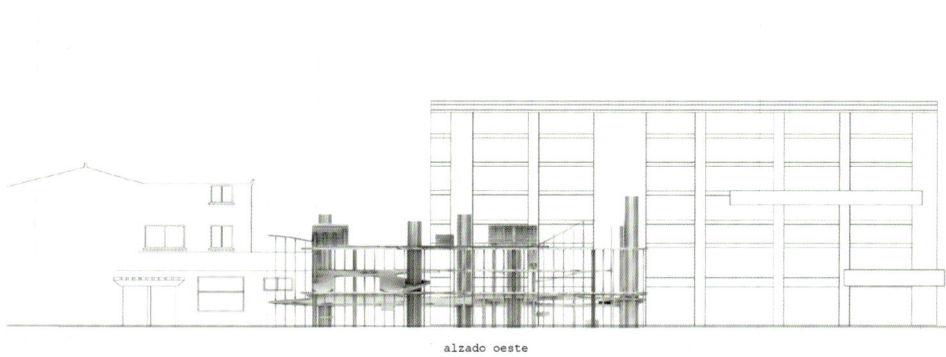

alzado oeste

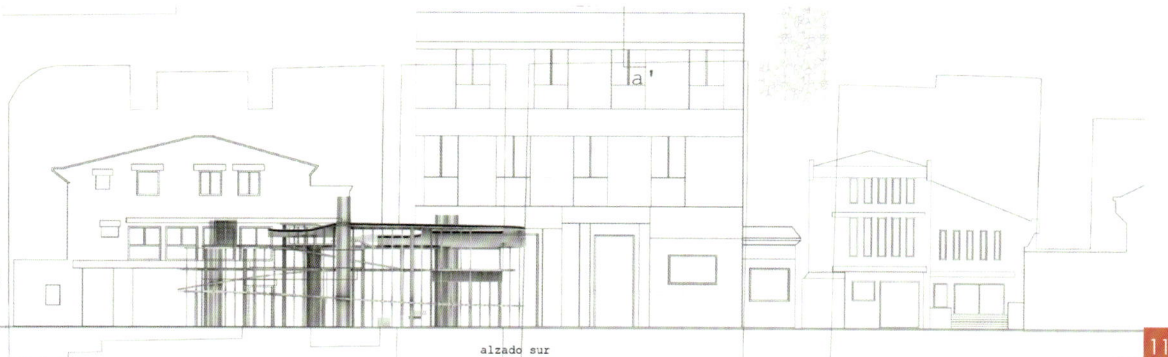

alzado sur

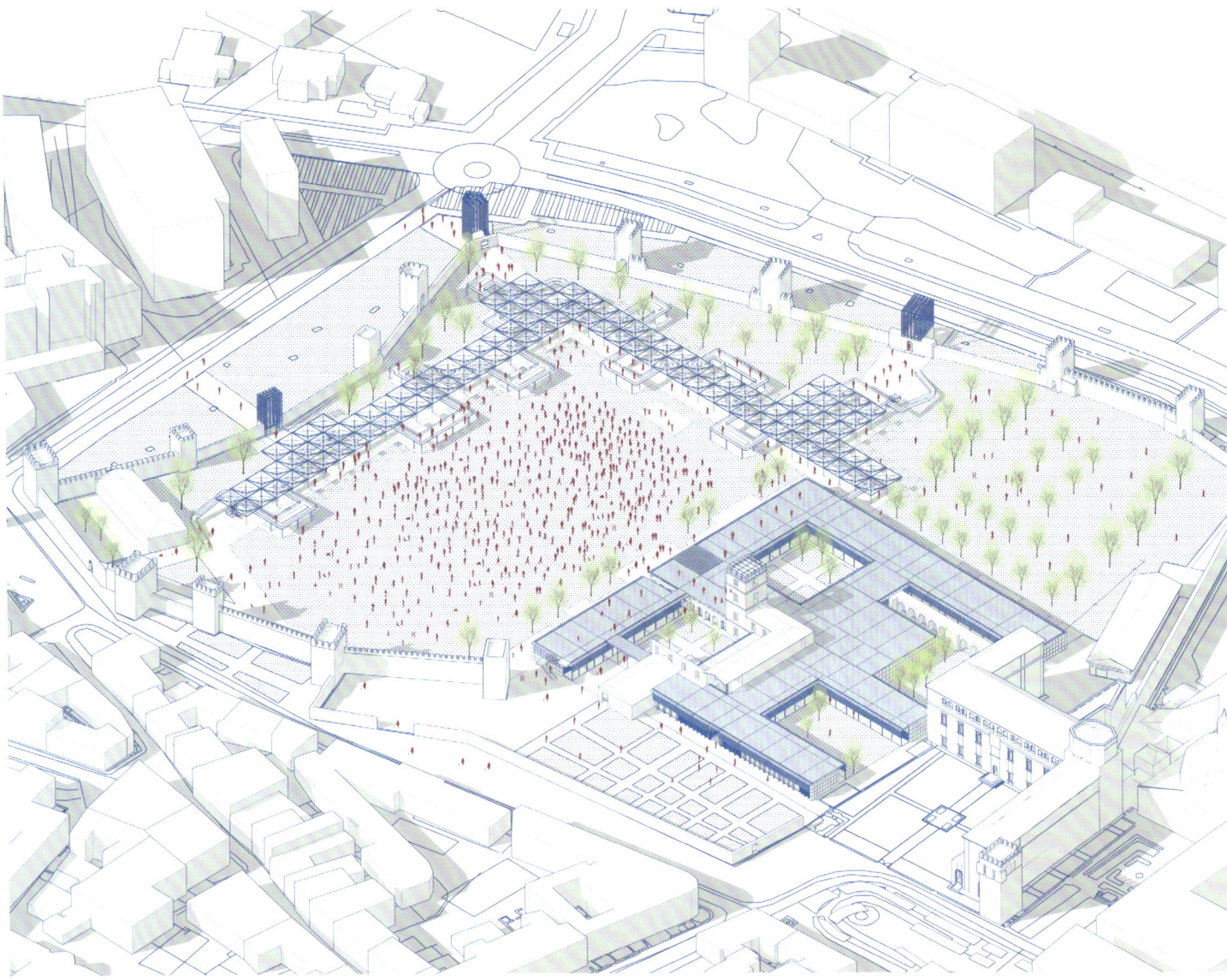

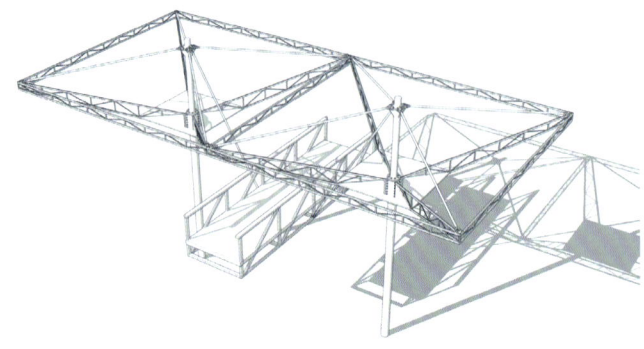

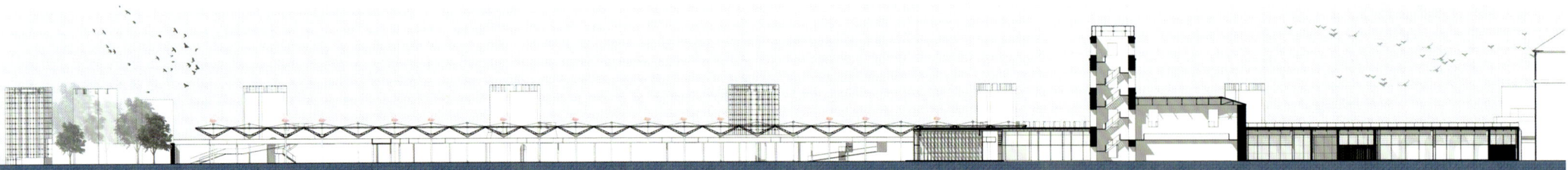

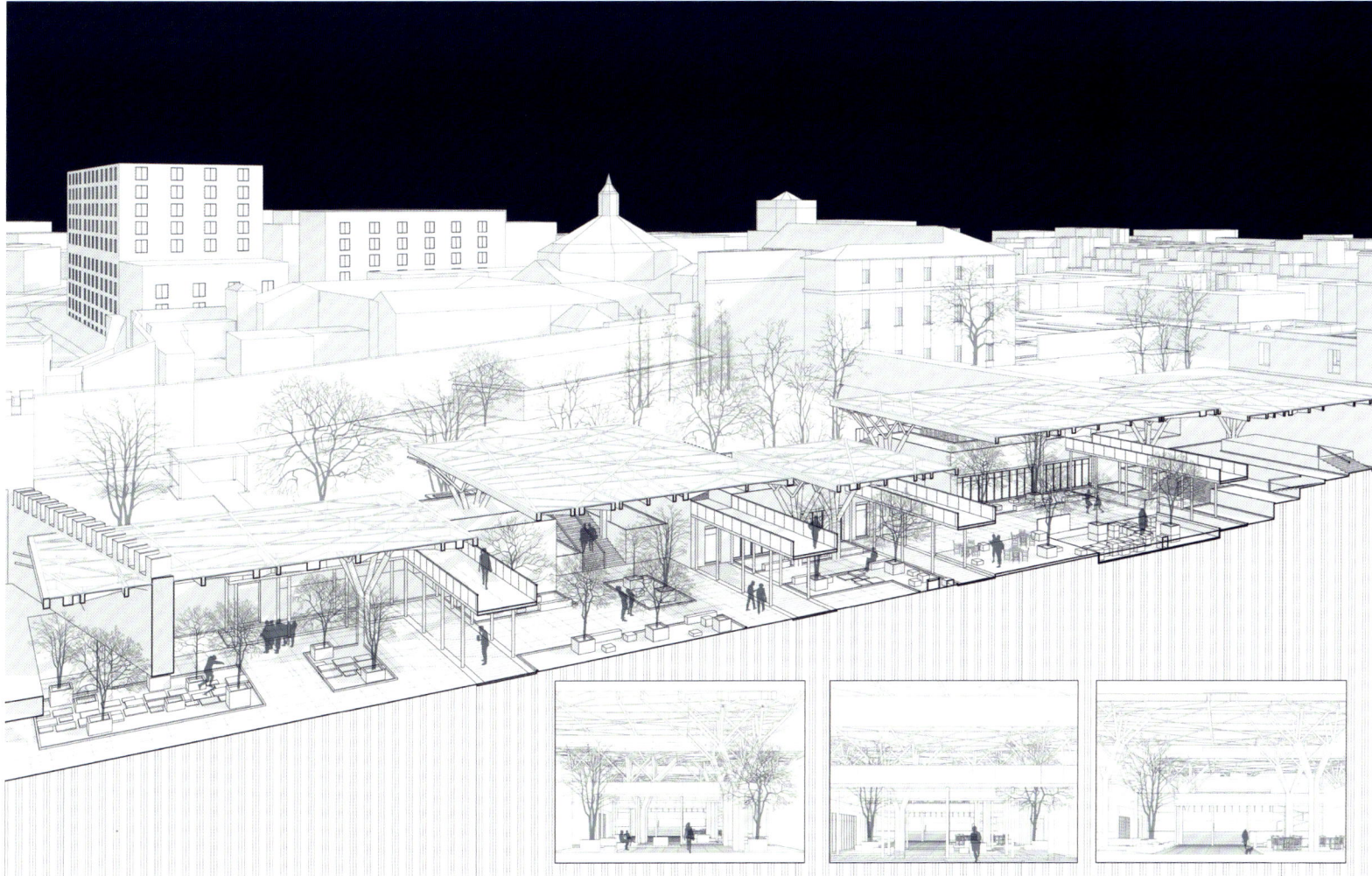

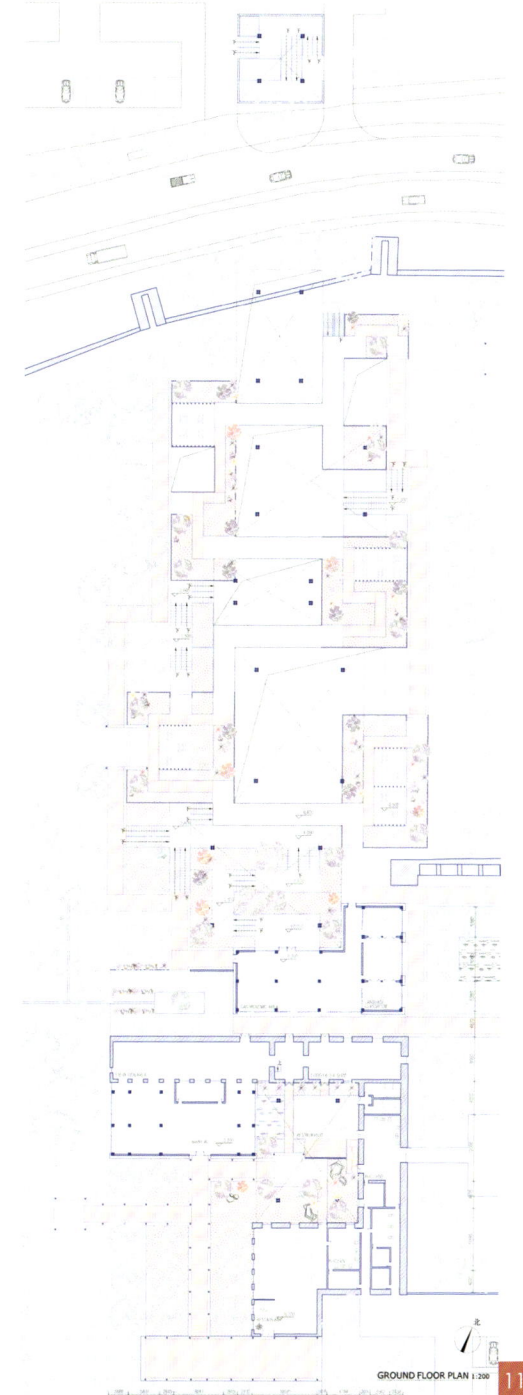

GROUND FLOOR PLAN 1:200

CHINESE-SPANISH CULTURAL CENTER 王驰迪 Wang Chidi

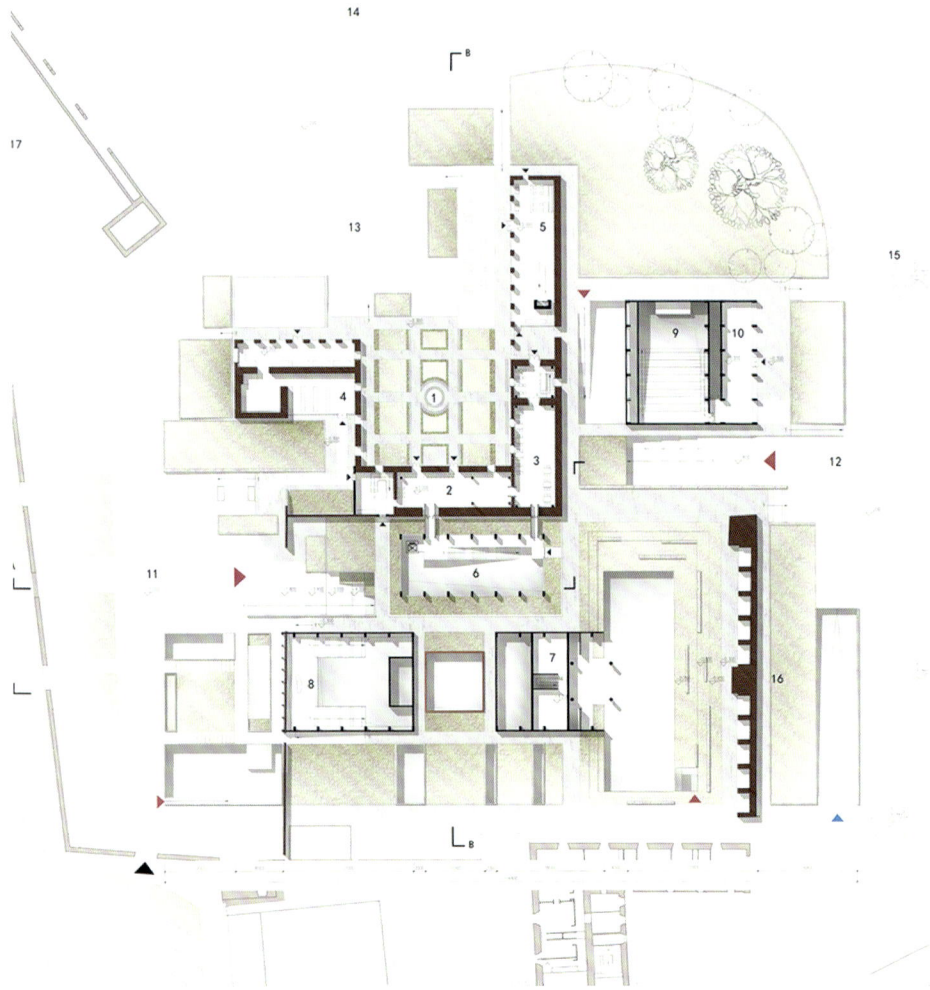

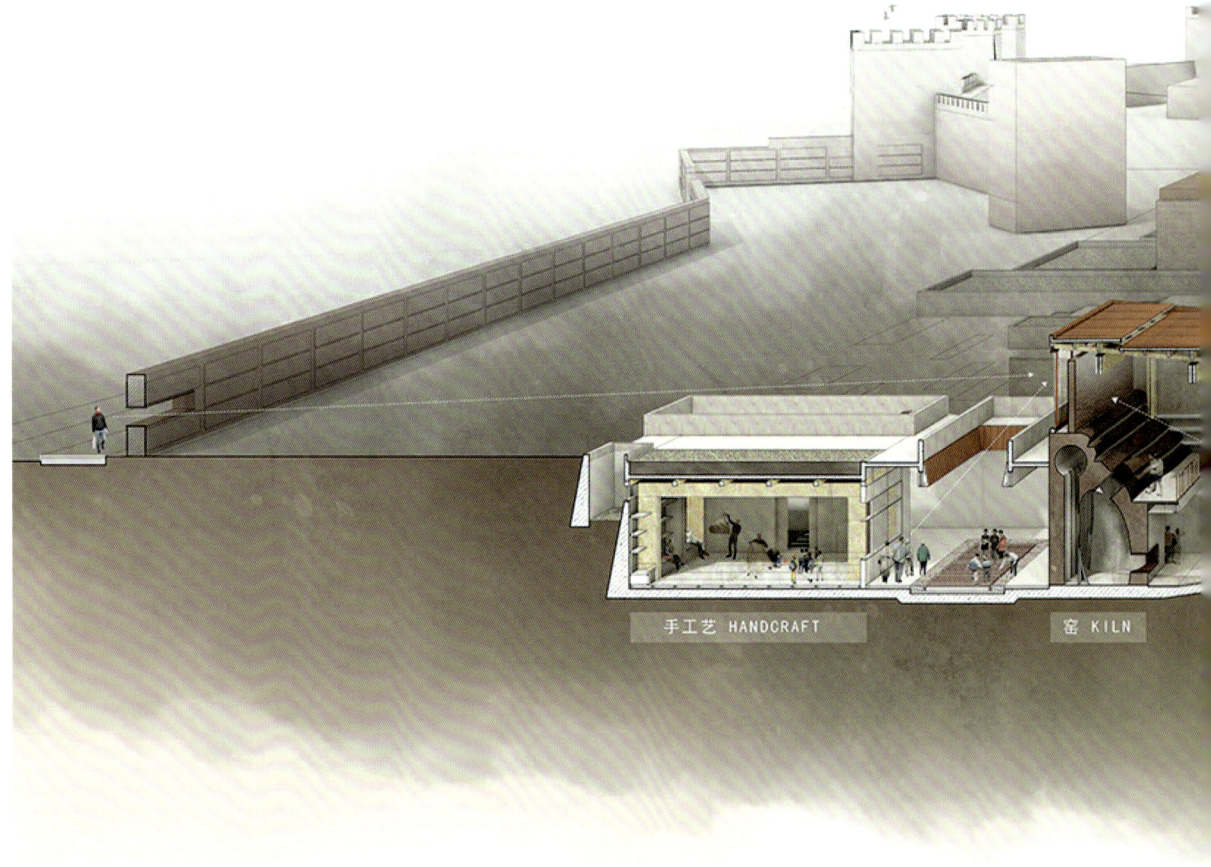

手工艺 HANDCRAFT　窑 KILN

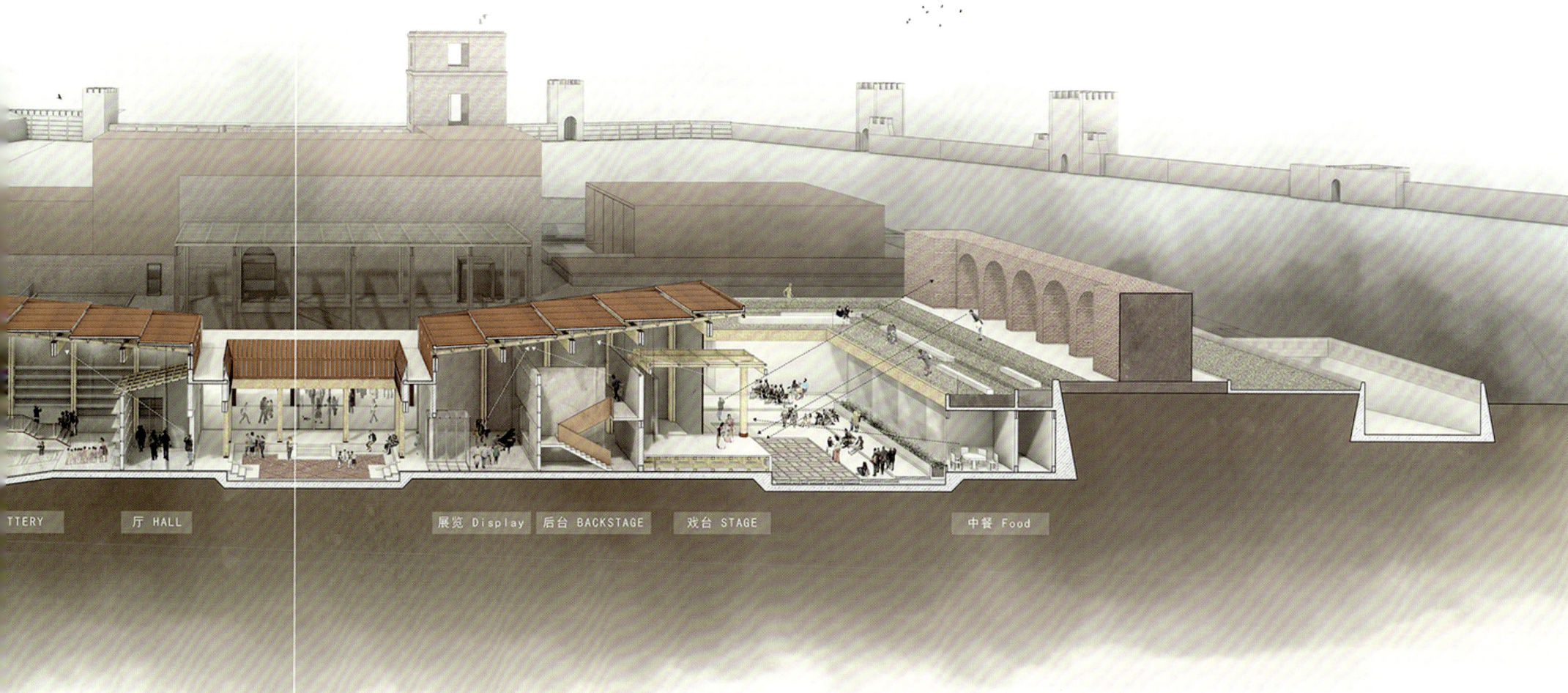

TTERY | 厅 HALL | 展览 Display | 后台 BACKSTAGE | 戏台 STAGE | 中餐 Food

FINAL THESIS PROJECTS 最终学位设计项目 PROYECTOS FIN DE GRADO

CEU STUDENTS / CEU 学生 / ALUMNOS CEU

Adriana Cabello Plasencia

Álvaro González Martínez

Amelia Santiago Monedero

Ana López de Lerma Benavente

Carmen Inclán Figueiras

Cristina Iscara Autillo

Diego Crisóstomo García

Gabriel Muñoz Moreno

Jose Deus Bouzón

Rafael García-Monge Pozo

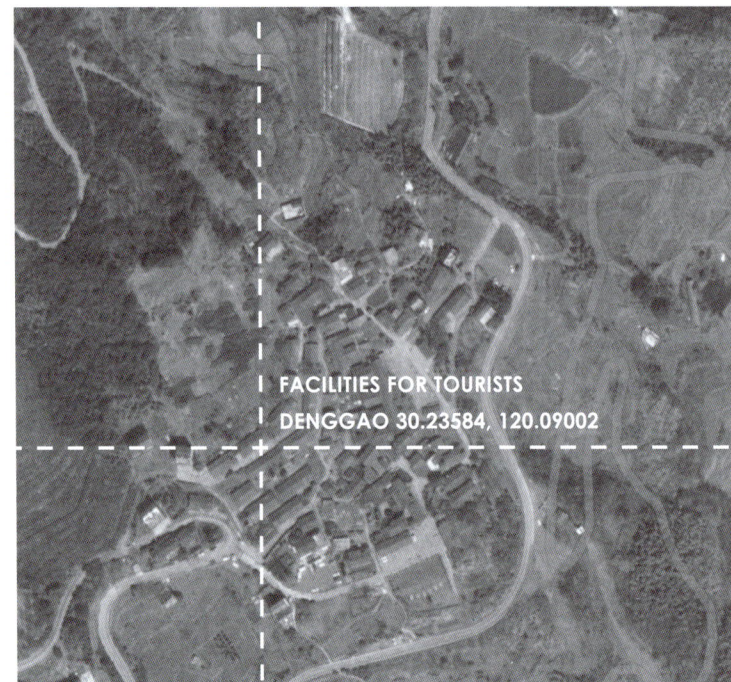

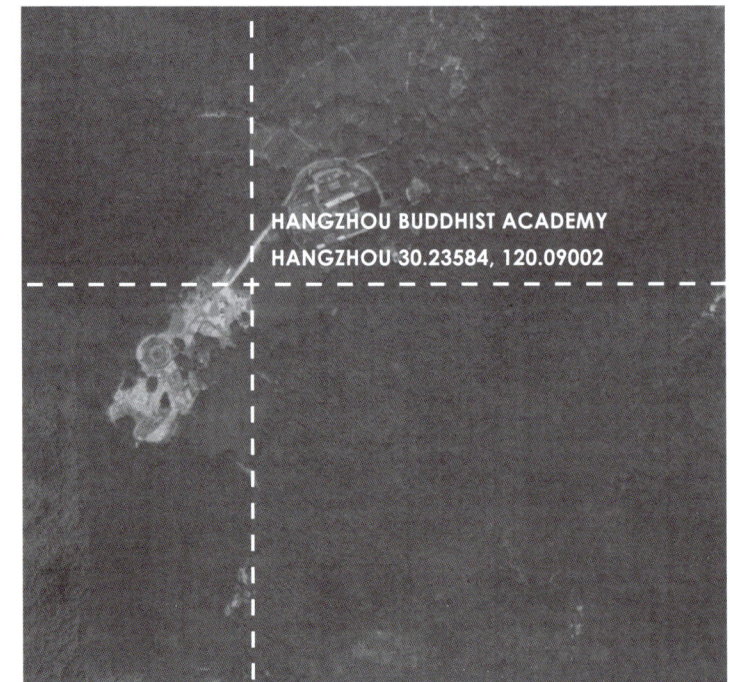

MUSEUM OF XILING SEAL CLUB
HANGZHOU 30.26755, 120.08169

MULTI-MEDIA CENTER OF GONGSHU
HANGZHOU 30.32969, 120.13242

FACILITIES FOR TOURISTS
DENGGAO 30.23584, 120.09002

HANGZHOU BUDDHIST ACADEMY
HANGZHOU 30.23584, 120.09002

FINAL THESIS PROJECTS

Below is a selection of CEU San Pablo University exercises developed in locations in China as Final Degree Projects.

Some of the CEU students who participated in the Zhejiang University – CEU San Pablo University Workshop chose the project they had worked on to continue developing it and present it as a Final Degree Project. Our students could choose any of their final year projects, or even start a new one, to present it as a Final Project. Similarly, there were also many students who, although they did not participate in the Workshop, chose one of the topics proposed in China to develop it, supported by the documentation and experience transmitted to them by the participating students.

At CEU San Pablo University, in accordance with Spanish legislation, students acquire the full professional qualification as architects when they get the approval for this project, after defending it before a Tribunal composed of professors from both this University and external. For this reason, students must show that they have acquired professional skills, both theoretically and conceptually, as well as technically. Students spend an additional full course, after the fifth year, to develop this exercise and have the accompaniment and advice of tutors from the areas of Projects, Construction, Structures, and Facilities. The level of research and development is high since they must show many skills; it comprises about twenty plans plus a volume of memory. In fact, this exercise usually stars in the portfolio of our graduates.

The selection shown is intended to offer an overview of the huge thematic archive that this Workshop has generated, but it must be borne in mind that it only represents a very small part of the complete work of each exercise. Three-dimensional images have been preferred over technical or detailed plans and only a few images per project that convey an idea of the general intentions of the proposal.

Once again the enormous importance of an exchange activity of this type is verified, which is capable of awakening students the interest in different cultures and raising it to an academic level to express it with the universal language of architecture.

最终学位设计项目 (CEU)

以下这个特殊的部分是CEU圣帕布洛大学的最终学位设计项目，它们都是基于本工作坊在中国基地的题目发展而来。

一些参加了浙江大学-CEU圣帕布洛大学工作坊的CEU学生选择他们在工作坊中已经做过的题目，继续发展，并将其作为自己的最终学位设计项目。CEU的学生可以选择最后一年所发布的课题中的任何一个题目，或者甚至开始一个新题目，把它作为最终学位设计项目继续发展。同时，也有许多没有参加我们工作坊的学生选择了基地位于中国的题目，并且从参加过工作坊的学生们所提供的资料和他们对自己在中国的亲身经历所作的介绍中得到帮助去发展设计。

根据西班牙的法律，在CEU圣帕布洛大学，学生们只有在通过了一个由本校和外校教授共同组成的委员会对最终学位设计项目的答辩之后，才能获得完整的职业建筑师执业资格。由于这一原因，学生们必须展示出他们无论在理论上、观念上，还是技巧上都已经掌握了足够的职业技能。在5年级之后，学生们需要参加这一额外的课程，在来自设计、建造、结构、设备等各个领域的老师的指导和帮助下，开展这一项目。设计深度可以达到一个相当的水平，因为他们必须展示多方面的技能。成果包含大约20张零号图纸和一本记录设计过程的草图集。事实上，这一作业通常会成为毕业生作品集中最重要的内容。

本书所选内容旨在对这一工作坊所产生的巨大成果提供一个概览，但是由于篇幅所限，仅展示了每一份完整作业的很小一部分。与技术图纸和节点详图相比，本书更多地展示了三维效果图，而且每个项目中仅有少数图片传达了设计的完整概念。

这些成果再一次证明了这种类型交流活动的重要性，它能够唤醒学生对不同文化的兴趣，并将其提升到学术水平，并用国际化的建筑语言表达出来。

PROYECTOS FIN DE GRADO

Se muestran, a continuación, una selección de ejercicios de la Universidad CEU San Pablo desarrollados en emplazamientos de China como Proyectos Fin de Grado.

Algunos de los alumnos CEU que participaron en el Workshop Zhejiang University-Universidad CEU San Pablo eligieron el proyecto en el que habían trabajado para continuar desarrollándolo y presentarlo como Proyecto Fin de Grado. Nuestros alumnos podían elegir cualquiera de los proyectos de último curso, o incluso iniciar uno nuevo, para presentarlo como Fin de Grado. De igual modo, también hubo muchos alumnos que, aunque no participaron en el Workshop, eligieron alguno de los temas propuestos en China para desarrollarlo, apoyados en la documentación y en la experiencia que les transmitieron los alumnos participantes.

En la Universidad CEU San Pablo, de acuerdo con la legislación española, los alumnos adquieren la cualificación profesional completa como arquitectos cuando consiguen la aprobación de este proyecto, tras defenderlo ante un Tribunal compuesto por profesores tanto de esta Universidad como externos. Por este motivo, los alumnos deben mostrar que han adquirido las competencias profesionales, tanto en lo teórico y conceptual, como en lo técnico. Los alumnos invierten un curso completo, después del quinto año, para desarrollar este ejercicio y cuentan para ello con el acompañamiento y asesoramiento de tutores de las áreas de Proyectos, Construcción, Estructuras e Instalaciones. El nivel de investigación y de desarrollo es alto puesto que deben mostrar muchas competencias; comprende una veintena de planos más un tomo de memoria. De hecho, este ejercicio suele protagonizar el portfolio de nuestros egresados.

La selección que se muestra tiene la finalidad de ofrecer una mirada general al enorme archivo temático que ha generado este Workshop, pero hay que tener en cuenta que solo representa una parte muy pequeña del trabajo completo de cada ejercicio. Se ha optado preferentemente por imágenes tridimensionales frente a planos técnicos o de detalle, y tan solo unas pocas imágenes por proyecto que transmitan una idea sobre las intenciones generales de la propuesta.

Una vez más se comprueba la enorme importancia de una actividad de intercambio de este tipo, que es capaz de despertar en los alumnos el interés por culturas distintas y elevarlo a un nivel académico para expresarlo con el lenguaje universal de la arquitectura.

SEAL MUSEUM OF XILING Gabriel Muñoz Moreno

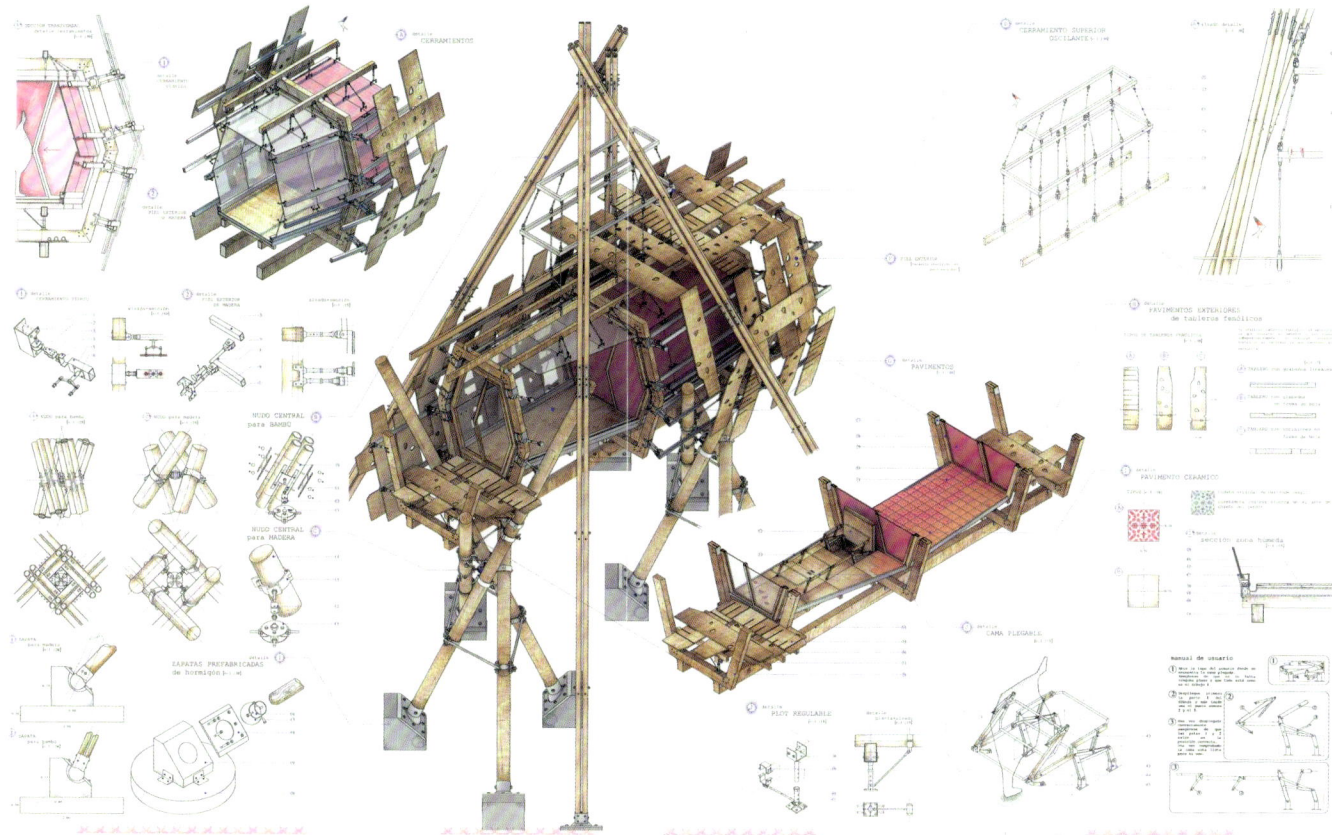

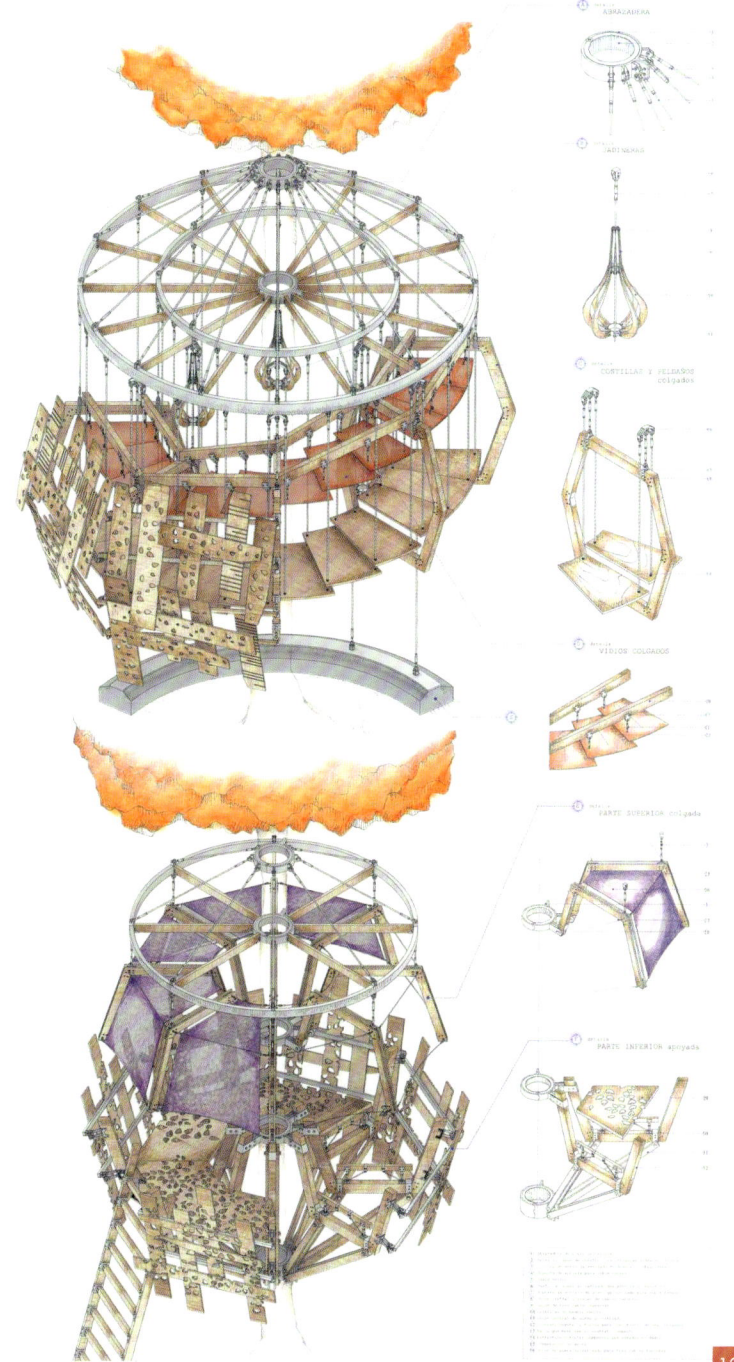

MULTI-MEDIA CENTER OF GONGSHU Álvaro González Martínez

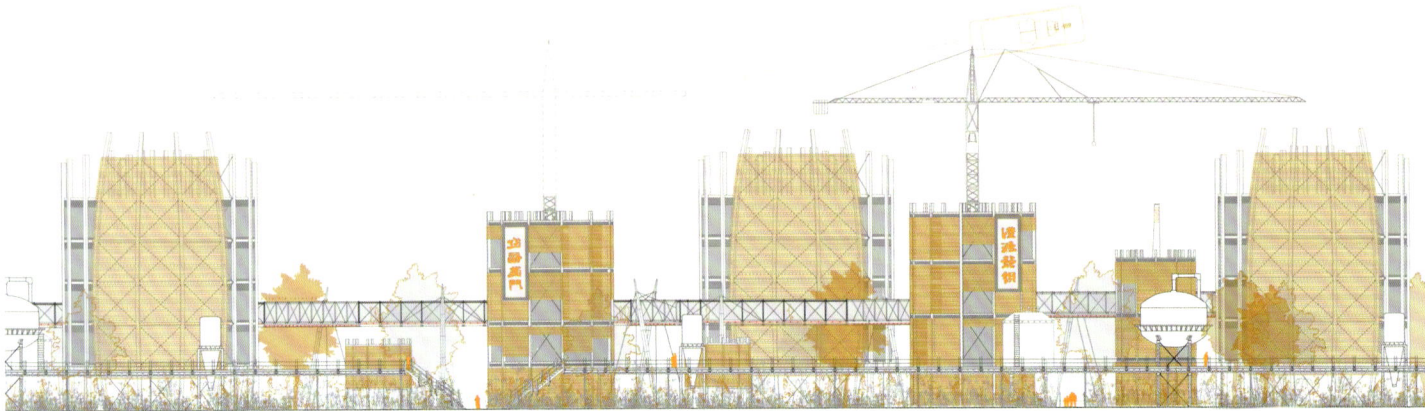

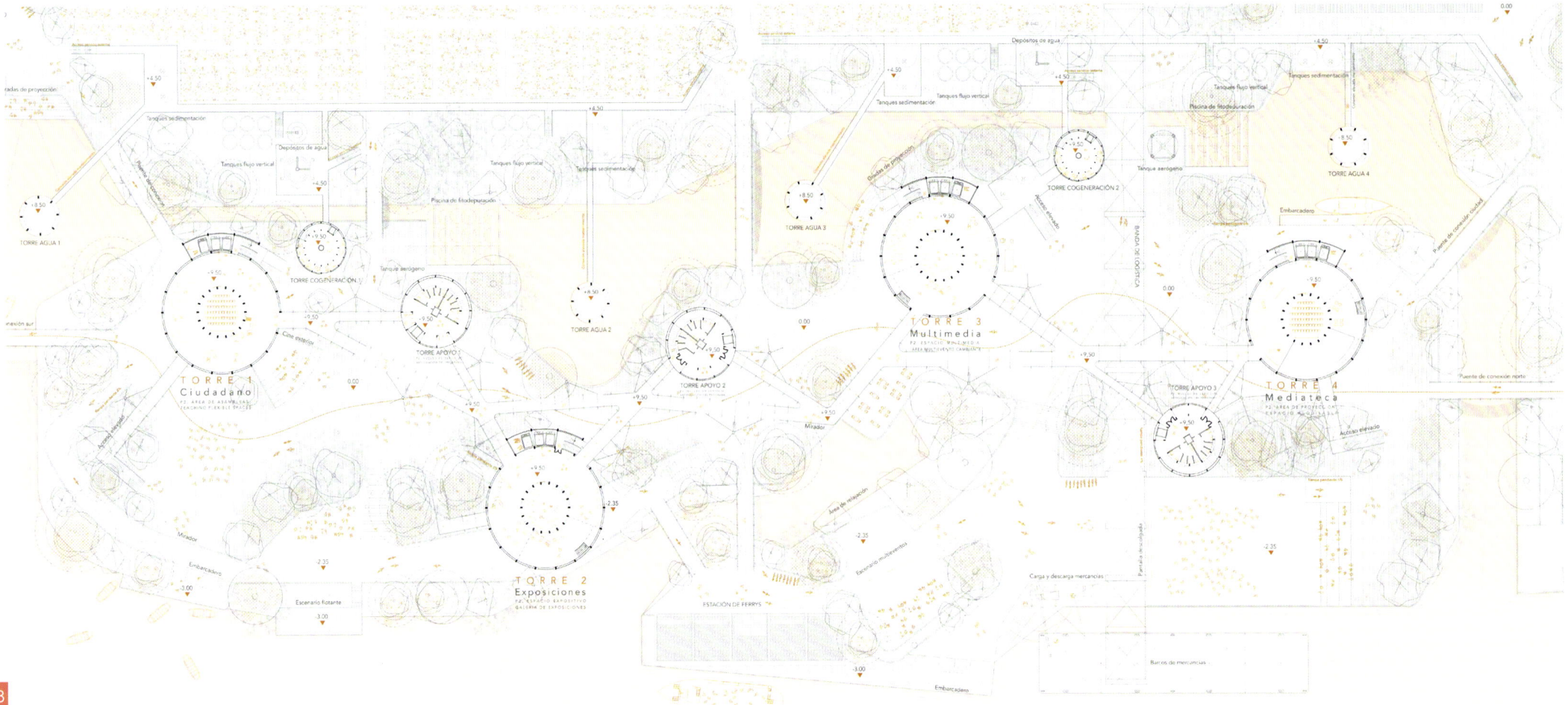

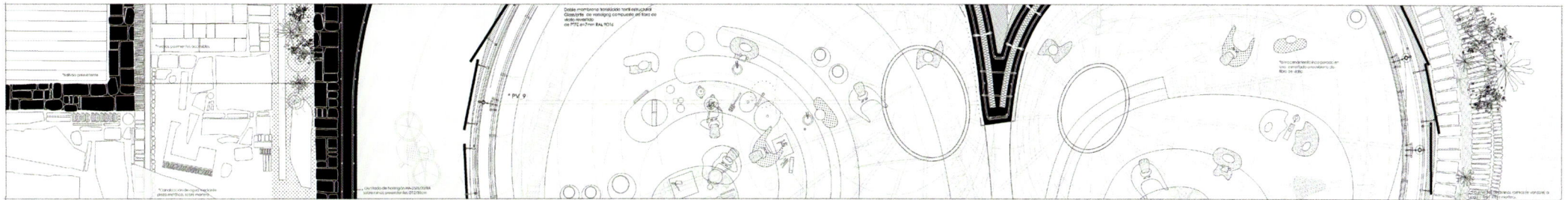

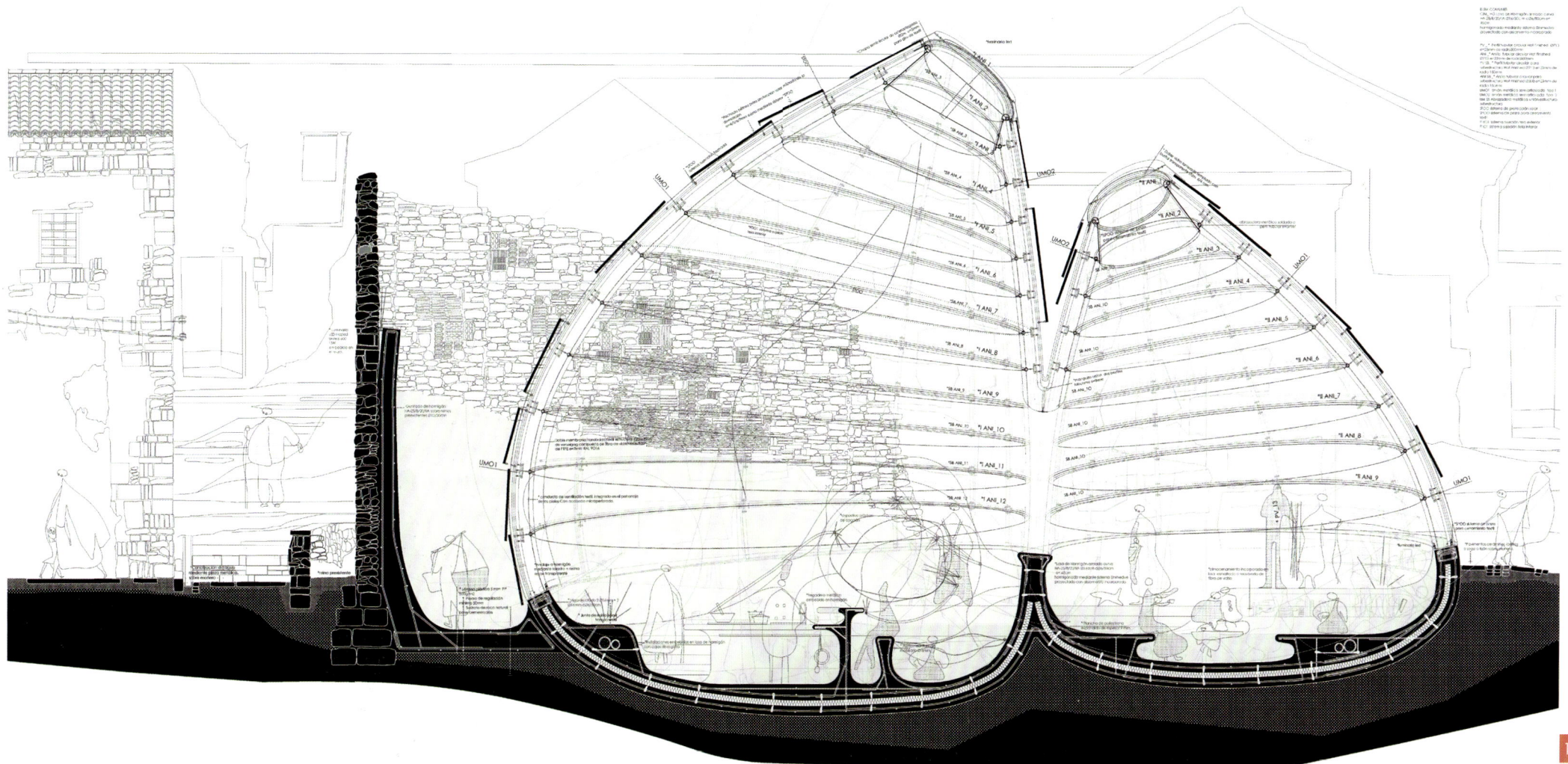

FACILITIES FOR TOURISTS Diego Crisóstomo García

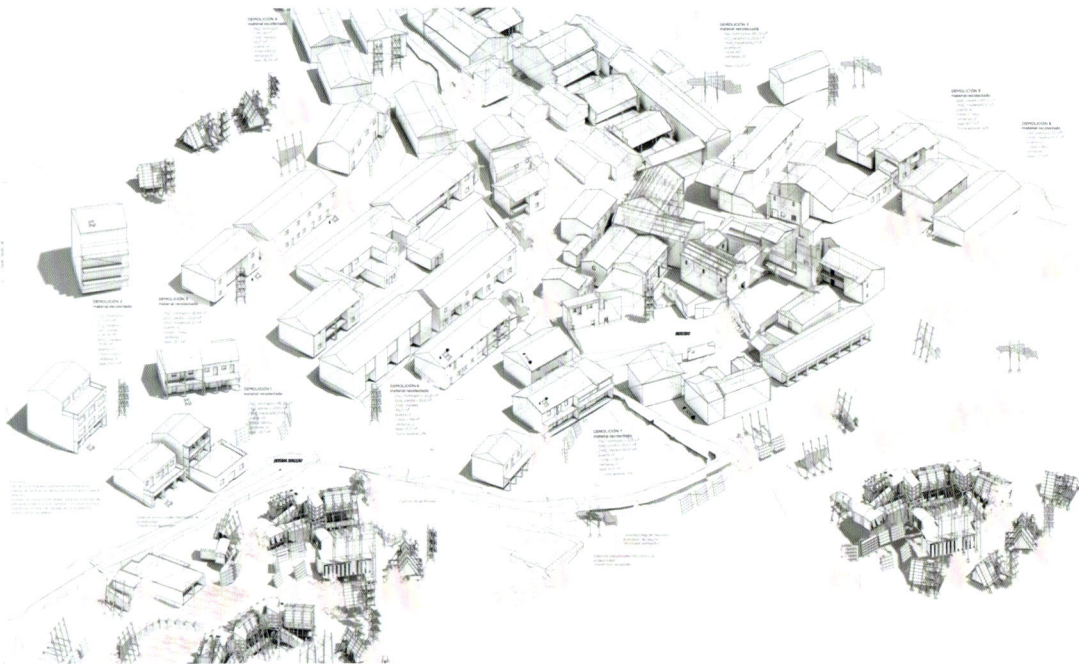

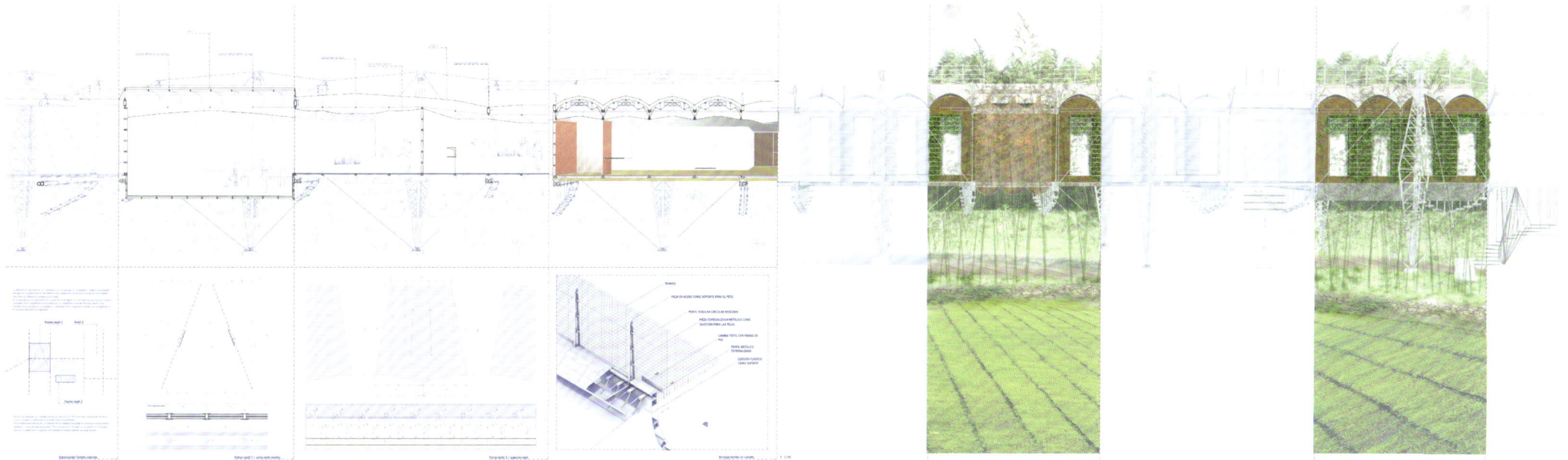

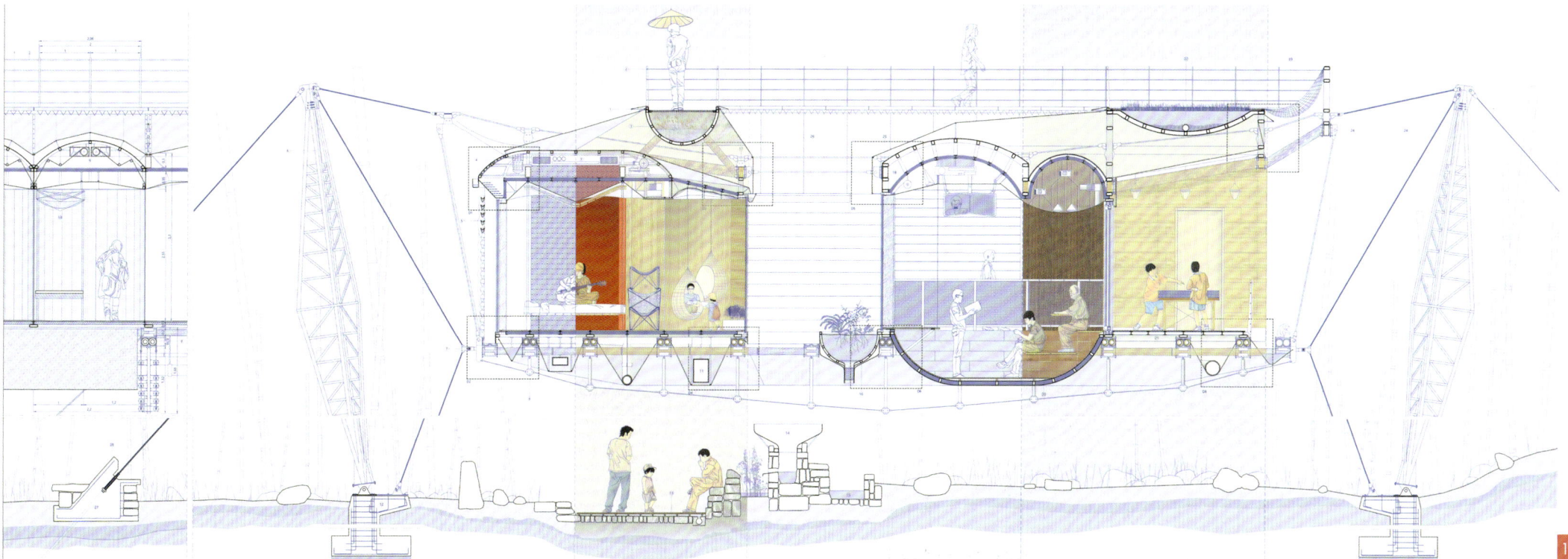

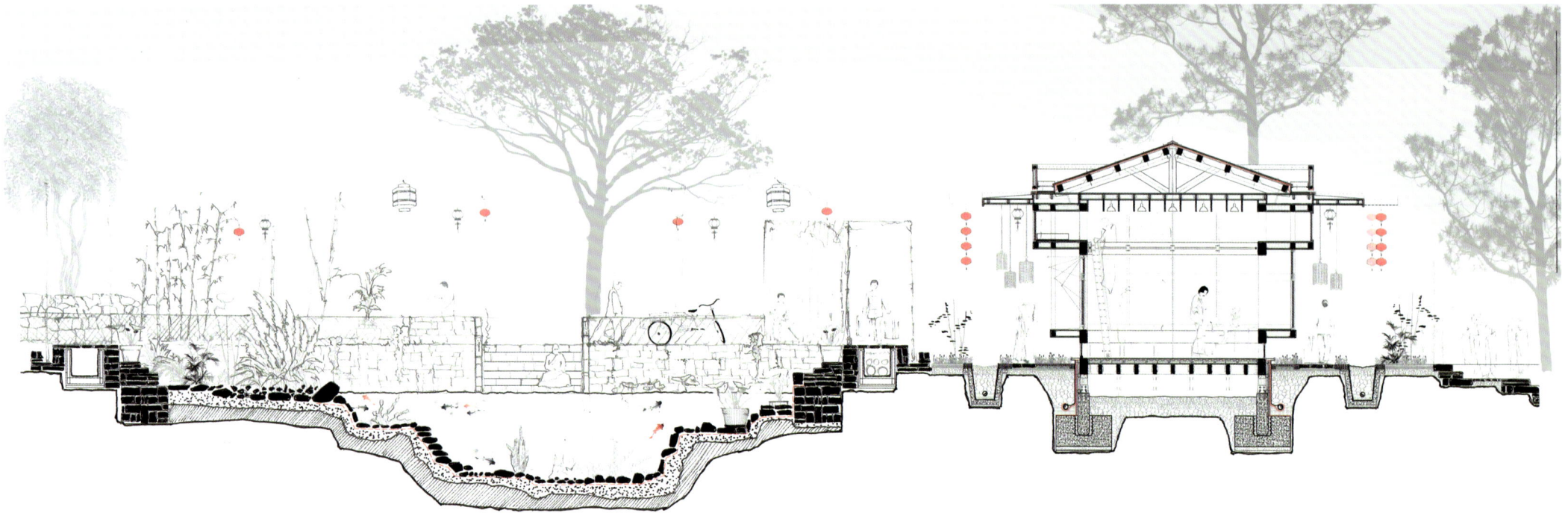

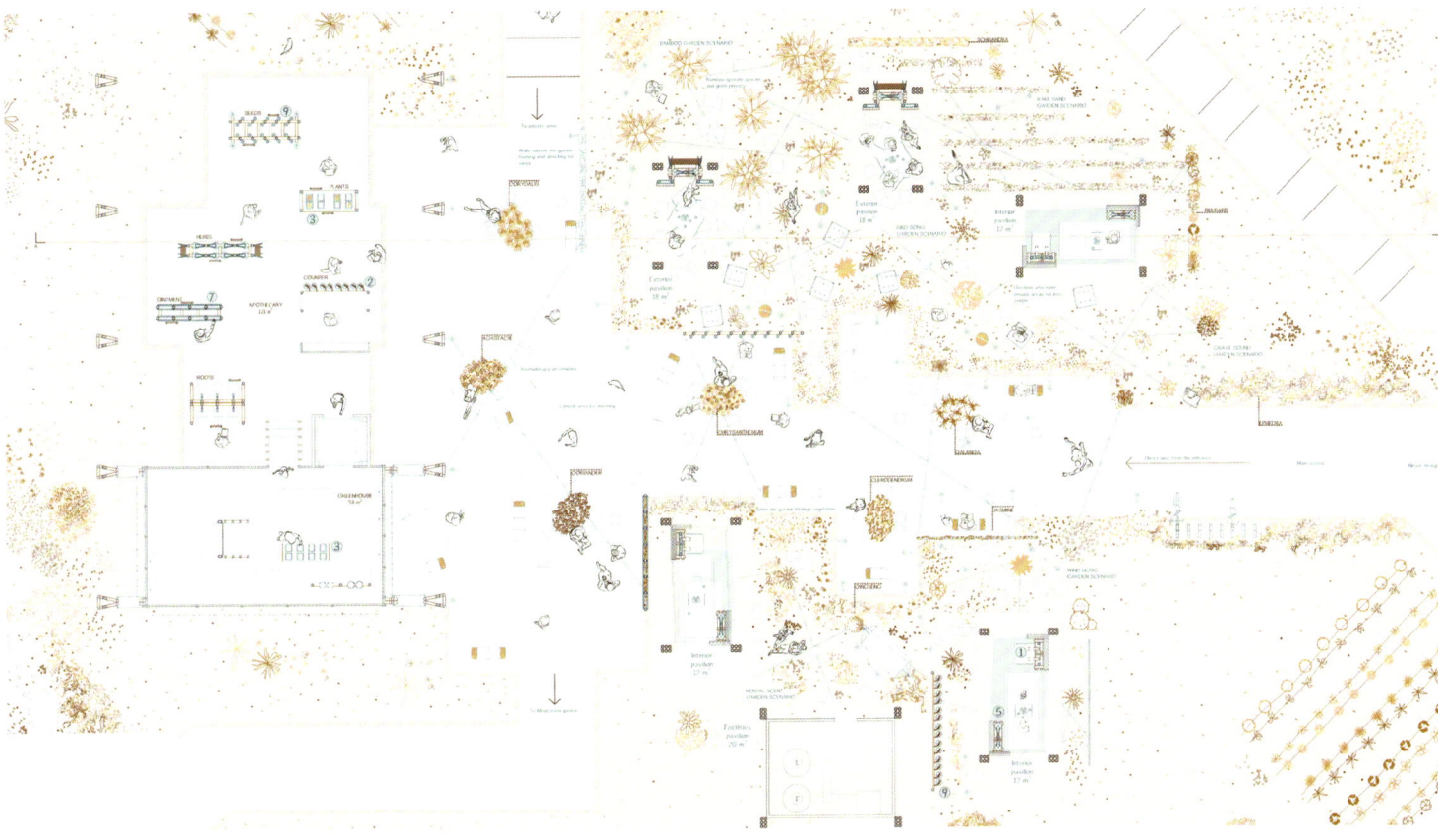

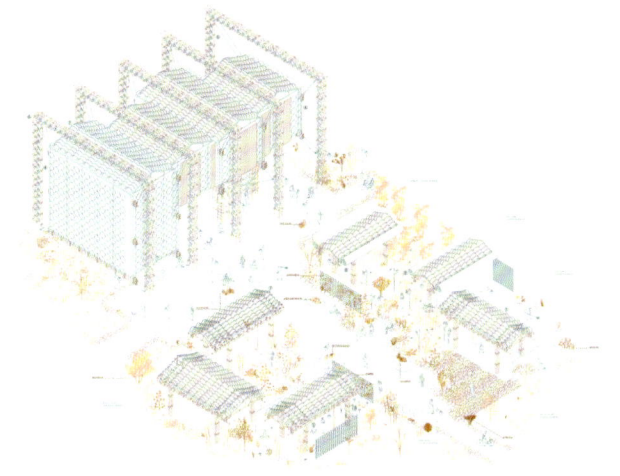

STUDENTS 学生 ALUMNOS

Workshop I 2010

HANGZHOU NEW-EAST-CITY
杭州城东新城

NUEVA CIUDAD ESTE DE HANGZHOU

CEU

Desiree Aguado Martínez
Ester Albarrán Berzal
Cristina Raquel Alcalá Gómez
Juan Pedro Alias Hernández
Aitana Elena Augustin Abadía
Beatriz Barragán Rajo
María Barredo Martínez
Jaime Bartolomé Sales
Rafael Alfonso Berral Zurita
Alfonso Bruna Alcaide
Carolina Caballero Bonilla
Cristina Cazorla Gil
Alejandro Cobanera Sánchez
Fabiola Cuenca Márquez
Pablo Cuesta Pérez-Agua
Luca D'Amore
María Cristina Del Pino Mendizábal
María Díaz Martín
Patricia Domínguez Garzón
Consuelo Duarte Cavanilles
Ana Fernández Galván
Alberto García Barroso
Alejandro García Fernández
Marta Gómez Anaya
Isabel Teresa Gómez García
Celso Luis Gómez Labrador
Carlos González del Mazo
Gaspar González Melero
Francisco Javier Haering Portolés
María del Valle Herrador Barrios
José Alejandro Iglesias de Luis
Joaquín Jalvo Olmedillas
Ricardo Jiménez Gismero
Javier Juberías Pérez
Alberto Jesús Lafuente Sediles
Alan Leiro Padilla
Jaime Francisco López de Hierro Cadalso
Nuria Cristina López Durio
María Esther Macias Ceballos
Beatriz Martínez-Kleiser Gálvez
Daniel Mayo Pardo
María Mayoral Ramos
Álvaro Sebastián Ortiz Marcos
Luis Parga Raventós

Miguel Peña Martínez-Conde
Bárbara Recio Pelayo
Carlos Ripoll Tolosana
Virginia María Ripoll Tolosana
Diana Isabel Rodríguez Martín
Antonio Romeo Donlo
Estefanía Rupérez Soriano
Eva Seijas Marcos
Pablo Sintes Marrero
Belén Valencia Martínez

ZJU

姚治 Yao Zhi
蒋兰兰 Jiang Lanlan
陈治宇 Chen Zhiyu
何杨 He Yang
宣蕊 Xuan Rui
鲍湎思 Bao Miansi
张木子 Zhang Muzi
欧阳见秋 Ouyang Jianqiu
高凡 Gao Fan
严聪 Yan Cong
王茜 Wang Qian
付婧媛 Fu Jingyuan
周超 Zhou Chao
俞文俊 Yu Wenjun
徐哲 Xu Zhe
郑巨信 Zheng Juxin

Workshop II 2011

CENTER OF INNOVATION USES
创新功能中心

CENTRO DE INNOVACIÓNS

CEU

María José Águila Rodríguez
Beatriz Alonso Pérez
Violeta Ana Bertón Romero
Rocío Escarpenter de Aubarede
Diego Fernández Laso
Isabel Eugenia García Rincón
Marta Giménez Escalante
Ana Gutiérrez Zurdo
Andrés Herrera de Castro
Carla López Bárcena
Pablo Marín Ibáñez
Beatriz Martín de Santiago
Enrique Martín Fernández

Marina Martínez Blanco
Paula Martínez Rodríguez
Marina Montalvo Flores
Francisco Monteverde Cuervo
Marta Palazuelo del Canto
Agustín Pinilla Rico
Paloma Ramos Domingo
Marcos Redondo Martínez
José Miguel Rodríguez-Pardo Jiménez
Jorge Román Asensio
Sergio Sánchez López
José Maria Suanzes Caballero
Leopoldo Tabares de Nava Sieper

ZJU

蔡勉 Cai Mian
袁源 Yuan Yuan
余雪婧 Yu Xuejing
王凯君 Wang Kaijun
汤焱 Tang Yan
张婕 Zhang Jie
姚丛琦 Yao Congqi
于璐 Yu Lu
朱恺 Zhu Kai
李晨成 Li Chencheng
袁越 Yuan Yue
郑昕宇 Zheng Xinyu
俞乔 Yu Qiao
周姚熠 Zhou Yaoyi

Workshop III 2012

SEAL MUSEUM OF XILING
西泠印学博物馆

MUSEO DEL SELLO DE XILING

CEU

Mateo Santiago Álvarez Ríos
Carolina Botrán Rodríguez-Rey
Alfonso Bruna Alcaide
Javier Bueno Charro
Adriana Cabello Plasencia
Sofía Cano Catalán
Lucía Alejandra Cardoso Pérez-Paz
Covadonga Carmona Ayuela
María de la Concepción de Carlos Rato
Fernando Fernández Sansegundo
María García Collantes
Cristina Mercedes Izcara Autillo

Almudena Lacalle González
Marta Leboreiro Núñez
Miguel Ángel Martín del Pozo
Carmen Martín Hernando
Cristina Martínez Yáñez
Manuel Molins Méndez
Ana Mombiedro Lozano
María Montoya Fernández
Blanca Mota Rodrigo
Ana Olalla Melián
Sara Parrón Carrascal
Ana Pérez Fernández
Beatriz Pérez García
Almudena Rebuelta del Pedredo Domecq
Alba Rodríguez Mencía
Federico Rodríguez Sánchez
Iago Sánchez Besteiro
Álvaro Santos del Valle
Andrés Suárez Barrientos

ZJU

吴绮文 Wu Qiwen
黎丹 Li Dan
黄长静 Huang Changjing
吴铮 Wu Zheng
朱娴 Zhu Xian
杨越 Yang Yue
潘佳梦 Pan Jiameng
严嘉伟 Yan Jiawei
张昊楠 Zhang Haonan
饶峥 Rao Zheng
沈明琪 Shen Mingqi
袁聪 Yuan Cong
张旻昊 Zhang Minhao
余海晏 Yu Haiyan
刘天宇 Liu Tianyu

Workshop IV 2013

CENTER FOR THE ELDERLY
老年人活动中心

CENTRO DE DÍA PARA ANCIANOS

CEU

Hugo Alameda Hernando
Andreas Fernández Salvador
María Beatriz Fuentes Castaños Mollar
Miguel Ángel Gallego Barrero
Eider Ibañez de Gauna Marrón

Pablo Llanos Alonso
Rocío Lozano Ortega
Amaya Luzarraga González
Marta Mahmud Hernica
Alejandro Marcilla García
Irene Rodríguez Vara
Andrés José Vargas Torres
Carlos Velasco Martínez
Marta Mahmud Hernica

ZJU

刘依明 Liu Yiming
关伟超 Guan Weichao
史捷斌 Shi Jiebin
蔡琰 Cai Yan
夏黄靖 Xia Huangjing
赵瑨 Zhao Jin
潘越帅 Pan Yueshuai
邓延龙 Deng Yanlong
蔡孙凯 Cai Sunkai
焦研秦 Jiao Yanqin
蒋钰 Jiang Yu
周姗姗 Zhou Shanshan
唐赛 Tang Sai
石玥 Shi Yue
王夏妮 Wang Xiani
叶立平 Ye Liping
徐崭青 Xu Zhanqing
张子琪 Zhang Ziqi
李亚恬 Li Yatian
江黎萌 Jiang Limeng

Workshop V 2014

MULTI-MEDIA CENTER OF GONGSHU
拱墅区多媒体中心

CENTRO MULTI MEDIA EN GONGSHU

CEU

Carlota Álvarez Guzmán
Alejandro Bolado Paul
Martina Bonilla Hollyman
María Teresa Casbas González
Francisco Chamorro Cobo
Belén Collado González
Carlos Eduardo Díaz-Monis Barone
Martina Fusco
Jesús Gallego Navarro

Andrea García González
Adriana Gómez Cornejo Hernández
Daniel Gómez de Blas
Luis Gómez Fernández
Álvaro González Martínez
Irene Hernández Sánchez
Borja Juncos Redondo
Juan Lazo Zbikowski Ibáñez
Pablo María Marsá Pérez
Alejandro Martínez Martínez
Elena Martínez Sanz
Teresa Méndez Álvaro
Marta Isabel Mora Saiz
Cristina Nistal Solana
Paloma Peña Espartero
Silvia Pérez Navarro
Guillermo Sánchez Sotes
Enrique José Sánchez Vázquez
Estibaliz Sanz Boulay
Raúl Sanz Díaz
Enrique Jesús Senis Álvarez
Ana María Silvestre Torres
José Luis Zabala de Lope

ZJU

杜信池 Du Xinchi
董箫欢 Dong Xiaohuan
曾智峰 Zeng Zhifeng
张昳哲 Zhang Yizhe
刘薇 Liu Wei
杜浩渊 Du Haoyuan
周易人 Zhou Yiren
邓奥博 Deng Aobo
徐挺 Xu Ting
李佳培 Li Jiapei
张昊天 Zhang Haotian

Workshop VI 2015

CENTER FOR SPANISH CRAFTWORK
西班牙手工艺中心
TALLERES PARA LA ARTESANÍA ESPAÑOLA

CEU

Claudia Andino Clavo
Paula Arce Isla
Marta Blanco Sánchez

Carolina Corcho Pérez
Marta del Toro Pérez
Sebastián Carlos Duque Prieto
Alicia García Ruiz
Laura Gayo Milla
Ana Cristina Hormaechea Arias
Carmen Huestamendía Alcaide
Jaime Martínez López-Baisson
Carlota Merino Criado
Álvaro Nadaya Badra
Beatriz Nieto Rodríguez
Juan Pérez Cebollero
Adrián Pérez Méndez
Anaís Carolina Porras Cabellos
Isabel Ramos Suárez
María Victoria Retana Díaz
María Rodríguez-Jurado
Queipo de Llano
María Ros Puche
Alejandro Sáenz Aguilar
Laura María Sánchez Morales
Berta Vázquez Valle
Marta Yubero Abad

ZJU

潘博闻 Pan Bowen
姜浩 Jiang Hao
朱力涵 Zhu Lihan
杨帆 Yang Fan
黄珂 Huang Ke
杨佳音 Yang Jiayin
潘雯婷 Pan Wenting
叶姝文 Ye Shuwen
陈秋韵 Chen Qiuyun
骆昕 Luo Xin
陈欣 Chen Xin
姚绮菁 Yao Qijing
余力谨 Yu Lijin
秦阗怡 Qin Tianyi

Workshop VII 2016

FACILITIES FOR TOURISTS
旅游综合服务设施
INSTALACIONES PARA TURISTAS

CEU

Santiago del Águila Ferrandis
Juan Álvarez-Vijande Landecho

Diego Crisóstomo García
Rafael Fernández Romero
Carmen Inclán Figueiras
Lucia Magarzo Garrote
Elena Magro Marroig
Lorena Ortega Morales
Virgilio Salvador Ortiz Javaloyes
Isabel Pizarro Pérez
Beatriz Andrea Rosales Alonso
Paula Salas Sánchez

ZJU

吕悠 Lü You
巩智利 Gong Zhili
吴彬彬 Wu Binbin
梁婷 Liang Ting
姜梦然 Jiang Mengran
蒋梦杰 Jiang Mengjie
吴雨丝 Wu Yusi
陈汉 Chen Han
黄小菲 Huang Xiaofei
杨企航 Yang Qihang
焦思远 Jiao Siyuan
夏凡 Xia Fan
孙琪欣 Sun Qixin
杨含悦 Yang Hanyue
高梦格 Gao Mengge
赵柳琳 Zhao Liulin
常润泽 Chang Runze
王芳莹 Wang Fangying
何婧雯 He Jingwen
王玥 Wang Yue
李则慧 Li Zehui

Workshop VIII 2017

DIGITAL DETOX CENTER
网瘾戒除中心
CENTRO DE DESINTOXICACIÓN TECNOLÓGICA

CEU

Fernando Bello Bermejo
Marta Cuesta Sanz
Luis García Grech
Álvaro García-Murillo Varela
Macarena González Carrasco
Laura Laso Buceta
Clara Lucía Martínez-Conde Rubio
Federico Martínez de Sola Monereo

ZJU

陈瀑 Chen Pu
陈瑞峰 Chen Ruifeng
陈梓威 Chen Ziwei
丁培宇 Ding Peiyu
胡丁予 Hu Dingyu
焦昕宇 Jiao Xinyu
刘涵一 Liu Hanyi
盧百浩 Lou Pak Hou
罗琪 Luo Qi
马若萌 Ma Ruomeng
汤舒雅 Tang Shuya
夏明杰 Xia Mingjie
杨珂钰 Yang Keyu
姚依虹 Yao Yihong
周婷杰 Zhou Tingjie
周昕怡 Zhou Xinji

Workshop IX 2018

HANGZHOU BUDDHIST ACADEMY
杭州佛学院扩建
ACADEMIA BUDISTA DE HANGZHOU

CEU

Irene Carla Coca Cabrero
Pablo Correa Amador
Sara Teresa Fernández Pomar
Carlos González Martínez
Ana Isabel López de Lerma Benavente
María López González
Marta Pazos González
Amelia Santiago Monedero
Carmen Sotoca Sevilla

ZJU

刘策 Liu Ce
蒋楚篁 Jiang Chuhuang
丁一 Ding Yi
何韬 He Tao
王乔玮 Wang Qiaowei
李丹阳 Li Danyang
王嘉慧 Wang Jiahui
赵文凝 Zhao Wenning
汤朱妙 Tang Zhumiao
郝雨晨 Hao Yuchen
张昀 Zhang Yun

Workshop X 2019

CHINESE-SPANISH CULTURAL CENTER
中西文化中心
CENTRO CULTURAL CHINO-ESPAÑOL

CEU

Bernardo Allas Brunete
Itziar de Miguel Lekue
Ana Navajas Helguero
Silvia Sanchís Esponera
Pablo Serrano Escotet
Sergio Trabanco Temprana
Francisco Javier Valverde Rovirosa

ZJU

王驰迪 Wang Chidi
冀旺旺 Ji Wangwang
杨若菡 Yang Ruohan
马誉淩 Ma Yuling
张国力 Zhang Guoli
叶盛捷 Ye Shengjie
童心 Tong Xin

PFG

FINAL THESIS PROJECTS (CEU)
最终学位设计项目（CEU）
PROYECTOS FIN DE GRADO (CEU)

CEU

Adriana Cabello Plasencia
Álvaro González Martínez
Amelia Santiago Monedero
Ana López de Lerma Benavente
Carmen Inclán Figueiras
Gabriel Muñoz Moreno
Cristina Izcara Autillo
Rafael García-Monge Pozo
Diego Crisóstomo García
José Deus Bouzón